中国居民生活碳排放时空格局及影响机制研究

刘莉娜　曲建升　曾静静　著

内容简介

本书以可持续发展和国家“双碳”战略为导向，立足新发展阶段，聚焦居民消费需求变化将进一步导致碳排放空间不确定性这一现实问题，开展我国多尺度居民生活碳排放量化及影响机制研究。主要以“理论基础—排放特征—时空格局—影响机制—政策建议”为研究主线，突破现有研究尺度和时空量化技术的研究局限，构建我国多尺度居民生活碳排放评价方法，揭示居民生活碳排放演化规律并识别影响机制。研究结果不仅可为我国实现“双碳”目标和绿色发展提供科学参考和决策支持，还可为其他相似发展中国家的绿色低碳发展提供理论支撑。

本书可供资源环境、气候变化、可持续发展等相关领域的科研人员、管理人员及行政人员提供参考。

图书在版编目（CIP）数据

中国居民生活碳排放时空格局及影响机制研究 / 刘莉娜，曲建升，曾静静著. -- 北京 : 气象出版社，2024.5

ISBN 978-7-5029-8191-4

Ⅰ. ①中… Ⅱ. ①刘… ②曲… ③曾… Ⅲ. ①居民生活—二氧化碳—排气—研究—中国 Ⅳ. ①X511

中国国家版本馆CIP数据核字(2024)第086745号

中国居民生活碳排放时空格局及影响机制研究

Zhongguo Jumin Shenghuo Tanpaifang Shikong Geju ji Yingxiang Jizhi Yanjiu

---

出版发行：气象出版社

地　　址：北京市海淀区中关村南大街 46 号　　**邮政编码**：100081

电　　话：010-68407112(总编室)　010-68409198(发行部)

网　　址：http://www.qxcbs.com　　**E-mail**：qxcbs@cma.gov.cn

责任编辑：郑乐乡　　**终　　审**：吴晓鹏

责任校对：张硕杰　　**责任技编**：赵相宁

封面设计：博雅锦

印　　刷：北京中石油彩色印刷有限责任公司

开　　本：710 mm×1000 mm　1/16　　**印　　张**：10.75

字　　数：220 千字　　**彩　　插**：2

版　　次：2024 年 5 月第 1 版　　**印　　次**：2024 年 5 月第 1 次印刷

定　　价：60.00 元

序

气候变化是当前人类面临的最大风险之一。联合国政府间气候变化专门委员会(IPCC)发布的《第五次评估报告》指出，1951—2012 年全球地表升温速率几乎是1880 年以来升温速率的两倍。尽管气候变化问题十分复杂，但目前研究普遍认为，人类活动排放的二氧化碳等温室气体导致了当前的全球持续变暖。IPCC 发布的前六次气候变化评估报告均指出，人类活动产生的温室气体排放是全球变暖的最主要原因。IPCC 发布的《第五次评估报告》给出的明确结论是，人类活动产生的二氧化碳等温室气体排放增加对全球气候变暖的贡献在 95%左右。因此，全球范围减少二氧化碳等温室气体排放并以国家为单元实现碳中和是减缓全球气候变暖的当务之急。截至目前，国际上已有 140 多个国家正在考虑或已经提出碳中和目标。

全球变暖导致了一系列气候要素的剧烈变化和气候灾害的发生，我国政府高度重视气候变化问题，出台了一系列减排举措来应对和减缓气候变化。早在 2008 年，我国就发布《中国应对气候变化的政策与行动》年度白皮书，至 2021 年 10 月，该白皮书已经持续发布十余年。在国内外应对气候风险大背景下，相关政策和行动有效推动了我国应对和减缓气候变化。尤其是我国提出 2060 年实现碳中和目标以来，已经在国内外重要会议上多次强调实现“双碳”(碳达峰、碳中和)目标，本身就是要通过技术革新实现低碳可持续发展。习近平总书记指出，要把“双碳”纳入经济社会发展和生态文明建设的整体布局。

居民是商品和社会服务的终端消费主体，其消费活动会直接或间接消耗能源，由此产生的碳排放称作居民生活碳排放(或居民消费碳排放)。我国经济社会正处于快速发展的工业化和城市化阶段，随着经济水平提升，居民生活不断改善，来自居民生活部门的碳排放量将不断增加。居民生活碳排放量持续增加将提高碳中和的成本和难度，优化消费行为是降低碳排放的积极举措。因此，面向“双碳”愿景，对居民生活碳排放格局及影响机制进行研究非常有必要，可为我国制定系统性的碳中和策略提供科学依据与政策建议。

中国科学院西北生态环境资源研究院和中国科学院成都文献情报中心的生活碳排放评价团队从居民生活消费视角出发，首先对居民生活碳排放研究的相关概念、理论基础、研究进展进行系统梳理。在此基础上构建我国多尺度居民生活碳排放量化及评价模型，分析其时空演化格局，揭示其关键机理，探讨居民生活低碳消费态势，提出"双碳"愿景下我国居民生活碳减排优化策略。这项研究以可持续发展和国家"双碳"战略为导向，立足新发展阶段，聚焦居民消费需求将导致碳排放空间不确定性这一现实问题，评价我国多尺度居民生活碳排放特征，揭示居民生活碳排放演化规律并识别其影响因素。这项研究的数据收集、处理和分析工作量大，研究团队以"理论基础—排放特征—时空格局—影响机制—政策建议"为研究主线，突破现有研究尺度和技术的局限，其结果可为我国实现"双碳"目标和绿色发展提供重要科学参考和决策支持，还可为其他发展中国家的绿色消费模式提供案例支撑。

同时，该研究团队对居民绿色消费相关政策信息进行深入挖掘，并从可持续消费视域、全民行动视角以及"双碳"愿景等三方面居民绿色消费的启示进行分析。通过对可持续发展目标的梳理发现，居民绿色消费与零饥饿、饮水安全、清洁能源等11个可持续发展目标相关。结果发现，公众行为是影响温室气体排放的关键因素之一。因此，社会全面动员、企业积极行动、全民广泛参与均可作为实现生活方式和消费模式绿色转变的重要推动力。

这项研究成果整理成《中国居民生活碳排放时空格局及影响机制研究》一书正式出版。我相信，该书将有助于为科学研究和政府管理提供碳排放理论支撑和政策参考，并为我国推动"双碳"工作和实现可持续发展提供有益的数据和信息支持。

中国科学院院士：陈发虎

（陈发虎）

2024年4月

前　言

碳排放问题不仅是环境问题，更是生存和发展问题，与人类福利密切相关。经过200多年的发展，发达国家完成了工业化和城市化进程，生产力和生活水平都得到很大提高，因此，目前主要发达国家的能源消耗和碳排放需求来源于居民生活部门；而对发展中国家来说，大多数碳排放是为了满足人们的基本生活需求，如吃、穿等消费产生的排放。居民生活消费模式是衡量国家文明发展程度的一项重要指标。直接与间接的居民生活碳排放不仅可以反映居民生活水平、生活质量，而且关系到国家的发展动力和生态文明水平。多维度（时间、空间及排放结构）和多尺度（国家、地区、省域、城乡及个人）居民生活碳排放格局分析，可为我国实现“双碳”（碳达峰、碳中和）目标提供理论依据。

居民生活消费是全球碳排放的重要来源之一。我国幅员辽阔，不同省域的资源禀赋、自然条件、社会文化、经济发展、居民消费水平等存在显著差异，这对我国各省域居民生活生产方式、能源消耗模式等产生不同影响，从而导致我国各省域居民生活碳排放存在显著差异。居民生活部门的节能减排有助于中国整体减排，基于居民生活部门的碳排放评估对中国碳排放总量的控制具有重要意义。为完成我国低碳减排目标，需要了解我国各省域居民生活碳排放特征，进一步探讨其时空分布规律，揭示其时空演化差异，进而实施更加有效、有针对性的差异化减排举措。

碳中和是我国应对气候变化工作的标杆性新目标，对我国诸多相关工作是重要的挑战和机遇。常规的减排举措多关注生产侧的排放限额约束，对消费端的需求驱动缺乏有效的激励引导，对社会进步—人口消费—碳排放—资源环境约束—碳减排—可持续性社会的逻辑体系缺少系统梳理，导致碳中和与发展转型工作的认识在一定程度上存在不全面、不深入等问题。这可能会增加减排工作的成本，甚至有可能抵消减排效果。居民消费端碳减排潜力研究是科学有效制定减排方案中不可忽略的重要部分。然而，目前学界对居民生活消费刚性需求下的减排贡献研究还相对薄弱，未来的居民消费端碳减排潜力到底有多大亟需探讨。

在过去5年，中国科学院西北生态环境资源研究院文献情报中心生活碳排放评价研究课题组先后获得国家自然科学基金面上项目“面向碳中和目标的居民生活碳排放需求与优化策略研究”（编号：42171300；执行期：2022—2025年；负责人：曲建升）、国家重点研发计划项目“中国实现2030年碳排放峰值目标的优化路径研究”子课题“结构调整与减排管理对碳排放强度的作用规律及参数化”（编号：2016YFA0602803；执行期：2016—2021年；负责人：曲建升）、中国科学院西部之光青年学者B类项目“我国省域居民生活碳排放的时空格局与演化路径研究”（执行期：2019—2022年；负责人：刘莉娜）、2023年陇原青年创新创业人才（个人）项目“双碳目标下西北欠发达地区发展路径研究：甘肃为例”（编号：2023LQGR44；执行期：2023—2024年；负责人：刘莉娜）、2023年兰州市青年科技人才创新项目“双碳目标下兰西城市群减排策略及发展路径研究”（编号：2023-QN-25；执行期：2023—2025年；负责人：刘莉娜）。在这些项目的支持下，研究团队围绕居民生活碳排放评价方法、理论模型、演化路径等研究工作，分析了我国居民生活碳排放发展现状及其影响因素，并完成了系列研究成果，在相关期刊陆续发表。

在已有研究基础上，面向碳中和愿景，以居民消费为切入点，课题组对2001—2020年中国31个省（自治区、直辖市）（暂不包括香港、澳门和台湾）的居民生活碳排放格局进行评价，量化分析其排放特征和空间分异，系统把握碳排放演化规律，为制定科学合理的低碳发展策略提供理论依据。

本书是课题组所有成员集体工作的成果，曲建升、刘莉娜对研究内容和实施进度进行了详细设计，并直接参与整体分析工作；曾静静参与了细致的数据分析工作。在整个分析过程中，课题组成员宋晓谕、韩金雨、张辰、徐丽、廖琴、刘源森、刘燕飞等参与了不同地区的具体数据分析；课题组毕业研究生李雪梅、李燕、邱巨龙等也参与了不同时期的数据分析工作。此外，感谢张盛达、冶伟峰等老师对本书提供的意见和帮助。

同时，由于居民生活碳排放评估内容比较多，而且是一个政策性比较强的新兴研究领域，撰写过程中难免会有一些纰漏和不足，谨请广大读者批评指正！

生活碳排放评价研究课题组
2024年2月2日

目　录

第 1 章　绪　论

本章首先对温室气体排放快速增加导致的全球气候变化背景进行阐述，在此基础上对碳排放研究现状及发展态势进行梳理。针对居民生活碳排放研究需求，进一步对研究内容、研究目标、技术路线、研究方法、研究创新及不足等进行介绍。

1.1　研究背景与研究意义

碳排放的基本驱动力是人类消费和活动，居民消费引起的碳排放量持续增加将提高碳中和成本与难度，优化消费行为是降低碳排放的积极举措（Qu et al.，2019；林伯强，2021）。因此，对面向碳中和目标的居民生活碳排放格局及影响机制进行研究非常必要，可为我国制定系统的碳中和策略提供科学依据与政策建议。

1.1.1　研究背景

1.1.1.1　全球气候变化已成共识

气候变化是重大科学问题、经济问题，同时也是一个典型的全球公共问题（庄贵阳，2008；丁仲礼 等，2009）。气候变化是当前人类面临的最大风险（WEF，2024）之一。美国国家海洋和大气管理局（National Oceanic and Atmospheric Administration，NOAA）发布的《2022 年全球气候报告》指出，2022 年是自 1880 年有记录以来全球地表温度第六高的年份。联合国政府间气候变化专门委员会（IPCC）《第四次评估报告》指出，1906—2005 年全球平均地表温度线性趋势为 0.74 ℃，与《第三次评估报告》相比，这一趋势有所升高（IPCC，2007）。IPCC《第五次评估报告》指出，1880—2012 年，全球平均地表温度升高 0.85 ℃，1951—2012 年近 60 年，全球平均地表温度升温速率几乎是 1880 年以来升温速率的 2 倍（IPCC，2013；秦大河 等，2014）。

尽管气候变化问题十分复杂，但目前研究普遍认为，人类活动产生的二氧化碳等温室气体排放增加是其主要原因。IPCC 发布的六次气候变化评估报告均指出，人类活动产生的温室气体排放增加引起了气候变化的发生。其中，IPCC《第五次评估报告》提出了这一可能性在 95%左右（IPCC，2013）。IPCC《第六次评估报告》第三工作组报告提出，如果不额外减排，预计未来累积二氧化碳排放量将无法满足将全球温升控制在1.5 ℃以内的目标(IPCC,2022)。

人类活动燃烧化石燃料产生的二氧化碳等温室气体排放增加引起的气候变化问题备受关注。2014年9月,世界气象组织(World Meteorological Organization,WMO)发布《WMO温室气体公报》显示,全球大气二氧化碳浓度是工业化前的1.42倍,截至2013年约为396 ppm*。2022年10月,WMO发布的《WMO温室气体公报》显示,全球大气二氧化碳浓度达到历史新高,是工业化前的1.49倍。根据全球碳项目(Global Carbon Project,GCP)和国际能源署(International Energy Agency,IEA)的数据,受疫情影响,2022年全球二氧化碳排放量呈现小幅增长趋势,但仍再创新高,GCP和IEA估计全球二氧化碳排放总量分别为366亿吨和368亿吨。

碳中和目标是各国政府、企业及个人应对气候风险与减缓生态危机的关键举措。应对和减缓气候变化并实现碳中和已成为国内外学术研究的焦点。近年来,随着经济发展逐步提升、消费水平不断提高、人口结构发生转型、化石能源大量焚烧,导致全球温室气体排放量不断增加,如何协调经济、人口、能源与碳排放之间的关系尤为重要(李志学,2016;王少剑,等,2021)。

1.1.1.2 国际应对气候变化行动

通过对IPCC发布的历次气候变化评估报告进行归纳,一方面,评估报告对人类活动产生二氧化碳等温室气体排放增加导致气候变化的可能性加以说明,如第三至第六次评估报告指出这一可能性由50%上升至95%以上(IPCC,2001,2007,2013,2021);另一方面,评估报告对气候变化现状进行描述,对气候变化未来趋势进行预测,同时对如何应对、减缓和适应气候变化进行阐述(IPCC,2022;曾静静 等,2015)。研究发现,应对和减缓气候变化是现实问题,同时也是决策问题(曲建升 等,2013)。

国际气候谈判最早于1979年在日内瓦召开的世界气候大会上拉开帷幕。温室气体减排特别是减少二氧化碳排放是国际国内社会应对和减缓气候变化的普遍共识,同时也是国际气候变化谈判中各缔约方博弈的焦点(张志强 等,2008;曾静静 等,2015;IPCC,2022)。1992年签署《联合国气候变化框架公约》(United Nations Framework Convention on Climate Change,UNFCCC),1997年提出《京都议定书》(Kyoto Protocol),至2022年第27届联合国气候变化大会召开,世界各国为共同应对和减缓气候变化历经30年的国际气候谈判。为应对和减缓气候变化,各缔约方逐步完善气候变化和节能减排相关的法律规划和行动框架,采取应对措施并为之付出努力。国际社会应对气候变化发展历程如图1.1所示。

1992年,UNFCCC正式签署,各缔约方达到求同存异的目的,为应对气候变化国际合作打下良好的框架基础。1995年,COP1(Conference of the Parties,缔约方会

---

* 1 ppm=10^{-6},下同。

议)在柏林首次召开,此后,COP几乎每年都将召开。1997年,COP3在日本东京召开。此次会议,参会成员国通过了《京都议定书》,确定清洁发展机制(Clean Development Mechanism,CDM)、排放贸易(Emissions Trade,ET)、联合履约(Joint Implementation,JI)三大减排机制,使温室气体减排成为国家法律义务。但直到2005年,经过世界各缔约方展开一系列气候博弈和谈判之后,《京都议定书》才正式生效。

2007年,COP13在印度尼西亚巴厘岛召开。此次会议,参会成员国通过了《巴厘岛路线图》,确立"双轨制"设计。一方面,签署《京都议定书》的发达国家需履行规定,承诺2012年以后的减排目标;另一方面,发展中国家和未签订《京都议定书》的国家需进一步采取应对气候变化措施。2009年,COP15在丹麦哥本哈根召开。参会成员国通过了《哥本哈根协议》,同样是具有划时代意义的全球气候变化协议。此次会议,无论是发达国家还是发展中国家,都对未来做出了一定的减排承诺。

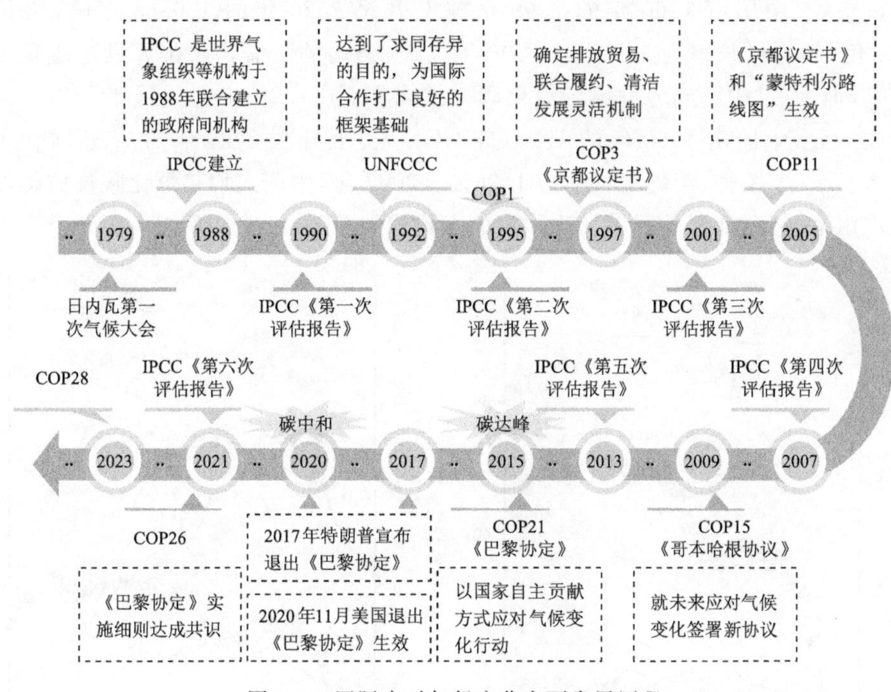

图1.1 国际应对气候变化主要发展历程

2015年,COP21在法国巴黎召开。参会成员国通过了《巴黎协定》。此次会议,各缔约方以"自主贡献"方式参与到全球应对气候变化的行动之中。同时,会议提出将21世纪末全球地表平均气温与工业化前进行比较,控制2℃温升目标,并争取实现1.5℃温升目标。2016年,COP22在摩洛哥马拉喀什召开。此次会议主要落实《巴黎协定》规定的各项任务,同时敦促各国努力完成2020年应对气候变化承诺。

2017 年，COP23 在德国波恩召开，此次会议就《巴黎协定》的实施展开进一步商讨。2017 年 6 月美国特朗普宣布退出《巴黎协定》，2020 年 11 月，美国退出《巴黎协定》生效。2021 年 2 月，美国宣布重新加入《巴黎协定》。

2020 年原定在英国哥斯拉召开的 COP26，因新冠疫情影响，延期至 2021 年 11 月举行。此次大会是《巴黎协定》进入实施阶段后首次召开的缔约方大会，就《巴黎协定》实施细则达成共识。2022 年，COP27 在埃及沙姆沙伊特举办，围绕减缓、适应、融资和合作 4 个主题展开讨论。截至 2022 年 11 月，国际上约有 140 个国家正在考虑或已经提出碳中和目标，覆盖全球近 90%的碳排放量(CAT，2023)。

1.1.1.3 中国减排压力与日俱增

研究指出，中国二氧化碳排放量超过美国，成为全球最大的碳排放国家(Guan et al.，2009)。根据 GCP 和世界银行(World Bank)的数据可以看出：①从历年二氧化碳排放量看，中国由 1960 年的 7.99 亿吨上升至 2020 年的 106.68 亿吨，增长了 12.35 倍，年均增长率为 4.80%。2006 年以前，美国的二氧化碳排放量遥遥领先其他国家，但之后，中国成为世界二氧化碳排放大国(图 1.2a)。②从历年人均二氧化碳排放来看，中国由 1960 年的 1.20(吨 CO_2/人)上升至 2020 年的 7.56(吨 CO_2/人)，增长了 5.31 倍，年均增长率为 1.26%。2007 年，中国人均二氧化碳排放超过世界人均水平，但远低于美国等发达国家的人均排放水平(图 1.2b)。

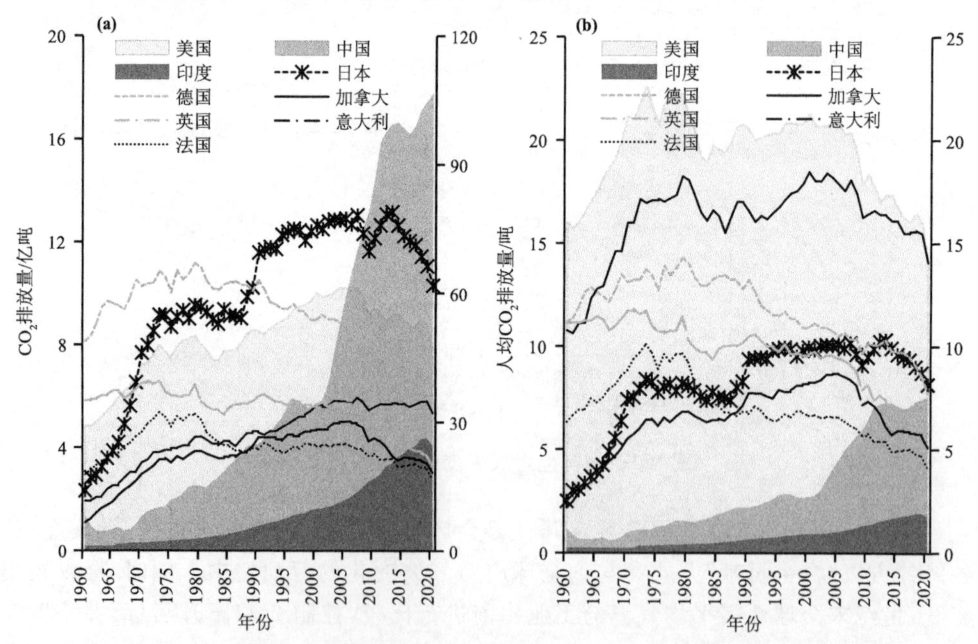

图 1.2 世界主要国家二氧化碳排放总量及人均二氧化碳排放量比较
(线条按左轴低值；色块按右轴高值)

对比主要国家人均二氧化碳排放与人均 GDP 关系，发现两者在中国、印度存在明显正相关关系（图 1.3）；两者在美国、加拿大、德国等发达国家存在不规则 EKC（environmental Kuznets curve，环境库兹涅茨曲线）倒"U"形曲线关系。随着经济发展，美国、英国等国家人均二氧化碳排放不随经济增长而增加，而是随着经济快速发展，带动其研发技术、科技水平等不断提升，进而通过提高产业技术来实现低碳发展。根据美国、英国、日本等国的人均二氧化碳排放与人均 GDP 的关系，中国一方面要借鉴英美发达国家的减排经验；另一方面要尽可能实现低碳转型，在提高经济发展的基础上实现减排。相比而言，中国的低碳发展道路更加艰巨。

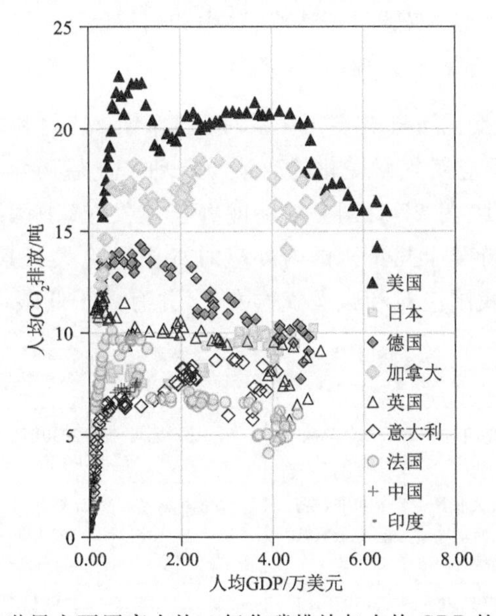

图 1.3　世界主要国家人均二氧化碳排放与人均 GDP 的关系比较

如表 1.1 所示，基于 GCP 与世界银行数据库二氧化碳排放和人口数据，对比主要发达国家二氧化碳排放量的达峰时间和达峰值，可以发现，美国、日本、德国、英国、加拿大的二氧化碳排放总量达峰时间分别为 2005 年、2007 年、1990 年、1991 年和 2007 年，对应达峰值分别是 61.35、13.03、10.52、6.08 和 5.95 亿吨；其人均二氧化

表 1.1　主要发达国家碳排放达峰时间与达峰值比较

类别	指标	美国	日本	德国	英国	加拿大
二氧化碳排放总量峰值/亿吨	达峰时间	2005	2007	1990	1991	2007
	峰值	61.35	13.03	10.52	6.08	5.95
人均二氧化碳排放峰值/（吨/人）	达峰时间	1973	2007	1979	1971	2000
	峰值	22.58	10.18	14.31	11.81	18.46

数据来源：World Bank 和 Global Carbon Project。

碳排放量达峰时间分别为1973年、2007年、1979年、1971年和2000年，对应达峰值分别是22.58、10.18、14.31、11.81和18.46吨/人。总体来看，主要发达国家人均二氧化碳排放的达峰时间早于二氧化碳排放总量的达峰时间。

通过分析主要国家二氧化碳排放总量、人均排放量、排放峰值及其与经济发展之间的关系发现，目前中国二氧化碳排放量最多，在国际气候谈判各缔约方博弈中占据不利地位。中国工业化、城市化不断加速，人民生活水平亟需进一步提升，未来居民消费产生的能源消耗以及二氧化碳排放问题在应对气候变化和实现碳中和中起着举足轻重的作用。面对巨大减排压力的同时，我国肩负重大减排责任，亟需关注应对和缓解气候变化措施以实现“双碳”（碳达峰、碳中和）目标。

1.1.1.4　中国应对气候变化行动

我国高度重视气候变化问题，出台了一系列减排举措来应对和减缓气候变化（图1.4）。2008年首次发布《中国应对气候变化的政策与行动》，此后历年发布相关政策与行动年度报告，至2021年10月27日国务院新闻办公室发布《中国应对气候变化的政策与行动》白皮书，已经持续十几年。国内外应对气候风险大背景下，相关政策行动及相关规划有效推动了我国应对和减缓气候变化，并有助于低碳可持续发展。

图1.4　中国应对气候变化政策行动和举措

(1)“十一五”期间与气候变化及低碳相关的主要政策行动

2007年6月4日,中国首部应对气候变化的政策文件《中国应对气候变化国家方案》正式发布。2008年10月30日,国务院发布我国应对气候变化的政策与行动。2009年11月26日,在哥本哈根联合国气候大会上,我国政府首次提出温室气体减排行动目标,在2020年努力实现碳排放强度(即单位GDP的二氧化碳排放)较2005年下降40%～45%的目标。2010年7月19日,国家发展和改革委员会(简称国家发改委)发布《关于开展低碳省区和低碳城市试点工作的通知》中确定我国首批低碳省区和低碳城市试点,随后并开展实施。到目前为止,我国政府已先后公布三批低碳省区和低碳城市试点,已有81个城市先后开展低碳城市试点。

(2)“十二五”期间与气候变化及低碳相关的主要政策行动

2011年12月1日,国务院关于印发“十二五”控制温室气体排放工作方案的通知,围绕2015年碳排放强度比2010年下降17%的目标做重点任务安排。2013年11月18日,我国首部专门针对适应气候变化的战略规划《国家适应气候变化战略》正式对外发布。2014年9月19日,《国家应对气候变化(2014—2020年)》形成,再次提到我国于2009年提出的社会减排承诺。2014年11月12日,在《中美气候变化联合声明》中,中美两国元首各自宣布2020年后应对气候变化行动,我国计划在2030年左右达到二氧化碳排放峰值并争取早日达峰。2014年12月,国家发改委发布了《碳排放权交易管理暂行办法》,引导低碳行业规范化,加快其发展。2015年6月30日,我国政府向联合国秘书处提交《强化应对气候变化行动——中国国家自主贡献》,明确提出“自主贡献”减排目标,到2030年左右二氧化碳排放达峰,碳排放强度比2005年下降60%～65%。2015年12月,COP21在法国巴黎召开,中国提出2030年左右努力实现二氧化碳达峰的目标。

(3)“十三五”期间与气候变化及低碳相关的主要政策行动

“十三五”是我国能源低碳转型关键期,2017年4月25日,国家发改委、国家能源局印发了《能源生产和消费革命战略(2016—2030)》,推动能源文明消费,旨在实现能源生产和消费的根本性转型。2017年10月18日,党的十九大指出坚持人与自然和谐共生,建设生态文明是中华民族永续发展的千年大计,生态文明建设提到新高度,“美丽”写进了强国目标。2017年12月19日,国家发改委印发了《全国碳排放权交易市场建设方案(发电行业)》,标志着我国统一的碳排放交易体系正式启动,具有重要意义。2020年9月22日,习近平在第七十五届联合国大会一般性辩论上发表重要讲话,提出中国力争2030年实现碳达峰,2060年实现碳中和。碳中和是一个复杂的科学问题,它不仅是我国积极应对气候变化的国策,也是基于科学论证高瞻远瞩的国家战略(杜祥琬,2021)。

(4)2021年至2022年9月与气候变化及低碳相关的主要政策行动

我国首次提出努力实现2060年前碳中和目标庄严承诺以来,已在国内外重要会议上多次强调实现“双碳”目标。习近平总书记指出，要把“双碳”纳入经济社会发展和生态文明建设整体布局。截至 2022 年 9 月，我国陆续印发与“双碳”相关的国家战略与政策制定体系，主要包括：《中共中央、国务院关于完整准确全面贯彻新发展理念做好碳达峰碳中和工作的意见》《2030 年前碳达峰行动方案》《氢能产业发展中长期规划(2021—2035 年)》《减污降碳协同增效实施方案》《城乡加速领域碳达峰实施方案》《农业农村减排固碳实施方案》《科技支撑碳达峰碳中和行动方案》《加强碳达峰碳中和高等教育人才培养体系建设工作方案》《促进绿色消费实施方案》《国家适应气候变化战略 2035》《全国重要生态系统保护和修复重大工程总体规划(2021—2035 年)》《中国科学院科技支撑“双碳”战略行动计划》等。我国对面向碳中和的国家战略行动进行统筹部署，“1＋N”政策体系基本建立，有序推进能源、工业、交通、建筑等领域碳达峰实施方案，并实现科技支撑、财政支持等保障政策。

1.1.1.5 居民生活排放研究需求

我国是能源生产和消耗大国，能源消耗过程会产生大量的二氧化碳排放(孙涛等，2014)。从终端能源消费部门视角出发，中国能源消耗主要用于农业、工业、建筑业、交通、服务(主要指批发、零售、餐饮业等)、生活和其他等 7 个部门(中国能源统计年鉴)。如图 1.5 所示，与 2001 年相比，2020 年中国居民生活部门的能源消耗增长了 2.72 倍。2001—2020 年，居民生活部门的能源消费占终端能源消费总量的比例在 10.60％～13.19％，平均为 11.62％，已成为继工业部门外的第二大能源消耗部

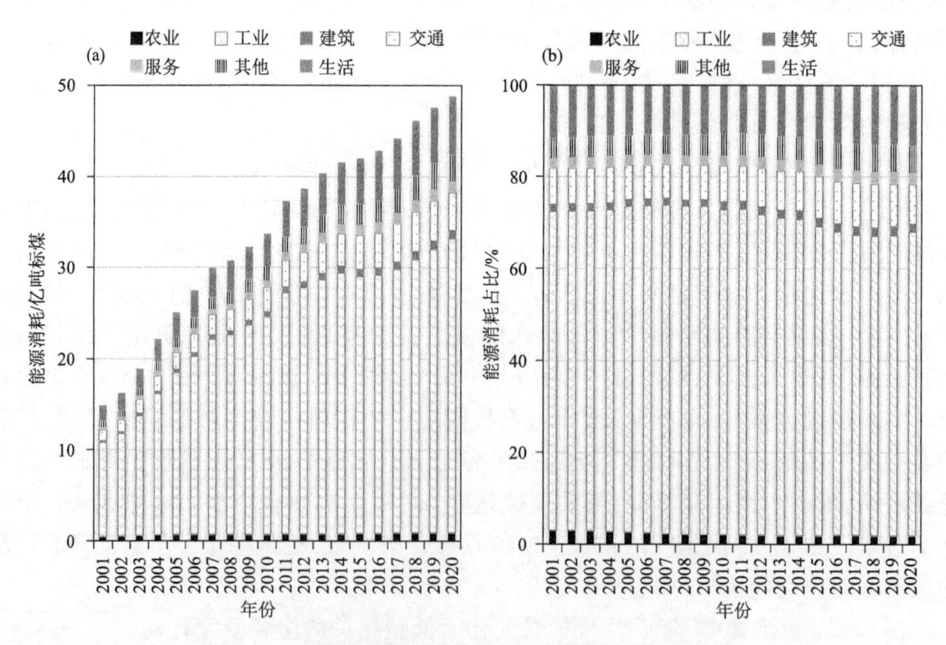

图 1.5 中国终端能源消费部门的能源消耗现状及占比

门。如果考虑居民生活衣着、食品、居住、出行、服务等间接需求产生的能源消耗，那么居民生活部门消耗的能源将会更多。

已有碳排放研究主要集中在工业领域，居民生活直接和间接能源消耗产生的碳排放研究相对较少(Wang et al.，2009；刘莉娜 等，2012；Liu et al.，2017)。随着经济水平提升和居民消费水平改善，各种家居产品、电子商品以及家庭汽车的普及，来自居民生活的能源需求也不断提升。首先，居民生活用于衣着、食品消费的最基本需求要得到满足；在满足基本生活需求的基础上，居民生活用于居住、出行和服务等发展的需求也有所提升。其次，居民在日常生活中通过不同消费行为，如“衣”“食”“住”“行”“服务”等，会产生一定的能源消耗。包括直接燃烧煤炭、油品、燃气等以及居民消费间接产生的能源消耗，进而会产生大量的二氧化碳排放。因此，中国居民生活碳排放格局及其影响机制的量化分析具有重要的研究需求。

1.1.2 研究意义

(1)多尺度空间居民生活碳排放量化研究可为“双碳”管理提供坚实数据支撑

居民生活消费是全球碳排放的重要来源之一。近年来，国内外学者从不同空间尺度，包括国家、地区或城市尺度，对我国居民生活碳排放进行量化(Shui et al.，2005；Park et al.，2007；Qu et al.，2019)，推进了碳排放研究进展，但也面临一些挑战。居民生活碳排放量化研究多从单一尺度或几个城市尺度考虑，多空间尺度居民生活碳排放量化在“双碳”研究领域尚未得到有效深化与拓展。直接与间接、基本与发展、不同消费行为的居民生活碳排放不仅可以反映居民生活水平、生活质量，而且关系到国家的发展动力与生态文明水平(丁永霞，2011；刘莉娜 等，2013；Qu et al.，2019)。多尺度居民生活碳排放量化研究不仅有助于厘清我国居民生活碳排放现状，还从居民生活视角探究节能减排方式，对我国碳排放总量控制具有重要意义。本研究将综合考虑多维度、多视角和多要素，构建居民生活碳排放多尺度量化模型，逐步实现我国居民生活碳排放量化评价，可为我国“双碳”管理提供数据本底，打下坚实数据基础。

(2)时空演化格局研究可为制定差异化“双碳”政策提供科学参考

我国幅员辽阔，不同地区的资源禀赋、气候变化、社会文化、经济发展、居民消费水平等存在显著差异，这对我国各地居民生活生产方式、能源消耗模式等产生不同影响，从而导致各地居民生活碳排放存在显著差异(刘莉娜 等，2016；曲建升 等，2018)。系统分析我国居民生活碳排放时空格局及演化差异，有助于掌握居民生活消费视角的碳排放特征及分布规律。如何落实我国消费侧“双碳”目标，这就需要在了解我国各地居民生活碳排放特征的基础上，进一步探讨其时空分布规律，揭示其时空演化差异，进而实施更加有效、有针对性的差异化减排举措(Liu et al.，2011；Chuai et al.，2012；Liu et al.，2018)。本研究将从时空融合视角探究我国居民生活碳排放演变趋势和演化差异，能够客观揭示我国居民生活碳排放规律，可为因地制宜地制定差异化“双碳”政策提供科学参考。

(3)影响机制研究可为科学研判未来碳排放需求提供理论依据

碳排放的基本驱动力是人的活动与消费，居民消费引起的碳排放量持续增加将提高碳中和的成本与难度，优化消费行为是降低碳排放的积极举措(林伯强，2021；Qu et al.，2019)。中国经济社会正处于快速发展的工业化和城市化阶段，随着经济水平提升、居民生活不断改善、居民消费需求变化等众多因素影响，来自居民生活部门的未来碳排放空间存在很大不确定性(风振华 等，2010；Liu et al.，2011；曲建升 等，2013；Mi et al.，2020)。科学研判居民生活碳排放关键机理，可为厘清未来碳排放变化态势提供重要的理论支持。在此背景下，构建居民生活碳排放时空面板数据模型，识别其关键机理，揭示不同地区、不同发展水平、不同消费结构的减排贡献，有助于科学合理把握未来居民生活碳排放发展动态，最大尺度降低其不确定性。

(4)深挖文献信息价值助力居民绿色消费，具有重要的现实意义

碳中和是我国应对气候变化工作的标杆性新目标，对我国诸多相关工作具有挑战和机遇。居民生活消费模态是衡量国家文明发展程度的一项重要指标(Wu et al.，2017)。常规减排举措多关注生产侧排放限额约束，缺乏消费需求驱动的激励引导，对社会进步—居民消费—碳排放—资源环境约束—碳减排—可持续发展的逻辑体系缺少系统梳理，导致对碳中和与发展转型工作的认识存在不足。这可能会增加“双碳”控制成本，甚至抵消减排效果(林伯强，2021；Qu et al.，2019)。基于此，本研究从文献情报视角出发，采用文献计量分析方法，分析近 30 年居民低碳消费领域研究进展和态势，深挖文献信息价值，提出“双碳”目标下生活碳排放与可持续消费展望，为我国科学制定“双碳”战略和方案提供决策支持，具有重要的现实需求。

1.2　研究目标与研究内容

1.2.1　研究目标

本研究以低碳经济、低碳消费、生态文明、“双碳”战略、地理科学、环境科学等交叉学科及理论方法为基础，构建我国居民生活碳排放多尺度评价模型，解析居民消费模式与碳排放的内在关系，揭示我国居民生活碳排放时空格局及演化规律，阐释不同影响因素与碳排放之间的因果关系，深挖文献信息价值提出我国居民生活消费优化策略，为国家实现“双碳”目标提供居民消费端的数据支撑与科学参考。

1.2.2 研究内容

本研究首先对气候变化及相关碳排放问题的研究背景及本研究的研究目标与内容等进行简要介绍。其次，对居民生活碳排放研究的相关概念、理论基础、研究进展进行系统梳理，研判我国居民生活碳排放研究的发展动态。在已有碳排放研究理论基础上，构建我国多尺度居民生活碳排放量化及评价模型，分析其时空演化格局，揭示其关键机理，并提出“双碳”愿景下我国居民生活领域绿色发展优化策略。具体研究内容包括以下 4 个部分。

(1)多尺度居民生活碳排放量化及评价

选择 2001—2020 年为时间边界，选择我国 31 个省(自治区、直辖市)的行政区域为空间边界，在此基础上明确多尺度框架(整体、城乡、地区、省域)；界定多尺度视角下居民生活碳排放核算框架及指标体系；结合 IPCC 表观消费量法、投入产出分析法和消费者生活方式方法，通过“自上而下”和“自下而上”的方式测度我国多尺度视角下居民生活碳排放量；对多维度(直接与间接、基本与发展、不同排放结构、不同消费行为)和多视角(总量、户均、人均)碳排放进行评价。

(2)居民生活碳排放时空演化格局研究

基于数理统计与空间计量理论，构建适合我国居民生活碳排放时空演化趋势和演化差异的方法体系；综合空间自相关、重心迁移、时空跃迁多方法，从时间、空间和时空融合 3 个视角分析居民生活碳排放分布特征和尺度差异，揭示多维视角下我国居民生活碳排放演化规律；同时从时间、空间和时空演化 3 个角度揭示我国居民生活碳排放发展轨迹和演化差异。

(3)我国居民生活碳排放影响机制分析

影响居民生活碳排放的因素涉及自然、经济、社会、人口、政策等诸多方面。首先对居民生活碳排放相关影响因素进行逐步回归，剔除共线性变量；然后构建我国居民生活碳排放量与影响因素之间关系的数学模型；最后采用时空面板数据模型对其影响机制进行分析，揭示我国居民生活碳排放的作用机理。

(4)生活碳排放与可持续消费展望

“双碳”目标下如何协调居民消费增长与低碳减排之间的矛盾，即如何协调居民实现美好生活追求与生态环境平衡之间的矛盾，亟需从“经济发展→社会进步→居民消费→碳排放→环境约束→碳减排→技术发展→可持续发展”逻辑视角制定绿色优化策略。本研究以居民可持续消费研究相关的文献情报信息为数据源，从文献计量角度，分析近 30 年来居民可持续消费研究的发文趋势、研究热点和研究态势。然后从可持续发展、全民行动、“双碳”愿景等方面进行总结和展望。

1.3 技术路线与研究方法

1.3.1 技术路线

“双碳”推动下，我国仍面临着居民消费需求增加导致碳排放增加与低碳减排之间的矛盾。如何解决这一问题，多尺度居民生活碳排放量化及影响因素研究对我国可持续发展和绿色消费具有重要的实践意义和科学价值。如图 1.6 所示，主要围绕“理论基础—排放特征—时空格局—影响机制—政策建议”这一技术路线展开。

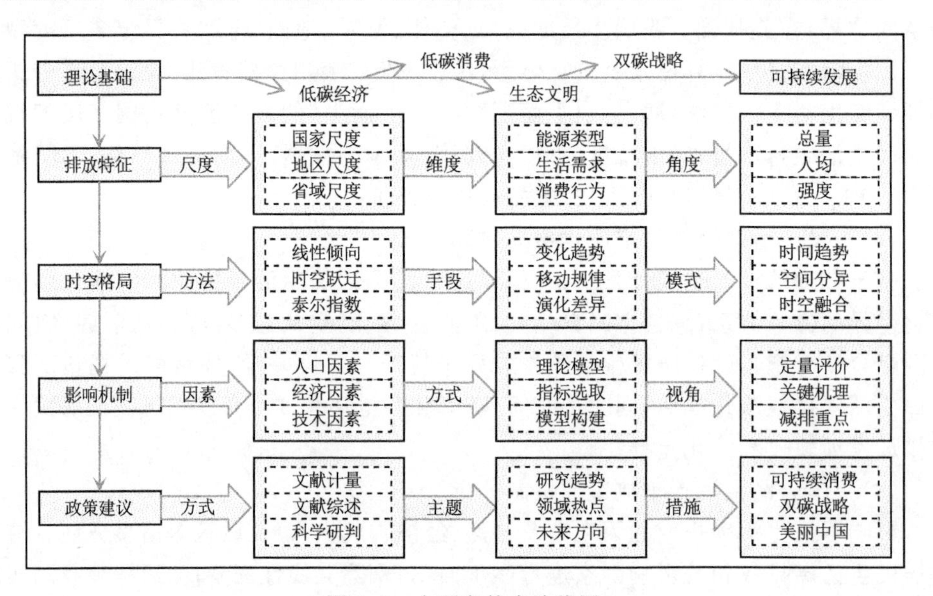

图 1.6 本研究技术路线图

1.3.2 研究方法

(1)数据挖掘方法

以我国各省份《统计年鉴》和《投入产出表》以及《中国统计年鉴》《中国能源统计年鉴》《中国人口统计年鉴》等统计数据为主，以各省(区、市)、部门数据、统计公报数据为辅，对我国居民生活碳排放数据(包括煤炭、油品、燃气等一次能源消耗数据；热力、电力二次能源消耗数据；食品、衣着、居住、交通、医疗、文教、通信、其他居民生活消费数据；间接排放因子计算时用到的投入产出表数据；以及城镇化率、人口总量、年龄结构、教育水平、收入等微观和宏观影响因素数据)进行清洗、集成、标准化及深度挖掘等工作，是本研究分析居民生活碳排放分析的数据基础。

(2)信息挖掘方法

以 Web of Science(https://www.webofscience.com/wos/woscc/basic-search)数据库为文献来源,获取1993—2022年居民可持续消费相关文献,对其研究方法、排放特征、区域差异、影响因素等内容进行系统梳理。进而对本研究理论基础以及国内外研究现状进行综述。此外,结合文献计量和综合集成,系统识别居民生活减排领域研究热点、研究态势和科学问题,深挖文献信息价值,助力居民绿色消费。

(3)碳排放评估方法

基于省域能源平衡表、能源消费量,利用IPCC表观消费量法对我国居民生活能源燃烧直接产生的碳排放进行测算;基于省域投入产出表,利用投入产出分析和消费者生活方式方法对我国居民生活消费间接产生的碳排放进行评估。构建适合本研究的居民生活碳排放评估方法和指标体系,从总量、人均2个层面,直接与间接、基本与发展、不同消费行为等角度对其进行分析。

(4)数理统计分析方法

测算居民生活碳排放与时间关系的Slope(倾向值)分析其时间变化趋势。计算Global Moran's I(全局自相关指数)和LISA(Local Indicators of Spatial Association,局部自相关指数)和LISA时空跃迁(space-time transitions)来反映居民生活碳排放时空分布特征及演化趋势。根据标准差椭圆系数在重心、中心、长短轴等方面的变化,揭示居民生活碳排放时空演化过程。采用标准差系数、变异系数、基尼系数、泰尔指数等对不同时段、尺度居民生活碳排放的绝对差异与相对差异进行比较,进一步阐明居民生活碳排放时空演化差异情况。以STIRPAT(Stochastic Impacts by Regression on Population, Affluence, and Technology,可拓展的随机性环境影响评估模型)为基础,分析人口、财富、技术等因素对碳排放的影响程度,构建适合我国人均居民生活碳排放的时空面板数据模型,定量评价经济、人口、社会等因素的影响,明晰其演化机制。

1.4 拟解决的关键科学问题

(1)多尺度视角下居民生活碳排放量化

已有研究多侧重于全球、国家等大尺度格局分析,多尺度视角下的居民生活减排潜力研究相对欠缺。本研究从多尺度(国家、地区、省域)、多维度(类型、需求、行为)、多角度(总量和人均)出发,构建适合我国居民生活碳排放的多尺度评价方法,分析不同能源类型、不同消费需求和不同消费行为的碳排放特征。多尺度碳排放量化研究可为碳排放管理提供数据支撑和决策支持,这是本研究亟需解决的一个关键科学问题。

(2)我国居民生活碳排放关键机制分析

考虑时空异质性的碳排放影响机制定量评价有助于识别关键机制,为制定科学合理的差异化低碳政策提供理论支撑。已有研究多是考虑单一尺度或某几个典型因素的定性或异质性分析,时空融合尺度的量化评价仍面临一些短板。综合考虑定量评价和时空异质性,构建时空面板数据模型,不仅可以探究时空融合视角下居民生活碳排放与不同驱动因素之间的关系,还可以从量化角度揭示并识别最主要影响机制,这是本研究亟需解决的另一个关键科学问题。

1.5　研究创新与展望

1.5.1　研究创新

本研究以可持续发展和国家“双碳”战略为导向,立足新发展阶段,聚焦居民消费需求变化将进一步导致碳排放空间不确定性这一现实问题,开展我国多尺度居民生活碳排放量化及影响机制研究。以“理论基础—排放特征—时空格局—影响机制—政策建议”为研究主线,突破现有研究尺度和时空量化技术的研究局限,构建我国多尺度居民生活碳排放评价方法,揭示居民生活碳排放演化规律并识别影响机制。研究结果不仅可为我国实现“双碳”目标和绿色发展提供科学参考和决策支持,还可为其他相似发展中国家的绿色消费模式提供理论支撑。

多尺度、长时段居民生活碳排放量化数据有助于为全国及地方碳排放管理和“双碳”决策提供支撑。考虑到已有研究多关注全球、国家等大尺度居民生活碳排放研究,地区、省域等多尺度比较分析相对欠缺。本研究将研究尺度由国家尺度进一步拓展,通过“自下而上”和“自上而下”交叉验证的方法,科学测度国家、地区、省域及城乡尺度的碳排放量。从时间路径和空间跃迁视角综合思考居民生活碳排放的时空依赖特征,并系统分析时空融合视角下居民生活碳排放演化规律。研究结果从多尺度视角下量化分析居民生活碳排放格局及规律,是对已有研究理论和数据分析的重要补充,在研究方法和研究尺度上具有一定的拓展性。

基于领域发展动态分析,时空融合量化评价碳排放的驱动因素更有助于识别关键机理,可进一步推动碳减排潜力研究。本研究结合 STIRPAT 模型和面板数据模型各自的优势,构建适应于多尺度居民生活碳排放相关影响因素的时空面板数据模型。可同时考虑时空异质性和量化评价两个视角,有助于识别我国居民生活碳排放关键机理,更好地掌握未来居民生活碳排放发展轨迹,为我国实现“双碳”目标和绿色消费决策提供科学参考,在研究思路和研究视角上具有一定的创新性。

1.5.2 研究展望

居民生活碳排放研究是2007年以来迅速发展的一个专门化的主题研究领域。本研究根据国内外研究进展，基于当前理论基础，在实证分析的基础上，客观分析和评价我国居民生活碳排放特征、演变规律以及影响机制，为我国地方政府推动“双碳工作”提供数据支撑。同时，从可持续发展、“双碳”战略和美丽中国等多重视角，对居民绿色消费相关的文献信息进行挖掘，为我国政策制定者提供信息参考。同时，本研究还存在一些不足，未来研究工作还需从以下问题继续进行展开：

(1)居民生活碳排放量化分析

考虑城乡居民生活碳排放可比性以及数据来源的可获取性，本研究对我国、地区和省域居民生活消费和生活能源的碳排放进行计算，同时，测算过程中并未将城镇生活垃圾排放和农村生物质排放考虑在内。未来研究中，一方面可以将我国城镇居民生活垃圾产生的碳排放和中国农村生物质能(比如植物秸秆、动物粪便)产生的碳排放单独进行考虑，进行比较；另一方面，可将研究区域进一步拓展，比如城市、1 km×1 km网格空间，促使我国居民生活碳排放评价更细化。

(2)居民生活碳排放不确定性

我国整体、城乡、地区、省域居民生活碳排放差别较大，探究我国不同空间尺度下居民生活碳排放影响机制的异同及原因是一个值得研究的问题。由于数据和方法本身不可避免的一些不确定性因素，导致研究结果会存在一定的不确定性。比如，在计算居民消费间接碳排放因子时存在一定的不确定性。本研究采用投入产出分析和消费者生活方式方法进行计算，由于我国省域投入产出表仅有2002年、2007年、2012年以及2017年4个年份，其余年份的排放因子采用插值法进行估算，这一过程，不可避免地会产生一定不确定性。比如，在测算直接碳排放时也存在一定不确定性。我国及各省统计年鉴或能源统计年鉴中，只能获取我国30个省(自治区、直辖市)(西藏、香港、澳门、台湾除外)的相关信息，因此，在测算西藏自治区相关数据时，假设其与位于青藏高原的青海省具有相似的生产生活方式，并按其人口、能源消耗比例关系等进行估算。这一过程，也不可避免地对研究结果产生一定误差。

本研究采用多尺度居民生活碳排放量化评价模型对我国居民生活碳排放特征进行分析。在此基础上，采用线性倾向估计方法、空间自相关、时空跃迁、标准椭圆、变异系数、泰尔指数、STIRPAT模型、时空面板数据模型等方法，对我国居民生活碳排放时空变化趋势、时空演化差异以及背后的影响机制进行深入分析。尽管研究中存在上述不确定性，整个工作过程秉承思路清晰、结构合理、方法严谨的态度认真完成，研究结果可为国家和地方落实“双碳”战略，提供数据支撑和建议指导。

第 2 章　理论基础及国内外研究进展

本章首先对居民生活碳排放相关概念和内涵进行梳理。然后以低碳经济、低碳消费、生态文明、“双碳”战略等相关研究理论为主线，从而探索本研究居民生活碳排放的理论基础。最后，基于已有研究贡献，通过对国内外居民生活碳排放研究态势、量化方法、格局特征、影响因素、优化策略等进行归纳和总结，以期为本研究的理论方法提供启示和借鉴。

2.1　相关概念

居民生活消费是碳排放的主要来源之一。工业革命以来，人类活动产生的碳排放被认为是全球变暖的主要原因，引起国内外广泛关注。居民生活碳排放是指居民在日常生活中直接和间接消耗能源产生的碳排放。居民生活消费端碳减排有助于加快实现生产生活方式绿色变革，对实现“双碳”目标起到重要作用。改革开放以来，我国经济发展势头向前，城镇化水平整体提高，居民生活水平得到改善，来自居民生活部门的碳排放量仍将不断增加（曲建升 等，2013；刘莉娜，2017），居民生活消费引起的碳排放问题不容忽视。

2.1.1　温室气体排放

温室气体（greenhouse gas，GHG）是指任何会吸收和释放红外线辐射并存在大气中的气体。主要包括二氧化碳（CO_2）、甲烷（CH_4）、氧化亚氮（N_2O）、氢氟碳化合物（HFCs）、全氟碳化合物（PFCs）、六氟化硫（SF_6）、水汽（H_2O）等（曲建升 等，2009；张志强 等，2018）。其中，二氧化碳是最主要的温室气体，所占比例超过 70%（IPCC，2007）。太阳辐射在以短波形式直接加热地球表面的同时，经过地面反射转变为长波后也被温室气体吸收，从而将更多热量留在地球，引起了类似“温室”的效应，被称为温室效应（曲建升 等，2009）。温室气体排放增加产生温室效应，导致全球气温上升，尤其是由人类活动消耗大量能源（如煤炭、石油、天然气）导致的碳排放迅猛增加被视为全球气候变暖的最主要原因（IPCC，2007）。

2.1.2　居民生活消费

界定本节与碳排放相关的居民生活消费是指居民在日常生活中直接和间接产生能源消耗的消费。居民生活消费可分为居民生活一次能源消费、居民生活二次能源消费和居民生活间接能源消费 3 部分，其中，居民生活一次能源消费和居民生活二次能源消费均来自居民生活终端能源消费（秦翊，2013）。居民生活一次能源消费是指居民在日常生活中直接消耗煤炭、油品、燃气等一次能源的直接能源消费（能源基金会，2015）；居民生活二次能源消费是指居民在日常生活中电力和热力等二次能源通过加工转换等过程造成的终端能源消费；居民生活间接消费是指居民在日常生活中由“衣”“食”“住”“行”“用”等不同消费行为间接产生能源消耗的居民消费（刘莉娜，2017；国家应对气候变化战略研究和国际合作中心，2019）。居民生活消费是生产端产品和消费端需求的最终主体，其直接和间接的能源消耗对碳排放产生重要影响（生态环境部宣传教育中心，2020）。

2.1.3　居民生活碳排放

国内外居民生活碳排放研究已有较为深入而全面的核算理论基础。相关研究主要从直接能源消耗、间接居民消费及系统视角 3 个方面对其内涵进行界定。①居民生活直接碳排放，一般是指居民直接消耗能源产生的直接碳排放，即消耗煤、石油、天然气等一次能源和电力、热力等二次能源产生的碳排放（丁仲礼 等，2022）。②居民生活间接碳排放，一般是指居民消费的各类商品和服务所隐含（或带来）的间接碳排放，包括“衣”“食”“住”“行”“用”等消费行为在生产、运输、储存、交换或服务等过程中产生的碳排放（刘莉娜，2017）。③居民生活碳排放，一般是指居民生活过程中直接消耗能源和间接居民消费等过程中产生的所有碳排放（丁仲礼 等，2022）。本研究界定的居民生活碳排放仅指居民生活消费直接和间接产生的 CO_2 排放，不包括其他温室气体排放。由于居民生活碳排放在生产端或流通环节已进行核算，不能简单将其与其他领域和行业碳排放指标计算。

2.1.4　居民生活碳排放划分类别

按照不同能源类型，居民生活碳排放可以分为居民生活一次能源碳排放、二次能源碳排放和消费碳排放（Liu et al.，2011；刘莉娜 等，2012；Liu et al.，2017）。居民生活一次能源碳排放是指居民生活过程中煤炭、燃气、油品消费等一次能源产生的碳排放。居民生活二次能源碳排放是指居民生活过程中电力消费和热力消费等二次能源在加工转换过程中产生的碳排放。居民生活消费碳排放主要是指居民生活过程中各项消费支出包括食品、衣着、居住、家庭设备、医疗保健、交通通信、文教娱乐以及其他服务等消费间接消耗能源产生的碳排放。

根据不同生活需求,居民生活碳排放可以分为居民生活基本碳排放和发展碳排放两部分(图 2.1)(曲建升 等,2013;刘莉娜 等,2013)。居民生活基本碳排放主要指居民生活中用于满足居民基本生活需求和基本生理需求各项必需活动消耗能源所产生的碳排放量,主要包括吃、穿、住等居民基本生活需求所消耗煤炭、燃气、电力、热力等产生的碳排放。居民生活发展碳排放主要指居民生活中用于文教娱乐、社会活动、医疗保健和其他服务等发展性活动而非生存性活动消耗能源产生的碳排放量,主要包括文教娱乐、交通通信及其他服务等燃烧汽油、柴油等产生的碳排放。

根据不同消费行为,居民生活碳排放可分为"衣""食""住""行""服务"等 5 类消费行为碳排放(图 2.1)(刘莉娜 等,2016;Liu et al.,2017)。其中,居民生活消费行为"衣"碳排放主要包括衣着相关消费产生的碳排放;居民生活消费行为"食"碳排放主要包括食品相关消费产生的碳排放;居民生活消费行为"住"碳排放主要包括居住相关能源消耗和生活消费产生的碳排放(包括煤炭、燃气、热力、电力、居住和家庭设备等消费产生的碳排放);居民生活消费行为"行"碳排放主要包括出行相关能源消耗和生活消费产生的碳排放(包括油品和交通通信消费产生的碳排放);居民生活消费行为"服务"碳排放主要包括服务相关消费产生的碳排放(主要包括文教娱乐服务、医疗保健服务以及其他商品和服务消费产生的排放)。

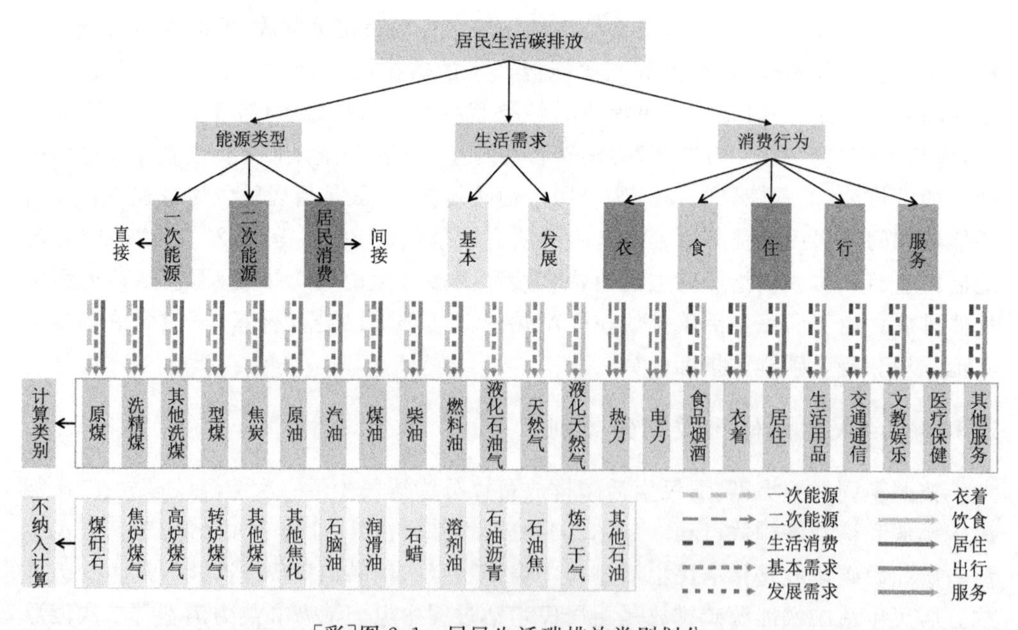

[彩]图 2.1　居民生活碳排放类别划分

2.2 理论基础

全球气候变暖已成共识,如何应对和减缓气候变化,我国出台相关法规或者规划积极应对。“十一五”规划(2006—2010年)我国提出能耗强度(单位GDP能源消耗)到2010年在2005年的基础上下降20%的指标;“十二五”规划(2011—2015年)我国提出碳排放强度到2015年在2010年的基础上下降17%的指标;“十三五”规划(2016—2020年)我国提出碳排放强度到2020年在2005年的基础上下降40%~45%的指标;“十四五”规划(2021—2025年)我国提出单位国内生产总值能源消耗和二氧化碳排放分别降低13.5%、18%,森林覆盖率提高到24.1%,生态环境持续改善,生态安全屏障更加牢固,城乡人居环境明显改善。这些均表现了我国在大力推进节能减排和绿色发展,加强应对和减缓气候变化。低碳经济、低碳消费、生态文明以及“双碳”战略是我国当前和未来推动经济社会发展全面绿色低碳转型的重要理论基础。

2.2.1 低碳经济

关于低碳经济这一理念的最早关注可追溯到1992年签署的《联合国气候变化公约》和1997年提出的《京东议定书》。自从低碳经济理念得到关注,为了应对和避免气候变暖带来的严重后果,国际社会针对低碳理念采取一系列应对气候变化的政策行动,开展一系列应对气候变化的国际谈判。2003年,英国政府发布能源白皮书《我们能源的未来:创建低碳经济》首次提到低碳经济这一概念(鲍健强 等,2008)。2006年,经济学家尼古拉斯·斯特恩发表《斯特恩报告》,从经济学角度审视气候变化,呼吁全球向低碳经济转型,概括和分析了低碳经济发展理论(周宏春,2012)。2008年,联合国环境规划署(United Nations Environment Programme,UNEP)确定“世界环境日”的主题是“转变传统观念,推行低碳经济”,进一步推动世界各国政府、组织、机构和学者对低碳经济的内涵、特征等进行探究。《我们能源的未来:创建低碳经济》指出:低碳经济的基本特征是“低能耗”“低污染”“低排放”,即在产生碳排放量最少的基础上实现最大的经济效益。

2007年,中国政府发布《中国应对气候变化国家方案》,提出减排目标,为中国减缓和应对气候变化做出积极贡献。2007年9月,中国时任国家主席胡锦涛在APEC(Asia-Pacific Economic Cooperation,亚洲太平洋经济合作组织)第15次领导人会议上,明确主张“发展低碳经济”。中共十八届五中全会提出“创新、协调、绿色、开放、共享”五大发展理念,低碳经济是为了应对全球气候变化提出的一种新型经济发展模式,是中国实现“五位一体”的重要举措,是中国经济可持续发展的必经之路。党的二十大报告提出,要加快发展方式绿色转型,实施全面节约战略,发展绿色低碳产业,倡导绿色消费,推动形成绿色低碳的生产方式和生活方式。

近年来,我国学者展开诸多低碳经济研究,主要针对其内涵和特征给出不同解释。田泽等(2015)指出:低碳经济是在可持续发展理念的指引下,通过技术和制度创新,产业和能源转型等多种手段,尽可能地减少煤炭、石油等高碳能源消耗,减少温室气体排放,达到经济发展平稳与生态环境保护双赢的一种形态。陈美球等(2015)指出:低碳经济不仅是一种发展理念、经济问题和科学问题,更是一种发展模式、社会问题和政治问题。邬彩霞(2021)从低碳经济发展协同效应角度提出:低碳经济是以可持续发展为目标,根据技术创新、清洁能源开发等措施实现低碳发展和循环利用,尽可能地降低能耗、减少温室气体排放,从而解决气候变化问题,实现经济增长与环境保护协调发展的目的。陈诗一(2022)在低碳经济的基础上提出低碳经济转型,即同时考虑能源与环境污染等低碳因素后的经济实际转型进程。

本研究将低碳经济定义为:低碳经济是一种科学、文明、健康、绿色的经济发展方式,是一种要求受益者在经济发展过程中以低能耗、低排放、低污染为方向,以实现生态文明为最终目标的可持续经济发展方式。低碳经济不仅是能源消费模式和经济发展方式的变革,更是居民生活方式和消费方式的变革。这就要求涉及人类不同居民生活消费行为包括“衣”“食”“住”“行”“服务”各个方面做到“节能减排”,有效降低居民生活过程产生的二氧化碳排放量。

2.2.2 低碳消费

居民是主要消费主体,其消费行为改变对低碳消费起着重要作用,是我国实现低碳发展的关键因素。要想实现低碳消费,实现可持续发展,推动生态文明建设,就需要从减少能源消费和减少生活消费两个角度来思考,这也是本研究为何选取居民生活部门直接能耗和生活消费间接能耗产生的碳排放,即居民生活碳排放为研究对象进行分析的原因之一。通过调整居民生活消费行为,改变居民生活消费模式,减少居民生活直接能耗和间接能耗,进而实现降低居民生活部门的整体碳排放量。

国外有关低碳消费的研究可追溯到 100 多年前。马克思和恩格斯指出:我们不要过分陶醉于我们人类对自然界的胜利。对于每一次这样的胜利,自然界都对我们进行着报复。马克思和恩格斯的阐述虽然没有直接提出低碳消费的概念,但其思想体现着低碳消费的内涵。随着全球气候变暖认知,人们逐步意识到气候变化带来的能源问题和资源问题。1987 年,世界环境与发展委员会(WCED)在《我们共同的未来》中提出可持续消费概念,呼吁人们在满足当代消费的同时要兼顾人类赖以生存的环境,同时考虑后代的消费需求。2003 年,《我们能源的未来:创建低碳经济》提出低碳经济内涵的同时,低碳消费概念也应运而生。

如果说低碳经济是中国实现绿色生态文明的可持续发展必经之路,那么低碳消费就是实现其低碳经济发展必经之路。1994 年,中国政府在《中国 21 世纪议程》中提出建立可持续消费模式。国内学者对低碳消费理论的研究起步较晚,主要研究集中在低碳消费理论的内涵和概念上。陈晓春等(2009)对低碳消费方式内涵进行探索,将低碳消费行为划分为“恒温”“经济”“安全”“可持续”和“新领域”消费五个层面。孙延红(2010)的研究指出,低碳消费是低碳生活的具体表现形式之一,它主要强调通过低碳消费行为获得最大的社会、经济、环境效益,不局限于自身的满足。汪东(2014)提出,低碳消费是一种以低碳为主导,符合生态文明建设的健康、科学的生存型消费方式;从内涵上看,低碳消费的本质和核心问题就是如何降碳,最终目的就是实现绿色生活方式和绿色消费方式。陈美球等(2015)指出:低碳消费是符合生态文明的一种更为理性的健康科学的生态化消费方式,是人类行为自律的结果和发展生态文明的必然要求,其实质是以“低碳”为主导的一种共生型消费方式。庄贵阳(2019)提出,低碳消费在满足居民生活质量的基础上,努力削减高碳消费和奢侈消费,最终实现生活质量提升与碳减排双赢局面。总的来看,低碳消费一方面反对高碳和奢侈消费;另一方面不会降低居民的生活水平和福利水平。

本研究将低碳消费定义为:低碳消费是一种科学、文明、健康、绿色的消费转变模式,是一种要求消费者在资源消费过程中以低能耗、低排放、低污染为方向,以实现生态文明为最终目标的可持续低碳消费模式。

2.2.3　生态文明

1962 年,美国生物学家雷切尔·卡逊在《寂静的春天》中指出:人类在创造高度文明的同时又在毁灭自己创造的文明。1972 年,罗马俱乐部发表的《增长的极限》中指出人口爆炸、粮食紧缺、工业发展、资源消耗、环境污染呈现指数增长发展模式,如果这种模式继续下去,地球的支撑力将达到极限。同年,联合国在瑞典斯德哥尔摩首次召开应对全球生态环境的国际会议,会议发表的《人类环境宣言》标志着人类开始着手应对生态环境问题。1987 年,WCED 发表《我们共同的未来》中指出:20 世纪以来,人类面临的重要问题是和平、发展、环境之间内在联系的问题。报告中将可持续发展作为我们人类追求的最终目标,这也是构建生态文明的重要参照。1992 年,UNCED(United Nations Conference on Environment and Development,联合国环境发展会议)正式提出可持续发展战略,人类开始向生态文明迈进。

2007 年,党的十七大首次将“生态文明”作为全面建设小康社会新任务,在十七大报告中提出“建设生态文明,基本形成节约能源资源和保护生态环境的产业结构、增长方式、消费方式”。2012 年,党的十八大论述“生态文明”,提出大力推进生态文明建设。2015 年,党的十八届五中全会提出“生态兴,则文明兴;生态衰,则文明衰”主题思想,提出生态文明建设。2017 年,党的十九大提出必须树立和践行“绿水青山就是金山银山”的理念,提出坚持人与自然和谐共生的生态文明建设。2022 年,党的二十大再次指明了生态文明建设的重要意义，提出中国式现代化是体现“绿色”“可持续发展”的现代化，是将生态文明纳入到全局发展的现代化。

中国作为世界最大的碳排放国家和最大的发展中国家，在国际气候谈判中起着举足轻重的作用，在低碳减排行动中做出重要的贡献。在应对和减缓气候变化的大背景下，提出发展低碳经济、构建低碳社会、采取低碳消费是实现具有中国特色社会主义的生态文明建设的必然选择。通过中国整体、城乡、区域、省域4个层面对“衣”“食”“住”“行”“服务”不同居民消费行为的中国居民生活碳排放进行评估，并对其时空演变趋势、时空演化差异和关键影响机制进行探讨，为中国发展低碳经济，转变消费模式，建设具有中国特色的生态文明道路提供科学基础和政策参考。

2.2.4 “双碳”战略

通过梳理各国“双碳”战略与行动，可以发现：①主要国家对“双碳”目标的紧迫性达成了共识，密集部署战略行动，对形成良好的国际氛围有着积极引导作用。②绿色低碳是各国“双碳”政策的着力点，能源、工业、交通、建筑等是各国着力开展减排措施的关键行业。③构建零碳能源体系是“双碳”战略布局的核心，重点是大力发展可再生能源，逐步减少煤炭等化石燃料使用，推动能源终端消费电气化。④提升生态系统（陆地和海洋）固碳能力是提高气候治理的重要途径，比如增强基于自然解决方案的碳汇行动、构建多元的低碳、零碳、负碳技术体系。⑤成立职能管理部门、利用市场化手段、财政激励措施、碳税与碳交易机制等是目前各国推进碳中和的主要政策管理手段（曲建升 等，2022）。针对实现碳中和所需的“减排”和“增汇”两条根本路径，归纳总结了面向近（2030年）、中（2050年）、远期（2060年）不同阶段超过70项关键技术突破需求，为我国实现“双碳”战略布局提供了重要的科学意义。

截至2023年8月，习近平总书记首次提出2060年实现碳中和目标以来，在国内外会议上多次强调实现“双碳”目标。习近平总书记指出，要把“双碳”纳入经济社会发展和生态文明建设整体布局。截至2023年9月，我国陆续印发多份与“双碳”相关的国家战略政策文件。其中，2021年9月22日发布的《中共中央 国务院关于关于完整准确全面贯彻新发展理念做好碳达峰碳中和工作的意见》，以及2021年10月24日发布的《国务院关于印发2030年前碳达峰行动方案的通知》这两份文件作为“1＋N”政策体系中的“1”，是贯穿“双碳”阶段的顶层设计，明确了碳达峰十大行动，设定了到2025年、2030年、2060年的主要目标，并首次提出到2060年非化石能源消费比例达到80％以上的目标。“N”是指包括能源、工业、交通、城乡建设、全民行动等分领域、分行业碳达峰实施方案以及科技支撑、碳汇能力等保障方案。

目前，我国“双碳”“1＋N”政策体系已基本建立，各领域重点工作有序推进，“双碳”工作取得良好开局。在此基础上，中办国办、国家发展和改革委员会、生态环境部等多部门细化政策，推进落实政策措施。我国从国家、地方、企业到个人、从顶层设计、行动方案到落地实施，均为实现“双碳”目标付出了巨大努力。因此，基于低碳消费模式、中国特色生态文明、“双碳”战略等理念，评估、分析和探讨我国不同消费行为引起的居民生活碳排放及影响因素，对于实现低碳经济、促进可持续消费、实现“双碳”目标以及生态文明建设，具有重要而深远的意义。

2.3　研究进展

2.3.1　居民生活碳排放量化方法

主流方法包括生命周期评价(life cycle analysis，LCA)、碳排放系数法(carbon emission coefficient method)(也称表观消费量法)、投入产出分析(input-output analysis，IOA)和消费者生活方式方法(consumer lifestyle approach，CLA)等(图 2.2)。

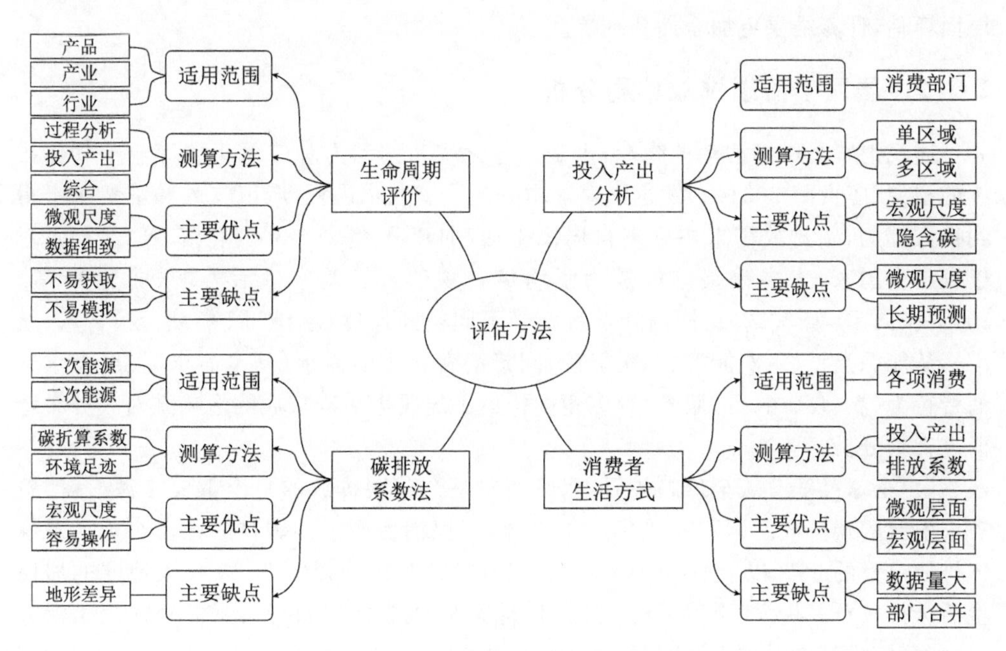

图 2.2　居民生活碳排放主要量化方法梳理

(1)LCA 作为一种环境影响评价工具，广泛应用于各种消费行业整个生命周期过程产生的碳排放测算(Boehm et al.，2018)。其主要优点是可以对微观尺度的产品、产业等进行整个生命周期的碳排放测算，得出的数据精细，但同时也会因为分析方法对数据要求比较细致而导致数据不易获取、研究时间尺度短等缺点。

(2)碳排放系数主要基于《IPCC 国家温室气体清单指南》推荐的缺省方法(IPCC,2007),结合已有官方文件或高质量论文获取居民生活直接能源碳排放系数,按照表观消费量进行相乘测算。其主要优点在于计算简单、易懂、易操作,广泛用于国家、地区、城市等宏观层面,但由于各地工艺流程、生产技术等原因会导致地方碳排放因子存在显著差异,在测算过程中不可避免的会产生误差。

(3)IOA 最早是为了解决经济系统中各要素投入与产出的依存关系,到 20 世纪 60 年代,才广泛应用于经济发展、环境影响及能源领域,可测算终端消费需求间接产生的二氧化碳排放(陈海燕,2013;刘莉娜 等,2016)。其主要优点是适用于宏观层面碳排放测算,计算结果相对全面和准确,但由于不同国家存在投入产出表出版时间滞后或者缺乏地区投入产出表等因素,会导致测算结果不连续,影响长期预测。

(4)CLA 最早由 Shui 等(2005)提出,主要用于评估以消费者为主体的能源消耗量及二氧化碳排放量。CLA 方法主要以个人和家庭的居民生活消费为研究对象,对其生活过程中的直接能耗以及购买、使用商品和服务的间接能耗进行分析。CLA 方法既适用于调研数据的碳排放微观层面评估,同时也适用于统计数据的碳排放宏观层面评估,计算结果更加全面和准确。

2.3.2 居民生活碳排放格局分析

居民消费是经济活动的终端,也是工业化生产的动力和二氧化碳等温室气体排放的根源(庄贵阳 2021)。发达国家基本完成了工业化进程,城市收入和消费水平得到很大提高,碳排放需求主要来自居民生活(曲建升 等,2013;刘莉娜 等,2016);对于发展中国家,大多数碳排放是为了满足食物消费等基本生活需求(曲建升 等,2018;张向阳 等,2022)。国内外学者基于不同空间尺度(全球、国家、地区、省域、城市),从能源类型(一次能源、二次能源、间接消费)、生活需求(基本需求、发展需求)、消费行为(衣、食、住、行、服务)等多角度探讨了居民生活碳排放的影响并对其分布特征进行了分析。

(1)全球尺度。从全球趋势看,居民消费是全球碳排放的一个重要来源,其消费需求引起的碳排放问题不容忽视。2007 年,居民消费产生的碳排放约占全球温室气体排放总量的 60%以上(Ivanova et al. ,2016)。2010—2015 年,高收入地区的居民生活碳排放贡献最大,贡献了约 75%,若要实现《巴黎协定目标》,亟需对居民生活方式、消费模式等进行重大调整(Yuan al. ,2022)。

(2)国家尺度。从发达国家的碳排放过程来看,随着工业领域碳排放的达峰,居民生活碳排放趋于上升。从居民生活碳排放占国家碳排放总量的比例来看,美国约占 70%~80%、加拿大约占 44%、日本约占 5%~40%、英国约占 69%、中国约占 17%~40%(Shui et al. ,2005;Liu et al. ,2011;Tian et al. ,2014;Wiedenhofer et al. ,2017;Mi et al. ,2020)。Shui 等(2005)利用 CLA 方法研究美国家庭消费与碳排放的关系，结果表明，来自居民生活家庭消费产生的碳排放占美国碳排放总量的41%。韩国居民生活部门的能源需求超过60%来自居民生活间接消费产生的能源消耗(Park et al.,2007)。Wei等(2007)利用CLA方法对中国1999—2002年城乡居民生活直接和间接碳排放进行评估，研究指出，中国碳排放总量的30%来自居民生活部门。从人均碳排放角度看，2012年，美国、日本的人均居民生活碳排放分别为10.4(吨CO_2/人)、6.6(吨CO_2/人)(Wiedenhofer et al.,2017)，中国人均居民生活碳排放为2.5(吨CO_2/人)(曲建升 等,2018)，不到美国的1/4，表明中国居民生活碳排放仍处于世界较低水平。

(3)地区/省级/市级尺度。学者围绕中原(侯鹏 等,2021)、长三角(陈海燕,2013)等不同地区居民消费直接和间接碳排放进行了分析。从省域角度，中国人均居民食物消费碳排放增速最大的是宁夏，最小的是甘肃，碳排放总量增幅最大的是广东，最低的是吉林(黄和平 等,2021)；基于CHNS数据库中2000—2011年的12个省区数据，结果发现北京市居民食物消费碳足迹最低，贵州最高(Long et al.,2021)。在城市尺度，研究人员对跨越中国东西部、南北方典型城市，比如拉萨、兰州、北京、沈阳、厦门等城市居民生活碳排放开展能源类型、生活需求、消费行为等多视角分析(王灵恩,2013；程辞,2013；张丹 等,2016；王月,2019；雷飞,2019)。

(4)多尺度量化分析正成为居民生活碳排放研究发展的热点趋势(Liu et al.,2020)。Shan等(2017,2018)、Mi等(2018)、Tian等(2018)分别从能源、生产侧和消费侧对中国主要城市的碳排放量进行测算。刘竹等(2018)对比分析了中国二氧化碳排放数据核算方法，并对中国4243个煤矿样点对应的含碳量进行测算。Cai等(2018,2019)和Wang等(2019)利用碳观测卫星遥感数据对中国栅格碳排放数据进行了反演。在碳中和目标下，多尺度居民生活碳排放的精细化研究将为碳排放管理提供有力的数据支撑，但由于我国一些地区和领域的细分数据获取难度较大，差异化的研究方法还需要进一步发展，目前此类精细尺度的居民生活碳排放研究还相对不足，这是未来需要进一步加强的方向。

2.3.3　居民生活碳排放演化规律

(1)时空变化趋势。国内外相关研究方法主要包括线性倾向估计方法、空间自相关和时空跃迁分析方法。从时间变化趋势来看，白静(2019)采用线性倾向估计法分析了我国各省域基础设施隐含碳排放的时间分布特征。郭宇杰等(2022)分析了天津市生活垃圾处理碳排放时间变化特征。随着人们对碳排放时间变化趋势的理解，对碳排放空间格局的关注也在逐步增加。空间统计分析广泛应用于能源、环境、碳排放等领域。Liu等(2017)通过全局自相关和局部自相关探讨了我国1997—2014年人均居民生活碳排放的空间演化格局。为了进一步探讨碳排放相关指标的动态跃迁特征，杨清可等(2024)对我国城市碳排放强度的时空演变及动态特征进行分析。刘自敏等(2022)探讨了我国碳排放的时空跃迁特征。为了更好地探讨碳排放时空演化规律,已有研究采用标准差椭圆分析对我国碳排放总量或者从居民生活视角探讨其平均中心的时空转移规律(张慧琳,2019;Liu et al.,2017;徐丽,2019)。将时空变化趋势的相关研究方法应用到居民生活碳排放研究领域,可有效探讨居民消费视角的碳排放时空格局演变特征。

(2)时空演化差异。国内外关于碳排放时空变化差异的研究方法主要包括标准差和变异系数、基尼系数和洛伦兹曲线、泰尔指数。通过测算碳排放相关的标准差和变异系数可以判断碳排放的绝对差异和相对差异。研究发现,我国各省域交通碳排放总量的绝对差异呈逐年递增趋势,其相对差异呈先升后降趋势(范育洁,2020)。对我国 1997—2012 年人均居民生活碳排放的演化差异进行分析,研究发现其空间差异呈现由低向高的变化趋势(徐丽,2019)。通过测算碳排放相关指标的基尼系数和洛伦兹曲线可以判断碳排放的公平性。Feng 等(2009)针对中国不同地区和不同收入水平的居民生活碳排放进行研究,结果发现不同收入水平的居民生活碳排放存在较大的城乡差异和区域差异。通过对相关文献进行梳理发现:研究方法上,上述研究方法得到广泛地应用,适合作为本研究的理论方法基础。

2.3.4 居民生活碳排放影响因素

根据现有文献进行梳理,碳排放影响因素的研究主要依托于两个层面的基础数据:一个是基于时间序列数据对国家和地区碳排放相关影响因素进行研究;另外一个是基于时空面板数据对国家和地区碳排放差异及相关影响因素进行研究。基于时间序列数据和空间面板数据的碳排放影响因素研究方法主要包括:EKC(environmental Kuznets curve,环境库兹涅茨曲线)理论、IPAT 理论、Kaya 理论以及空间面板数据分析理论等。

2.3.4.1 基于 EKC 理论的碳排放影响因素研究

诺贝尔经济奖获得者 Kuznets(1955)在 20 世纪 50 年代采用倒"U"形曲线研究经济增长与收入分配的关系,首次提到库兹涅茨曲线假说。1993 年,Panayotou(1993)通过对环境领域经济增长与能源排放之间关系的研究,提出 EKC 理论。随着世界经济增长,能源需求增多,能源消耗产生的 CO_2 排放问题备受关注。EKC 理论成为研究经济增长与 CO_2 排放变化关系的重要理论基础和切入点。

John 等(1999)基于全球时间序列数据,通过对全球碳排放演变规律与经济增长之间的关系进行回归分析,结果表明:经济增长与碳排放之间大致呈现 EKC 理论"倒"U"形"曲线关系。Canas 等(2003)通过对 1960—1998 年 16 个国家碳排放与收入支出之间的关系进行 EKC 检验,结果表明:经济增长与碳排放呈现较大性关系。杜婷婷等(2007)采用中国 1950—2000 年碳排放和经济发展的时间序列数据对其进行 EKC 检验,研究结果表明:中国改革开放以来,碳排放与经济发展之间呈现 N 型曲线并非倒"U"形曲线。余东华等(2016)基于EKC检验对"异质性难题"化解与碳排放之间的关系进行研究。

EKC理论最大的优点就是探究经济发展与碳排放之间的关系。随着EKC理论研究的不断深入,全球、国家、地区碳排放与经济发展之间关系的研究也越来越细化。然而,EKC理论的有效性在不同地区和行业可能存在差异,不同研究区域和不同研究时间的碳排放与经济发展之间并不一定呈现所预期的倒"U"形曲线。其次,EKC理论过于强调经济因素对碳排放的影响,而忽略其他因素。

2.3.4.2 基于IPAT理论的碳排放影响因素研究

1971年,美国生态学家Ehrlich等(1971,1972)首次提出人类活动对环境影响的IPAT模型。IPAT模型可以反映低碳发展目标下能源、经济、环境的相互关系。Kwon(2005)利用IPAT模型对英国1970—2000年间的碳排放影响因素进行分析,结果发现:富裕度对英国碳排放增加的影响最大。Scholz(2006)基于IPAT模型对日本城市工业碳排放的相关影响因素进行探讨。在中国,IPAT模型广泛应用于人口、经济、能源等研究领域(朱显成 等,2006;Feng et al.,2009;聂锐 等,2010)。IPAT模型的优点在于操作简单,易于理解,同时,IPAT模型的主要缺陷在于等式两边变量的单位需要严格统一,并且不能进行假设检验。朱宇恩等(2016)采用模型预测和情景分析相结合的方法对山西省能源碳排放达峰时间进行研究,结果表明:不同经济发展速度是影响碳排放的重要因素,在低速发展和中速发展的情况下,山西省碳排放达峰时间在2030年左右,而在高速经济发展情况下很难达峰,高速经济发展的同时只有具有较强技术水平和较大能源替代才能实现2030年左右达峰。

Dietz和Rosa(1994、1997)在IPAT模型基础上提出STIRPAT模型。STIRPAT模型不仅考虑人口、财富和技术因素对环境的不同影响,而且可以避免同比例变动的缺陷(York et al.,2003)。Shi(2003)采用STIRPAT模型对1975—1996年全球93个国家的碳排放进行实证研究,发现人口因素对碳排放的影响方面,发展中国家相较于发达国家更为显著。Roberts(2011)运用STIRPAT模型对美国西南地区CO_2排放影响因素进行研究,结果表明:人口和富裕度是碳排放增加的主要动力。在中国,黄蕊等(2013)采用STIRPAT模型对重庆市能源碳排放影响因素进行探讨。张乐勤等(2013)利用STIRPAT模型对安徽省近15年土地利用产生的碳排放影响因素进行研究。渠慎宁等(2010)利用STIRPAT模型对中国碳排放影响因素进行分析并对其变化趋势进行预测。以IPAT模型和SITRPAT模型为理论基础,刘莉娜等(2013)采用IOA方法对我国农村居民生活碳排放进行评估,再根据灰色关联分析对其影响机制进行探究。

2.3.4.3 基于Kaya理论的碳排放影响因素研究

日本学者Kaya(1990)在IPCC研讨会上提出将Kaya理论用于碳排放研究领

域。Kaya 理论提出后，国内外学者开始将这一理论应用在碳排放影响因素研究中。Mahony(2013)利用 Kaya 理论对 1990—2010 年爱尔兰的 CO_2 排放影响因素进行探究，结果发现：经济和人口对 CO_2 排放增加产生重要影响。利用 Kaya 理论，学者对希腊(Hatzigeorgiou et al.，2011)、泰国(Bhattacharyya et al.，2004)、巴西(Luciano et al.，2011)、印度(Paul et al.，2004)、韩国(Oh et al.，2010)、土耳其(Tunc et al.，2009)等国家 CO_2 排放影响因素进行研究。国内学者，如黄敏等(2010)根据 Kaya 理论对江西省碳排放影响因素进行分析。林伯强等(2010)采用修正的 Kaya 恒等式对中国城镇化进程中的碳排放影响因素进行研究。

扩展 Kaya 理论模型，因素分解方法应运而生，探究分解要素对目标变量的影响程度(Ang et al.，2000)。SDA(structural decomposition analysis，结构分解分析)模型和 IDA(index decomposition analysis，指数分解分析)模型是两种常用的因素分解分析方法。SDA 对影响因素的分析更为细致，主要以投入产出表为基础(郭朝先，2010)。Nooij 等(2003)利用 SDA 对不同国家的能源消费进行因素分解分析，进而揭示不同国家人均能源消费差异的原因。Guan 等(2008)采用 SDA 对中国 1980—2030 年的 CO_2 排放影响因素进行分解分析，结果表明：能源强度是中国 CO_2 排放减少的重要影响因素。Su 等(2012)采用改进的 SDA 模型将中国 2002—2007 年的 CO_2 排放影响因素分解为强度效应、结构效应和终端需求效应进行分析。IDA 分析方法最早由 Laspeyres 提出(张炎治 等，2008)，其中，LMDI(logarithmic mean Divisia index，对数均值迪氏分解方法)模型可以对多个因素进行分解，分解结果不含无法解释的残差项，在研究能源消耗与碳排放相关影响因素中最为常用。国外研究中，Carla 等(2009)、Wachsmann 等(2009)、Weber(2000)、Salta(2009)、Baležentis 等(2011)采用 LMDI 模型分别对巴西、美国、希腊、立陶宛的能源消费影响因素进行分解。国内研究中，吴巧生等(2006)、李国璋等(2008)采用 LMDI 模型对能源强度进行因素分解分析；张兴平等(2012)运用 LMDI 模型对能源消费总量进行因素分解；朱勤等(2009)、唐建荣等(2011)根据 LMDI 模型对碳排放量进行因素分解分析。

2.3.4.4　基于面板数据模型的碳排放影响因素研究

碳排放影响机制研究起步较早，分析方法相对成熟。从研究综述来看，学者们从人口、经济、社会、技术、政策和自然 6 个方面对居民生活碳排放影响机制进行梳理和归纳(Liu et al.，2020)。基于时间序列分析，学者们采用扩展的 LMDI 模型探讨了消费结构、经济发展、收入水平等因素对碳排放的影响(曲建升 等，2014；Qu et al.，2019)。从地理空间视角出发，Chuai 等(2012)利用 ArcGIS9.3 和 GeoDA9.5 软件对能源碳排放的空间格局演变因素进行分析，结果显示：1997—2009 年，国内生产总值(GDP)和人口是中国能源碳排放增加的主要因素。学者运用空间计量模型，比如空间滞后模型(spatial lag model，SLM)、空间误差模型(spatial error model，SEM)、地理加权回归(geographically weighted regression，GWR)模型对省域或城市层面的能源消费或碳排放影响因素进行分析。Du 等(2012)基于 1995—2009 年中国各省份碳排放的空间面板数据,对其与经济发展之间的关系进行空间面板计量分析。Cheng 等(2014)基于空间面板计量经济模型对中国能源碳排放强度的相关因素进行研究,发现能源强度、能源结构、产业结构和城市化水平是其主要增长机制。Wang 等(2015)采用中国 1995—2011 年能源碳排放的省际面板数据进行实证研究,结果显示人口规模、经济水平和城镇化水平对碳排放的增加起着重要的推动作用。Kasman 等(2015)采用面板数据分析对 EU 成员国的碳排放影响因素进行研究,发现能源消费、贸易开放度和城市化水平对碳排放存在短期的单向因果关系。莫惠斌等(2021)采用空间面板模型对黄河流域县域碳排放空间效益机制进行探讨,结果显示经济和产业结构对碳排放的影响最大。

2.4 小结

我国能否实现 2030 年碳达峰、2060 年碳中和目标取决于各部门、各领域共同努力应对。实现低碳经济发展,转向低碳消费模式从而实现我国生态文明建设和“双碳”战略是国家实现减排目标的重要理论基础。

通过对上述碳排放相关概念、理论基础、研究进展进行归纳总结,可以发现:(1)IPCC 参考方法适用于对我国居民生活直接能源消耗产生的二氧化碳排放进行评估,结合 IOA 方法和 CLA 方法适用于我国居民生活消费间接二氧化碳排放评估。(2)碳排放差异包括国际差异、地区差异及省份差异,碳排放差异问题是全球和各地区低碳减排争议的焦点。多尺度碳排放评价及时空演化规律分析有助于探究解决我国居民生活碳排放公平问题。(3)IPAT 模型易于理解,结构简单,容易操作,对 IPAT 模型进行拓展可得到 STIRPAT 模型,适用于探讨不同国家和地区人口、财富及技术对人类活动产生的碳排放影响。面板数据分析可以从时间和空间两个角度对因变量的相关因素进行分析。在此基础上,构建我国人均居民生活碳排放影响机理的时空面板数据模型,有助于探讨碳排放增长机理。

第3章 多尺度空间居民生活碳排放特征分析

本章首先对我国居民生活碳排放多尺度空间分析框架进行简要介绍；然后根据居民生活碳排放评估及相关方法，对多尺度视角下不同阶段(研究期、“十五”“十一五”“十二五”“十三五”时期)我国居民生活碳排放量进行科学评估；并从总量与人均、能源类型、生活需求和消费行为4个维度对国家、地区(沿海与内陆、南方与北方、八大经济区域)和省域[我国31个省(区、市)]3个尺度视角下的居民生活碳排放进行评价。

3.1 多尺度空间碳排放评估

3.1.1 多尺度空间分析框架

本研究以我国31个省级行政区(省、自治区、直辖市，以下简称省域)为研究区边界，不包括香港、澳门、台湾。综合国内外学者对我国居民生活碳排放格局及差异的研究来看，研究区域主要以行政区为依托，涉及国家、区域、省域、部分城市尺度。基于已有研究基础，本研究主要涉及国家、区域、省域3个尺度空间，主要包括：①国家尺度→整体、城镇与农村；②地区尺度→沿海与内陆地区；南方与北方地区；③省域尺度→我国31个省/市/区。

在地区尺度上，各区域按照以下方式划分(图3.1)。

(1)我国沿海与内陆地区的划分参考《中国海洋统计年鉴》的划分方法，本研究沿海地区包括辽宁、天津、河北、山东、上海、江苏、浙江、福建、广东、海南、广西→11个(省域)，在图3.1中以圆头鱼尾框表示。内陆地区包括吉林、黑龙江、北京、安徽、江西、湖北、湖南、山西、河南、内蒙古、陕西、重庆、四川、贵州、云南、西藏、甘肃、青海、宁夏、新疆→20个(省域)，在图3.1中以尖头圆尾框表示。

(2)我国南方与北方地区的划分参考中国生态地理区域系统研究中秦岭—淮河线的划分方法，本研究南方地区包括上海、江苏、浙江、福建、广东、海南、安徽、江西、湖北、湖南、广西、重庆、四川、贵州、云南→15个(省域)，在图3.1中以框内有底灰表示。北方地区包括辽宁、吉林、黑龙江、北京、天津、河北、山东、山西、河南、内蒙古、陕西、西藏、甘肃、青海、宁夏、新疆→16 个(省域),在图 3.1 中以框内白底表示。

(3)我国八大经济区域参考“国家数据”划分方法,在图 3.1 中其文字颜色由浅到深。本研究东北地区包括辽宁、吉林、黑龙江→3 个(省域);北部沿海包括北京、天津、河北、山东→4 个(省域);东部沿海包括上海、江苏、浙江→3 个(省域);南部沿海包括福建、广东、海南→3 个(省域);长江中游包括安徽、江西、湖北、湖南→4 个(省域);黄河中游包括山西、河南、内蒙古、陕西→4 个(省域);西南地区包括广西、重庆、四川、贵州、云南→5 个(省域);西北地区包括西藏、甘肃、青海、宁夏、新疆→5 个(省域)。

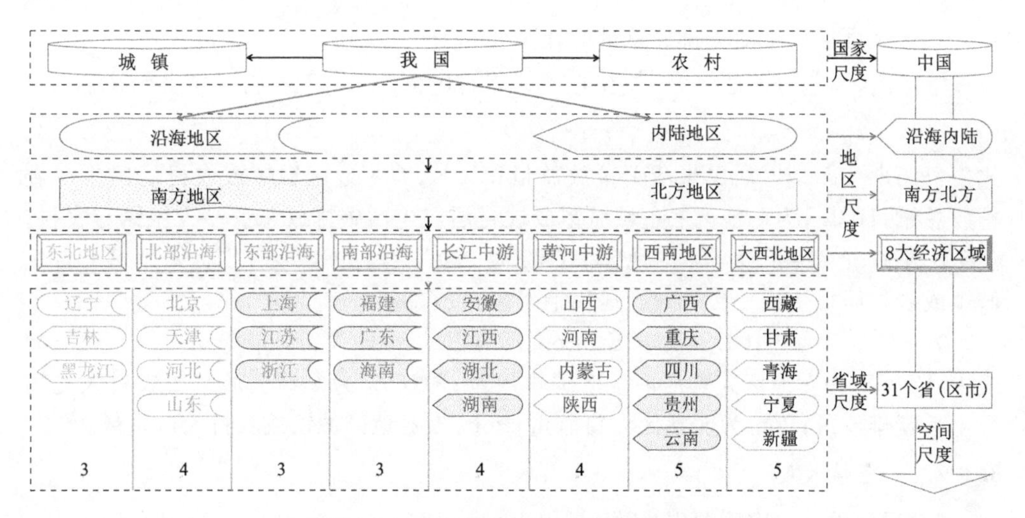

图 3.1　多尺度空间分析框架示意图

3.1.2　居民生活碳排放评估

3.1.2.1　全国尺度

基于我国居民生活碳排放评估边界的梳理,按照不同能源类型,居民生活碳排放分为一次能源碳排放、二次能源碳排放和居民生活消费碳排放三类。

国家尺度居民生活碳排放总量的计算公式为:

$$\mathrm{HCE} = \mathrm{HCE_F} + \mathrm{HCE_S} + \mathrm{HCE_H} = \sum \mathrm{HCE}_i \tag{3.1}$$

$$\sum \mathrm{HCE}_i = \sum \mathrm{HCE}_{\mathrm{F}i} + \sum \mathrm{HCE}_{\mathrm{S}i} + \sum \mathrm{HCE}_{\mathrm{H}i} \tag{3.2}$$

$$\sum \mathrm{HCE}_{ij} = \sum \mathrm{HCE}_{\mathrm{F}ij} + \sum \mathrm{HCE}_{\mathrm{S}ij} + \sum \mathrm{HCE}_{\mathrm{H}ij} \tag{3.3}$$

式中:HCE 为整体居民生活碳排放总量;$\mathrm{HCE_F}$ 为整体居民生活一次能源碳排放总量;$\mathrm{HCE_S}$ 为整体居民生活二次能源碳排放总量;$\mathrm{HCE_H}$ 为整体居民生活消费碳排放总量;i 为城镇与农村;j 为中国 31 个省(市、区)。HCE_i、$\mathrm{HCE}_{\mathrm{F}i}$、$\mathrm{HCE}_{\mathrm{S}i}$、$\mathrm{HCE}_{\mathrm{H}i}$ 分别

为城镇或农村居民生活碳排放总量、一次、二次和居民消费碳排放总量；HCE_{ij}、HCE_{Fij}、HCE_{Sij}、HCE_{Hij} 分别为 j 省域城镇或农村居民生活碳排放总量、一次、二次和居民消费碳排放总量。

国家尺度人均居民生活碳排放量的计算公式为：

$$PHCE = HCE/Pop; PHCE_i = HCE_i/Pop_i \tag{3.4}$$

式中：PHCE 为人均居民生活碳排放量；Pop 为全国人口；$PHCE_i$ 为城镇或农村人均居民生活碳排放量；Pop_i 为城镇或农村人口总量。

3.1.2.2 地区尺度

地区尺度居民生活碳排放总量的计算公式为：

$$\sum HCE_k = \sum HCE_{ik} = \sum HCE_{ijk} = \sum HCE_{Fijk} + \sum HCE_{Sijk} + \sum HCE_{Hijk} \tag{3.5}$$

式中：HCE_k 为 k 地区居民生活碳排放总量；HCE_{ik} 为 k 地区城镇或农村居民生活碳排放总量；HCE_{ijk} 为 k 地区 j 省域城镇或农村居民生活碳排放总量；i 为城镇与农村；j 为中国 31 个省(市、区)；k 为地区。HCE_{Fijk}、HCE_{Sijk}、HCE_{Hijk} 分别为 k 地区 j 省域城镇或农村居民生活一次、二次、居民消费碳排放总量。

$$PHCE_k = HCE_k/Pop_k; PHCE_{ik} = HCE_{ik}/Pop_{ik} \tag{3.6}$$

式中：$PHCE_k$ 为 k 地区人均居民生活碳排放量；$PHCE_{ik}$ 为 k 地区城镇或农村人均居民生活碳排放量；Pop_k 为 k 地区人口总量；Pop_{ik} 为 k 地区城镇或农村人口总量。

3.1.2.3 省域尺度

(1)居民生活一次能源碳排放

居民生活一次能源碳排放是指居民生活中直接消耗一次能源如煤炭、燃气、油品等产生的碳排放。参考国际温室气体排放评估方法，结合《IPCC 国家温室气体清单指南》(1996 版和 2006 版)及《中国能源统计年鉴》中的碳排放系数对我国省域尺度居民生活直接能源消耗产生的二氧化碳排放进行评估。

省域尺度居民生活一次能源碳排放计算公式为：

$$HCE_{Fj} = \sum HCE_{Fij} = \sum HCE_{Fij煤炭} + \sum HCE_{F_ij油品} + \sum HCE_{Fij燃气} \tag{3.7}$$

$$HCE_{Fij煤炭} = C_{Fij煤炭} \times F_{Fij煤炭} \tag{3.8}$$

$$HCE_{Fij燃气} = C_{Fij燃气} \times F_{Fij燃气} \tag{3.9}$$

$$HCE_{Fij油品} = C_{Fij油品} \times F_{Fi油品} \tag{3.10}$$

式中：HCE_{Fj} 为 j 省域居民生活一次能源碳排放；HCE_{Fij} 为 j 省域城镇或农村居民生活一次能源碳排放；$HCE_{Fij煤炭}$、$HCE_{Fij油品}$、$HCE_{Fij燃气}$ 分别为 j 省域城镇或农村煤炭消耗、油品消耗、燃气消耗产生的居民生活碳排放；$C_{Fij煤炭}$、$C_{Fij油品}$、$C_{Fij燃气}$ 分别为 j 省域城镇或农村煤炭、油品、燃气等能源类别的二氧化碳排放因子；$F_{Fij煤炭}$、$F_{Fij油品}$、$F_{Fij燃气}$ 分别为 j 省域城镇或农村煤炭、油品、燃气等能源类别的消耗量。直接能源参考系数如表 3.1 所示。

第 n 种能源燃料的二氧化碳排放因子为：

$$C_{Fijn} = NCV_{ijn} \times CC_{ijn} \times OF_{ijn} \times (44/12) \tag{3.11}$$

式中：C_{Fijn} 为第 n 种能源燃料的二氧化碳排放因子；NCV_{ijn} 为第 n 种能源燃料的低位发热量；CC_{ijn} 为第 n 种能源燃料的单位热值含碳量；OF_{ijn} 为第 n 种能源燃料的碳氧化率。

表 3.1　直接能源参考系数

能源类型	能源品种	低位发热量/[万亿焦耳/万吨(亿米³)]	单位热值含碳量/(吨 C/万亿焦耳)	氧化率(1)
固体燃料	原煤	209.08	26.37	0.94
	洗精煤	263.44	25.41	0.9
	其他洗煤	94.085	25.41	0.9
	型煤	147.6	33.56	0.9
	焦炭	284.35	29.42	0.93
液体燃料	原油	418.16	20.1	0.98
	汽油	430.7	18.9	0.98
	煤油	430.7	19.6	0.98
	柴油	426.52	20.2	0.98
	燃料油	418.16	21.1	0.98
	液化石油气	501.79	17.2	0.98
气体燃料	天然气	3893.1	15.32	0.99
	液化天然气	442	17.5	0.99

注：参考系数主要来源于中华人民共和国国家发展和改革委员会，《国家发展改革委办公厅关于印发省级温室气体清单编制指南(试行)的通知》(发改办气候〔2011〕1041 号)。

(2)居民生活二次能源碳排放

居民生活二次能源碳排放主要包括居民生活中电力消费和热力消费产生的碳排放。省域居民生活二次能源碳排放计算公式为：

$$HCE_{Sj} = \sum HCE_{Sij} = \sum HCE_{Sij电力} + \sum HCE_{Sij热力} \tag{3.12}$$

$$HCE_{Sij电力} = C_{Sj电力} \times F_{Sij电力} \tag{3.13}$$

$$HCE_{Sij热力} = C_{Sj热力} \times F_{Sij热力} \tag{3.14}$$

式中：HCE_{Sj} 为 j 省域居民生活二次能源碳排放；HCE_{Sij} 为 j 省域城镇或农村居民生活二次能源碳排放；$HCE_{Sij电力}$、$HCE_{Sij热力}$ 分别为 j 省域城镇或农村电力、热力消耗产生的居民生活碳排放；$C_{Sj电力}$ 为 j 省域电网基准线排放因子(表 3.2)；$C_{Sj热力}$ 为 j 省域供热二氧化碳排放因子；$F_{Sij电力}$、$F_{Sij热力}$ 分别为 j 省域城镇或农村居民净购入电力和热力。

表 3.2　电力排放因子汇总

区域	年份													
	2006	2007	2008	2009	2010	2011	2012	2013	2014	2015	2016	2017	2018	2019
华北	0.98	1.03	0.99	0.89	0.87	0.81	0.80	0.80	0.80	0.76	0.73	0.71	0.71	0.71
东北	1.00	1.05	1.03	0.93	0.91	0.84	0.85	0.86	0.84	0.78	0.78	0.72	0.68	0.66
华东	0.86	0.90	0.88	0.78	0.77	0.75	0.76	0.76	0.75	0.70	0.68	0.65	0.59	0.59
华中	0.94	0.97	1.00	0.85	0.77	0.72	0.73	0.74	0.72	0.65	0.62	0.61	0.57	0.57
西北	0.84	0.85	0.88	0.83	0.84	0.79	0.77	0.74	0.70	0.63	0.64	0.62	0.64	0.67
南方	0.78	0.84	0.88	0.79	0.71	0.63	0.66	0.65	0.68	0.63	0.59	0.56	0.50	0.51

注：电力排放因子来源于 2006—2019 年中国区域电网基准线排放因子，单位为：t CO_2/MWh。

(3)居民生活间接消费碳排放评估

居民生活消费间接碳排放一般采用投入产出分析方法(Shui et al.,2005；Wei et al.,2007)和消费者生活方式方法(Liu et al.,2011；刘莉娜 等,2012；Liu et al.,2017)进行评估。省域居民生活消费间接碳排放计算公式为：

$$\mathbf{HCE}_{\mathrm{H}jm} = \mathbf{HCEC}_{\mathrm{H}jm} \times (\boldsymbol{I}_{jm} - \boldsymbol{A}_{jm})^{-1} \times \mathbf{HCEF}_{\mathrm{H}jm} \times 10^{-8} \tag{3.15}$$

$$\mathbf{HCEC}_{\mathrm{H}jm} = \frac{\mathbf{EC}_{\mathrm{H}jm}}{\mathbf{OP}_{\mathrm{H}jm}}$$

式中：$\mathbf{EC}_{\mathrm{H}jm}$代表 j 省域居民生活消费各部门能源直接产生的二氧化碳排放列向量(1×8)(采用上面介绍的直接碳排放量计算方法，计算居民生活对应的各部门能源消耗直接产生的二氧化碳排放量)；$\mathbf{OP}_{\mathrm{H}jm}$代表 j 省域居民生活消费各部门总产出列向量；$\mathbf{HCEC}_{\mathrm{H}jm}$代表 j 省域投入产出表中各部门对应的单位产出碳排放列向量；$\boldsymbol{A}_{jm}$代表 j 省域投入产出表中各部门对应的直接消耗系数矩阵；$\boldsymbol{I}_{jm}$代表 j 省域单位向量矩阵；$(\boldsymbol{I}_{jm}-\boldsymbol{A}_{jm})^{-1}$代表 j 省域列昂惕夫逆矩阵；$\mathbf{HCEF}_{\mathrm{H}jm}$代表 j 省域各部门对应的居民生活消费矩阵；m 代表 j 省域居民生活间接能源消费的产业部门；j 代表 j 省域；$\mathbf{HCE}_{\mathrm{H}jm}$代表 j 省域居民生活消费碳排放列向量(转化为 2005 年不变价)。

3.1.3　数据来源

本节评估我国居民生活碳排放所需的统计数据主要包括：2001—2020 年我国各省及城乡居民生活能源消耗数据。这些数据用来评估居民生活一次能源碳排放量，主要来源于 2002—2021 年《中国能源统计年鉴》。2001—2020 年我国各省及城乡居民生活电力和热力消费数据，用来评估居民生活二次能源碳排放量，主要来源于 2002—2021 年《中国能源统计年鉴》。2001—2020 年我国各省及城乡居民生活消费数据。这些数据用来评估居民生活消费间接碳排放量，主要来源于 2002—2021 年《中国统计年鉴》。2001—2020 年我国各省及城乡人口数据。这些数据包括人口总量、城镇化率，用来评估人均居民生活碳排放，主要来源于2002—2021年《中国统计年鉴》、2002—2005《中国人口统计年鉴》、2006—2021《中国人口和就业统计年鉴》。2001—2020年我国各省及城乡消费支出价格指数数据。这些数据主要用于将2001—2020年居民生活消费数据转化为2005年不变价，进而使论文数据具有参考性和可比性，数据主要来源于2002—2021年《中国统计年鉴》。2001—2020年我国各省碳排放总量数据。这些数据主要用于测算居民消费碳排放强度，其中，2001—2019年我国及各省碳排放总量数据来自CEADs数据库(CEADs，2023)，2020年碳排放总量按照2001—2019年的趋势进行线性预测。

说明：鉴于西藏自治区缺乏居民生活直接能源消耗数据，在处理西藏自治区居民生活碳排放相关数据时，假设西藏自治区与位于青藏高原的青海省具有相似生产生活方式。因此，在测算西藏自治区居民生活一次能源碳排放和二次能源碳排放时，其相关居民生活能源数据采用西藏与青海相关的人口、能源消耗比例关系进行估算。

3.2　国家尺度

3.2.1　总量与人均

研究期，我国整体居民生活碳排放总量年均值为27.94亿吨。2001年，我国居民生活碳排放总量为14.60亿吨，到2020年增长至43.38亿吨，增长了1.97倍，年均增长率为5.95%，呈现逐步上升趋势。其中，2001—2015年增长速率较快，2016—2020年增长速率迅速减缓，受到新型冠状病毒肺炎(COVID-19)影响，2020年仅比上年(2019年)增加0.68%。对比不同阶段，“十五”“十一五”“十二五”“十三五”期间我国整体居民生活碳排放总量年均值分别约16.90、23.22、31.19和40.44亿吨，“十三五”时期比“十五”时期增长了1.39倍，不同时期的增长率分别为7.30%、6.03%、6.84%和3.92%，其变化趋势呈现波动下降态势(图3.2)。

研究期间，我国城镇和农村居民生活碳排放总量年均值分别为19.58亿吨和8.36亿吨，城乡居民生活碳排放总量均值比为2.34，即城镇居民生活碳排放总量是农村居民生活碳排放总量的2.34倍。城乡对比来看，2001年，我国城镇和农村居民生活碳排放总量分别为8.96亿吨和5.64亿吨，其贡献率分别为61.37%和38.63%，两者相差较小；到2020年分别增至31.92亿吨(增长2.56倍)和11.46亿吨(增长1.03倍)，其贡献率分别为73.59%和26.41%，两者差距扩大。近20年，我国城乡居民生活碳排放总量也表现出逐步上升趋势，其年均增长率分别为6.99%和3.85%。与我国整体居民生活碳排放总量变化趋势一致，2001—2015年增长速率较快，2016—2020年增长速率迅速减缓。同样受到COVID-19影响，2020年城乡居民生活碳排放总量仅比上年分别增加 0.49%和 1.22%。此外,我国城乡居民生活碳排放总量比由 2001 年的 1.59 上升至 2020 年的 2.79,城乡差距增加了 75%(图 3.2)。

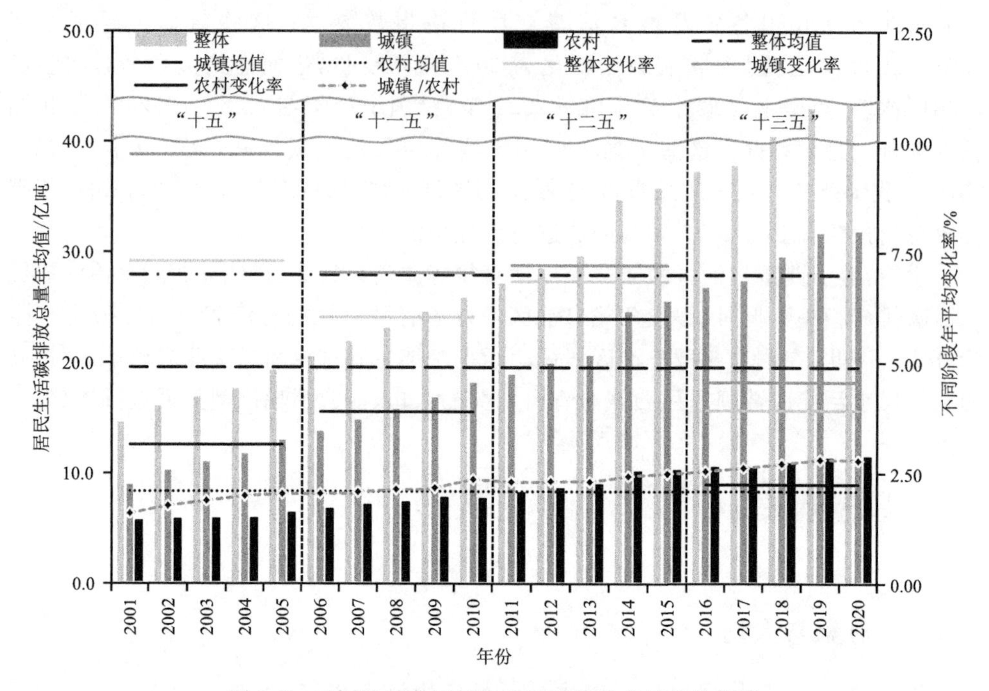

图 3.2　不同阶段我国居民生活碳排放总量变化情况

对比不同阶段,“十五”“十一五”“十二五”“十三五”期间我国城镇居民生活碳排放总量年均值分别约为 10.98、15.88、21.96 和 29.51 亿吨,年均增长率分别为 9.71%、7.04%、7.20%和 4.56%,其变化呈现波动下降态势;我国农村居民生活碳排放总量年均值分别约为 5.92、7.34、9.24 和 10.93 亿吨,年均增长率分别为 3.14%、3.88%、5.99%和 2.25%,其变化呈现先上升后下降态势;城乡总量比值由“十五”时期的 1.86 上升至“十三五”时期的 2.70,城乡差距增加了 45%(图 3.2)。

从城乡二元结构来看,我国城乡收入水平不同,会导致居民消费方式和生活方式不尽相同,进而导致居民生活直接和间接能源消耗及产生的碳排放也不一样。随着我国城镇化进程不断加速,城乡居民生活碳排放总量的差异也越来越明显。城镇是我国居民生活碳排放总量的主要贡献者,但是农村居民生活碳排放总量呈现不断上升的趋势非常明显,我国农村对居民生活碳排放的影响不容忽视。从城乡对比来看,我国城镇居民生活碳排放总量始终高于农村地区,城镇居民生活碳排放总量增长趋势明显大于农村,且其贡献率呈现逐渐上升趋势,城乡差异明显扩大。

研究期,我国整体人均居民生活碳排放量年均值为 2.08 吨,由 2001 年的 1.50 吨增至 2020 年的 3.08 吨,增长了 1.67 倍,年均增长率为 5.36%,呈现波动上升趋势，其增长趋势略低于排放总量。同时也表现出2001—2015年增长速率较快，2016—2020年增长速率迅速减缓的趋势，受到COVID-19影响，2020年仅比上年增加0.54%。对比不同阶段，“十五”“十一五”“十二五”“十三五”期间我国整体人均居民生活碳排放量年均值分别约为1.32、1.77、2.29和2.88吨，年均增长率分别为6.88%、5.26%、6.10%、3.49%，其变化趋势表现出波动下降态势（图3.3）。

研究期，我国城镇和农村人均排放量年均值分别为2.85吨和1.28吨，城乡人均居民生活碳排放量均值比为2.23，可以看出居民生活碳排放的城乡人均差异略低于其城乡总量差异。城乡对比来看，2001年，我国城乡人均居民生活碳排放量分别为1.87和0.72吨，分别增至2020年的3.55和2.25吨，分别增长了2.14倍和90%，年均增长率分别为3.49%和6.25%。我国城乡人均居民生活碳排放量均值比由2001年的2.61下降至2020年的1.58，城乡差距降低了40%。尤其是受到COVID-19的影响，与2019年相比，2020年城镇人均居民生活碳排放量降低了1.52%，农村仅增长了4.39%，远低于其年均增长率（图3.3）。

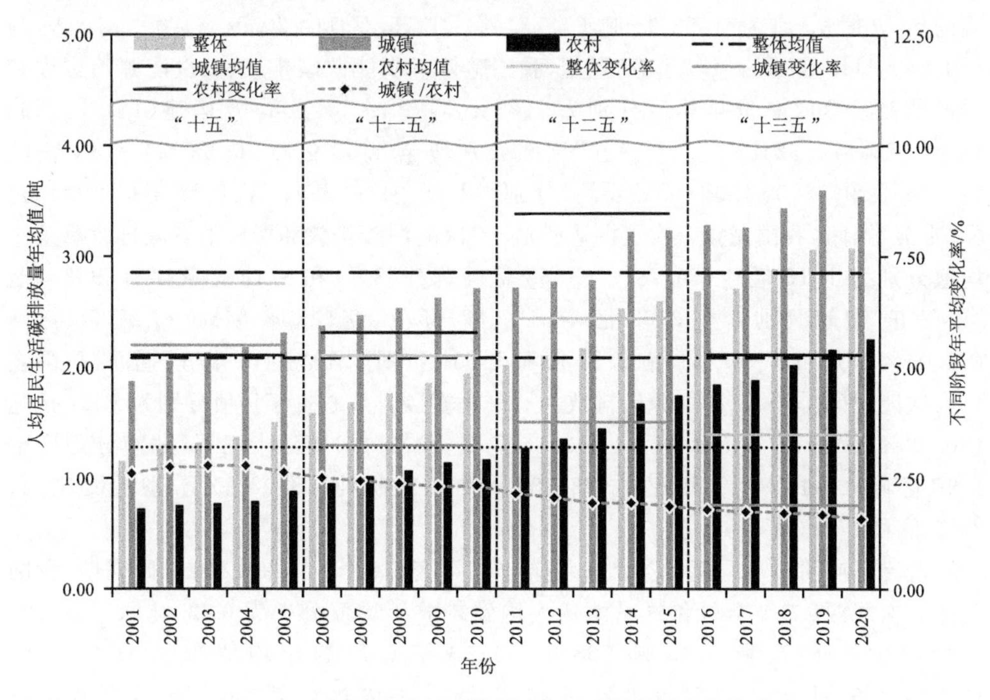

图3.3 不同阶段我国人均居民生活碳排放量变化情况

对比不同阶段，“十五”“十一五”“十二五”“十三五”期间我国城镇人均居民生活碳排放量年均值分别约为2.12、2.55、2.96和3.43吨，年均增长率分别为5.50%、3.24%、3.76%和1.89%，其变化呈现波动下降态势；我国农村人均居民生活碳排放量年均值分别约为0.78、1.06、1.49和2.02吨，年均增长率分别为5.27%、5.78%、

8.46%和5.28%，其变化呈现先升后降态势；城乡人均居民生活碳排放量均值比由“十五”时期的2.73下降至“十三五”时期的1.70，城乡差距降低了38%(图3.3)。

研究期间，我国城镇人均居民生活碳排放量的增长幅度小于其排放总量上升幅度，农村相反，其人均增长幅度大于总量。尽管城镇人均居民生活碳排放量始终大于农村，但农村的平均增速大于城镇。与我国城乡居民生活碳排放总量的比值变化趋势相反，城乡人均居民生活碳排放比值呈现下降趋势，这说明了我国城乡人均居民生活碳排放量差异逐步缩小，也体现了城乡消费水平和生活水平差距逐步缩小的事实。

3.2.2 不同能源类型

对比不同阶段不同能源类型居民生活碳排放总量变化情况，结果发现：①研究期，我国整体一次能源碳排放、二次能源碳排放和居民消费碳排放总量年均值分别为3.45亿吨(12.34%)、5.27亿吨(18.86%)和19.22亿吨(68.80%)；城镇对应的年均值分别为1.92亿吨(9.78%)、3.52亿吨(17.96%)和14.15亿吨(72.26%)；农村对应的年均值分别为1.53亿吨(18.34%)、1.75亿吨(20.98%)和5.70亿吨(60.68%)(图3.4a)。②“十五”期间，我国整体一次能源碳排放、二次能源碳排放和居民消费碳排放总量年均值分别为2.37亿吨(14.01%)、2.48亿吨(14.67%)和12.05亿吨(71.32%)，至“十三五”期间分别增至4.53亿吨(11.20%)、7.91亿吨(19.56%)和28.00亿吨(69.24%)，分别增长了91%、2.19倍、1.32倍(图3.4b)。③“十五”期间，我国城镇一次能源碳排放、二次能源碳排放和居民消费碳排放总量年均值分别为1.16亿吨(10.58%)、1.63亿吨(14.83%)和8.19亿吨(74.59%)，至“十三五”期间分别增至2.63亿吨(8.90%)、5.32亿吨(18.04%)和21.56亿吨(73.07%)，分别增长1.26倍、2.27倍和1.63倍(图3.4c)。④“十五”期间，我国农村一次能源碳排放、二次能源碳排放和居民消费碳排放总量年均值分别为1.21亿吨(20.39%)、0.85亿吨(14.36%)和3.86亿吨(65.25%)，至“十三五”期间分别增至1.90亿吨(17.40%)、2.59亿吨(23.68%)和6.44亿吨(58.92%)，分别增长58%、2.05倍和67%(图3.4d)。

对比不同阶段不同能源类型人均碳排放量变化情况，结果发现：①研究期，我国整体一次能源、二次能源和居民消费人均碳排放年均值分别为0.26吨(12.34%)、0.39吨(18.86%)和1.43吨(68.80%)；城镇对应的年均值分别为0.28吨(9.78%)、0.51吨(17.96%)和2.06吨(72.26%)；农村对应的年均值分别为0.23吨(18.34%)、0.27吨(20.98%)和0.78吨(60.68%)(图3.5a)。②“十五”期间，我国整体一次能源人均碳排放、二次能源人均碳排放和居民消费人均碳排放年均值分别为0.19吨(14.01%)、0.19吨(14.67%)和0.94吨(71.32%)，至“十三五”期间分别增至0.32吨(11.20%)、0.56吨(19.56%)和2.00吨(69.24%)，分别增长75%、1.91倍和1.12倍(图3.5b)。③“十五”期间，我国城镇一次能源人均碳排放、二次能

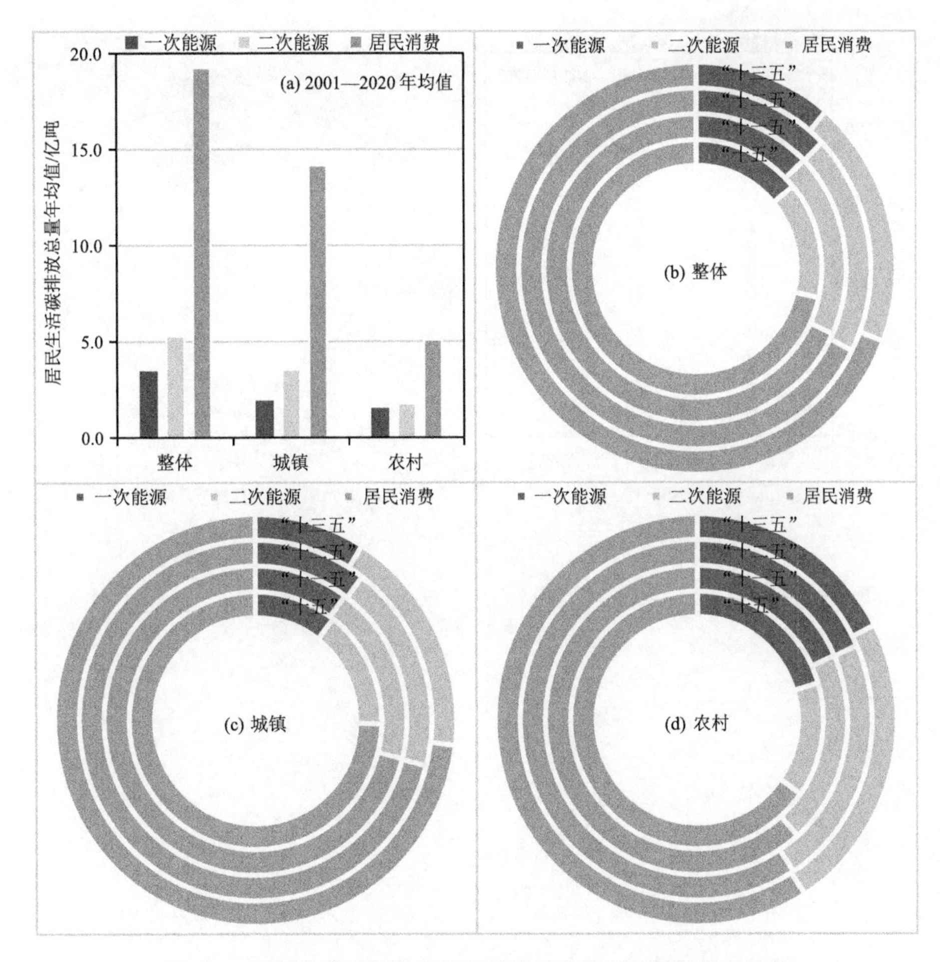

图 3.4　不同阶段不同能源类型我国居民生活碳排放总量比较

源人均碳排放和居民消费人均碳排放年均值分别为 0.22 吨(10.58%)、0.31 吨(14.83%)和 1.58 吨(74.59%),至"十三五"期间分别增至 0.31 吨(8.90%)、0.62 吨(18.04%)和 2.51 吨(73.07%),分别增长 36%、97%和 59%(图 3.5c)。④"十五"期间,我国农村一次能源人均碳排放、二次能源人均碳排放和居民消费人均碳排放年均值分别为 0.16 吨(20.39%)、0.11 吨(14.36%)和 0.51 吨(65.25%),至"十三五"期间分别增至 0.35 吨(17.40%)、0.48 吨(23.68%)和 1.19 吨(58.92%),分别增长 1.22 倍、3.28 倍和 1.35 倍(图 3.5d)。

由于取暖、炊事、生活用能设备等用能选择不同,以及我国整体、城乡消费水平、消费模式等不同,不同能源类型的居民生活碳排放总量及人均居民生活碳排放量也不尽相同。总体来看,主要以居民消费间接碳排放为主,其中"十五"至"十三五"期间,从我国整体排放总量或人均排放角度看,居民消费间接碳排放占其居民生活碳排

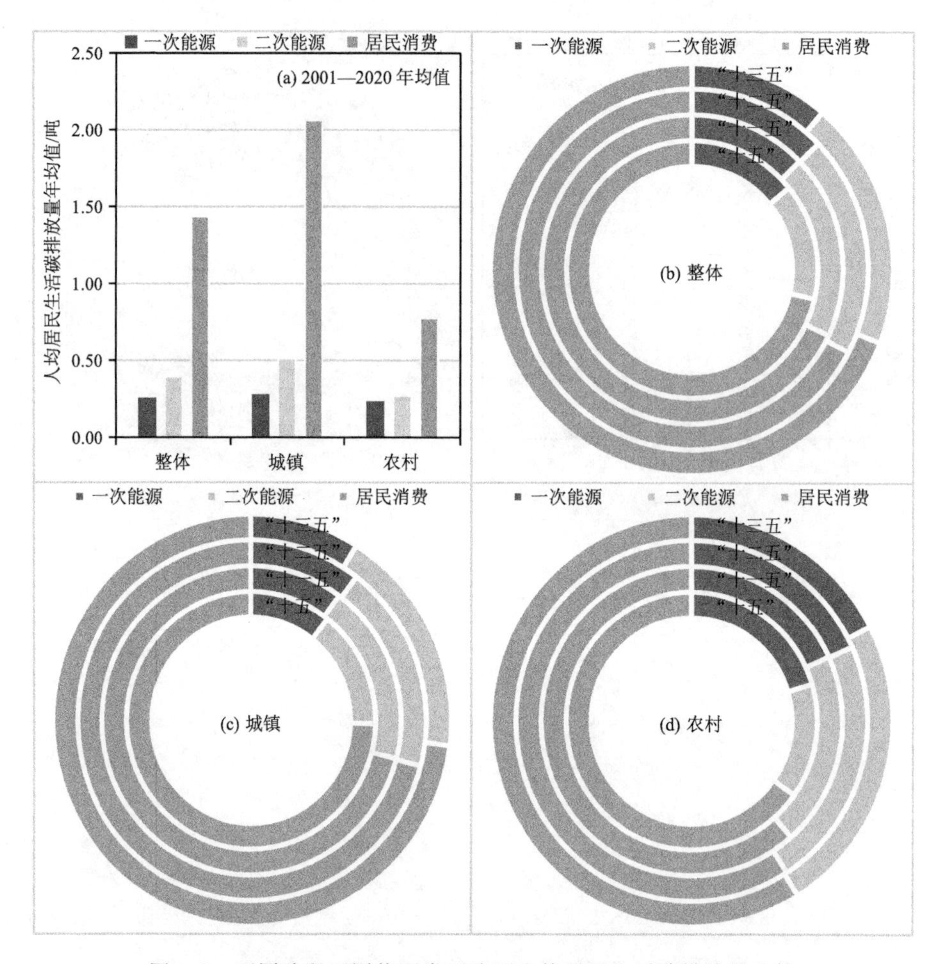

图 3.5　不同阶段不同能源类型我国人均居民生活碳排放量比较

放总量的比例近 70%；从城镇来看，居民消费间接碳排放占其排放总量的比例超过 70%；从农村来看，居民消费间接碳排放占其排放总量的比例进 60%。其次为二次能源(热力和电力)碳排放，无论是"十五"至"十三五"期间，还是从整体或城乡角度进行比较，其二次能源碳排放量占其居民生活碳排放总量的比例均超过了 14%。

3.2.3　不同生活需求

对比不同阶段不同生活需求居民生活碳排放总量变化情况，结果发现：①研究期间，我国整体基本需求与发展需求碳排放总量年均值分别为 19.32 亿吨(69.17%)、8.61 亿吨(30.83%)；城镇和农村基本需求与发展需求碳排放总量年均值分别为 13.08 亿吨(66.82%)、6.50 亿吨(33.18%)亿吨和 6.24 亿吨(74.67%)、2.12 亿吨(25.33%)，其中农村基本需求与发展需求碳排放总量比最大，为 2.95(图 3.6a)。

②“十五”期间，我国整体基本需求碳排放和发展需求碳排放总量年均值分别为12.51亿吨(74.03%)和4.39亿吨(25.97%)，至“十三五”期间分别增至27.82亿吨(68.81%)和12.61亿吨(31.19%)，分别增长了1.22倍和1.87倍(图3.6b)。③“十五”期间，我国城镇基本需求碳排放和发展需求碳排放总量年均值分别为7.73亿吨(70.41%)和3.25亿吨(29.59%)，至“十三五”期间分别增至20.09亿吨(68.08%)和9.42亿吨(31.92%)，分别增长了1.60倍和1.90倍(图3.6c)。④“十五”期间，我国农村基本需求碳排放和发展需求碳排放总量年均值分别为4.78亿吨(80.73%)和1.14亿吨(19.27%)，至“十三五”期间分别增至7.74亿吨(70.78%)和3.19亿吨(29.22%)，分别增长了62%和1.80倍(图3.6d)。⑤“十五”至“十三五”期间，我国整体、城镇和农村基本需求与发展需求碳排放总量比分别由2.85下降至2.21(波动下降趋势)、2.38下降至2.13(波动下降趋势)、4.19下降至2.42(快速下降趋势)(图3.6)。

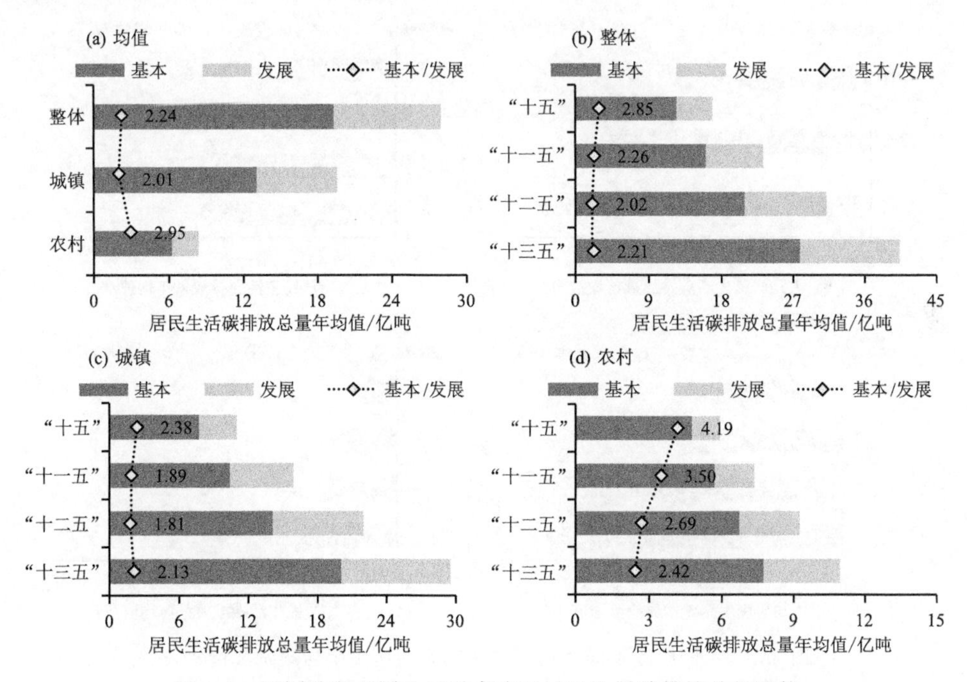

图3.6 不同阶段不同生活需求我国居民生活碳排放总量比较

对比不同阶段不同生活需求人均居民生活碳排放量变化情况，结果发现：①研究期，我国整体基本需求与发展需求人均碳排放量年均值分别为1.44吨(69.17%)、0.64吨(30.83%)；城镇和农村基本需求与发展需求人均碳排放量年均值分别为1.91吨(66.82%)、0.95吨(33.18%)和0.95吨(74.67%)、0.32吨(25.33%)，农村基本需求与发展需求人均碳排放比最大，为2.95(图3.7a)。②“十五”期间，我国整体基本需求和发展需求人均碳排放量年均值分别为 0.98 吨(74.03%)和 0.34 吨(25.97%),至"十三五"期间分别增至 1.98(68.81%)和 0.90 吨(31.19%),分别增长了 1.03 倍和 1.62 倍(图 3.7b)。③"十五"期间,我国城镇基本需求和发展需求人均碳排放量年均值分别为 1.49 吨(70.41%)和 0.63 吨(29.59%),至"十三五"期间分别增至 2.33 吨(68.08%)和 1.09 吨(31.92%),分别增长了 56%和 75%(图 3.7c)。④"十五"期间,我国农村基本需求和发展需求人均碳排放量分别为 0.63 吨(80.73%)和 0.15 吨(19.27%),至"十三五"期间分别增至 1.43 吨(70.78%)和 0.59 吨(29.22%),分别增长了 1.28 倍和 2.94 倍(图 3.7d)。⑤"十五"至"十三五"期间,我国整体、城镇和农村基本需求与发展需求人均碳排放量比分别由 2.85 下降至 2.21(波动下降趋势)、2.39 下降至 2.13(波动下降趋势)、4.18 下降至 2.42(快速下降趋势)(图 3.7)。

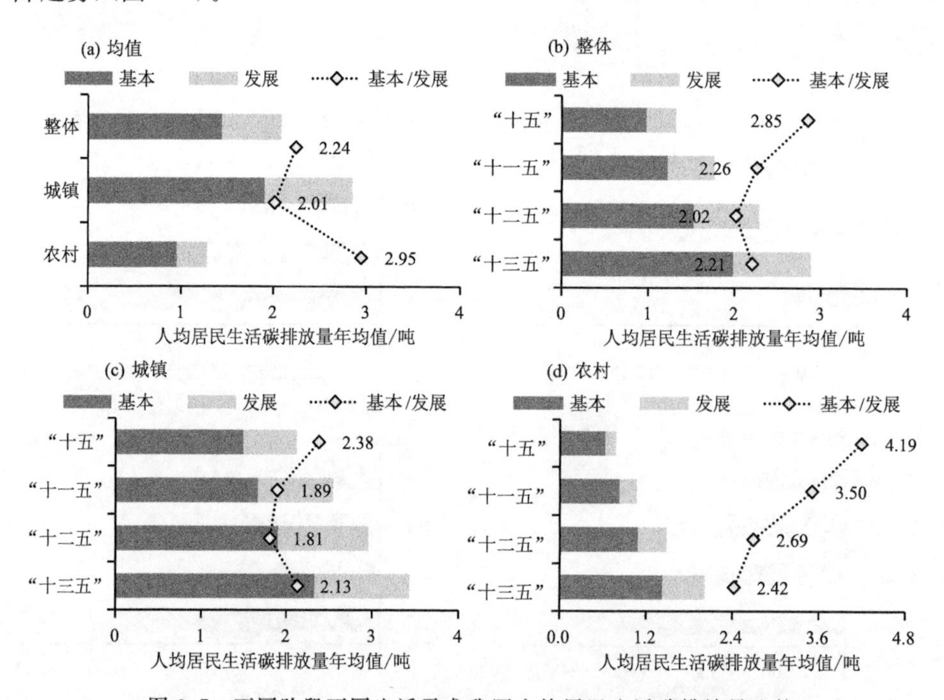

图 3.7　不同阶段不同生活需求我国人均居民生活碳排放量比较

无论是整体、城镇还是农村,其基本需求碳排放量远高于发展需求。这说明居民生活碳排放主要是为了满足基本生活所必需直接或间接消耗能源产生的碳排放。对比"十五"至"十三五"期间不同生活需求居民生活碳排放总量和人均居民生活碳排放的变化情况,可以发现,基本需求与发展需求的比例总体呈现波动下降趋势,发展需求碳排放在居民生活碳排放总量中的比例总体呈现逐步上升趋势。这说明随着我国居民收入水平和生活水平的逐步提升,居民生活碳排放以满足基本需求慢慢向以满足发展需求所转变,未来居民生活领域的低碳减排是一个长期而艰巨的任务。

3.2.4 不同消费行为

本研究将居民生活碳排放细分为“衣”“食”“住”“行”“服务”等不同消费行为居民生活碳排放,如图 3.8 所示。对比研究期不同消费行为居民生活碳排放总量年均值变化情况,结果发现:①我国整体,“衣”“食”“住”“行”和“服务”等消费行为产生的居民生活碳排放总量年均值分别为 1.01 亿吨(3.62%)、3.18 亿吨(11.37%)、15.13 亿吨(54.17%)、4.63 亿吨(16.58%)和 3.98 亿吨(14.26%)(图 3.8a)。②我国城镇,“衣”“食”“住”“行”和“服务”等消费行为产生的居民生活碳排放总量年均值分别为 0.83 亿吨(4.22%)、2.32 亿吨(11.87%)、9.93 亿吨(50.74%)、3.49 亿吨(17.81%)和 3.01 亿吨(15.37%)(图 3.8b)。③我国农村,“衣”“食”“住”“行”和“服务”等消费行为产生的居民生活碳排放总量年均值分别为 0.19 亿吨(2.24%)、0.85 亿吨(10.22%)、5.20 亿吨(62.20%)、1.14 亿吨(13.69%)和 0.97 亿吨(11.65%)(图 3.8c)。

对比不同阶段不同消费行为居民生活碳排放总量变化情况,结果发现:①“十五”期间,我国整体“衣”“食”“住”“行”和“服务”等消费行为产生的碳排放总量年均值分别为 0.66 亿吨(3.92%)、3.15 亿吨(18.65%)、8.69 亿吨(51.46%)、1.67 亿吨(9.86%)和 2.72 亿吨(16.11%),至“十三五”期间分别增至 1.11 亿吨(2.76%)、3.30 亿吨(8.17%)、23.41 亿吨(57.88%)、7.44 亿吨(18.40%)和 5.17 亿吨

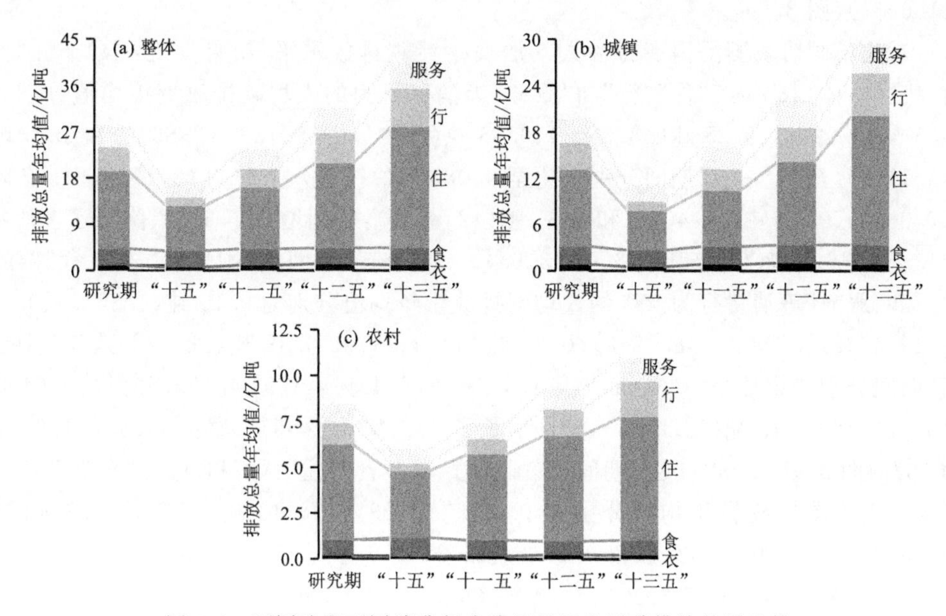

图 3.8　不同阶段不同消费行为我国居民生活碳排放总量比较

(12.79%)，分别增长了68%、5%、1.69倍、3.46倍和90%(图3.8a)。②“十五”期间，我国城镇“衣”“食”“住”“行”和“服务”等消费行为产生的碳排放总量年均值分别为0.53亿吨(4.82%)、2.14亿吨(19.47%)、5.06亿吨(46.12%)、1.26亿吨(11.45%)和1.99亿吨(18.14%)，至“十三五”期间分别增至0.90亿吨(3.04%)、2.50亿吨(8.48%)、16.69亿吨(56.56%)、5.51亿吨(18.67%)和3.91亿吨(13.25%)，分别增长了69%、17%、2.30倍、3.38倍和96%(图3.8b)。③“十五”期间，我国农村“衣”“食”“住”“行”和“服务”等消费行为产生的碳排放总量年均值分别为0.13亿吨(2.23%)、1.01亿吨(17.13%)、3.63亿吨(61.38%)、0.41亿吨(6.92%)和0.73亿吨(12.35%)，至“十三五”期间分别增至0.22亿吨(2.00%)、0.80亿吨(7.35%)、6.72亿吨(61.43%)、1.93亿吨(17.67%)和1.26亿吨(11.55%)，分别增长了66%、降低21%和增长85%、3.72倍和73%(图3.8c)。

对比研究期不同消费行为人均居民生活碳排放量年均值变化情况，结果发现：①我国整体，“衣”“食”“住”“行”和“服务”等消费行为的人均居民生活碳排放年均值分别为0.08吨(3.62%)、0.24吨(11.37%)、1.13吨(54.17%)、0.35吨(17.81%)和0.30吨(14.26%)(图3.9a)。②我国城镇，“衣”“食”“住”“行”和“服务”等消费行为的人均居民生活碳排放年均值分别为0.12吨(4.22%)、0.34吨(11.87%)、1.45吨(50.74%)、0.51吨(17.81%)和0.44吨(15.37%)(图3.9b)。③我国农村，“衣”“食”“住”“行”和“服务”等消费行为的人均居民生活碳排放年均值分别为0.03吨(2.24%)、0.13吨(10.22%)、0.79吨(62.20%)、0.17吨(13.69%)和0.15吨(11.65%)(图3.9c)。

对比不同阶段不同消费行为人均居民生活碳排放水平，结果发现：①“十五”期间，我国整体“衣”“食”“住”“行”和“服务”等消费行为的人均碳排放量年均值分别为0.05吨(3.92%)、0.25吨(18.65%)、0.68吨(51.46%)、0.13吨(9.86%)和0.21吨(16.11%)，至“十三五”期间分别变化至0.08吨(2.76%)、0.24吨(8.17%)、1.67吨(57.88%)、0.53吨(18.40%)和0.37吨(12.80%)，分别增长了54%、降低了4%和增长了1.46倍、3.08倍和74%(图3.9a)。②“十五”期间，我国城镇“衣”“食”“住”“行”和“服务”等消费行为产生的人均碳排放量年均值分别为0.10吨(4.82%)、0.41吨(19.47%)、0.98吨(46.12%)、0.24吨(11.45%)和0.38吨(18.14%)，至“十三五”期间分别变化至0.10吨(3.04%)、0.29吨(8.48%)、1.94吨(56.56%)、0.64吨(18.67%)和0.45吨(13.25%)，分别增长了2%、降低了30%、增长了99%、1.64倍和18%(图3.9b)。③“十五”期间，我国农村“衣”“食”“住”“行”和“服务”等消费行为产生的人均碳排放量年均值分别为0.02吨(2.23%)、0.13吨(17.13%)、0.48吨(61.38%)、0.05吨(6.92%)和0.10吨(12.35%)，至“十三五”期间分别增至0.04吨(2.00%)、0.15吨(7.35%)、1.24吨(61.43%)、0.36吨(17.67%)和0.23吨(11.55%)，分别增长了1.33倍、11%、1.60倍、5.64倍和22%(图3.9c)。

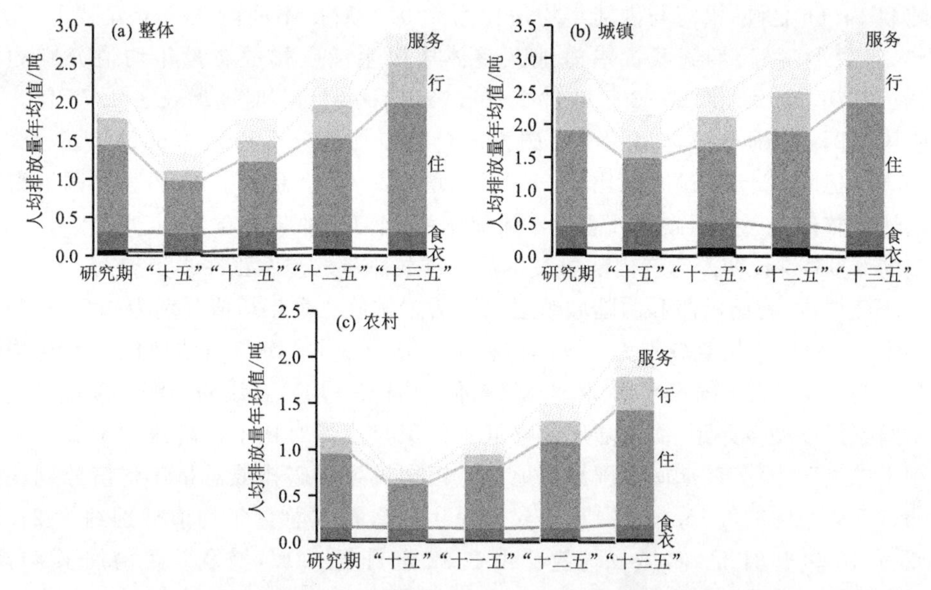

图 3.9　不同阶段不同消费行为我国人均居民生活碳排放量比较

不同消费行为产生的居民生活碳排放变化趋势与居民生活消费行为本身及生活方式改变密切相关。研究期，我国居民生活碳排放总量逐步转向以"住""行""服务"消费为碳排放主要贡献来源。这与我国居民生活消费行为从以满足基本需求的"衣""食"消费模式向以满足发展需求的"住""行""服务"等消费模式转变相关。终端能源消费中，居民生活一方面由传统单户燃煤供暖方式向集中供暖方式转变，促使居住消费行为中煤炭燃烧大幅锐减；另一方面，由于居民生活耐用品、家用电器（冰箱、洗衣机、彩电、空调等）和电子产品（电脑、相机、手机）的普及，导致居住消费行为中电力消费不断增加，进而引起排放增加，这也是"住"居民生活碳排放总量比例趋势变化不太明显的原因。此外，我国家用汽车、摩托车数量不断增加，导致"行"居民生活碳排放总量自身及其在居民生活碳排放总量中的比例不断增加。可以预见，未来"行""服务"等居民消费行为产生的碳排放总量仍呈现不断上升的变化趋势，这两方面的减排对整体居民生活碳排放减排起到至关重要的作用。

3.3　沿海与内陆

3.3.1　总量与人均

研究期内，我国沿海和内陆地区整体居民生活碳排放总量年均值分别为 13.28

亿吨和 14.66 亿吨，沿海与内陆年均值比为 0.91。对比不同阶段，“十五”“十一五”“十二五”“十三五”期间我国沿海地区整体居民生活碳排放总量年均值分别约为 7.23、10.76、15.29 和 19.83 亿吨，“十三五”时期比“十五”时期增长了 1.74 倍。不同阶段我国内陆地区整体居民生活碳排放总量年均值分别约为 9.66、12.46、15.90 和 20.61 亿吨，“十三五”时期比“十五”时期增长了 1.13 倍(图 3.10)。我国沿海与内陆地区整体居民生活碳排放总量年均值比由“十五”时期的 0.75 上升至“十三五”时期的 0.96，这说明沿海与内陆居民生活碳排放总量的差距正在逐步扩大。

研究期内，我国沿海和内陆城镇居民生活碳排放总量年均值分别为 9.74 亿吨和 9.85 亿吨，农村年均值分别为 3.54 亿吨和 4.81 亿吨，沿海与内陆地区城乡年均值比分别为 2.75(高于国家平均)和 2.22(略低于国家平均)，这说明沿海尺度城乡差距大于国家尺度城乡差距，而内陆尺度略低于国家尺度。对比不同阶段，“十五”“十一五”“十二五”“十三五”期间我国沿海地区城镇居民生活碳排放总量年均值分别约为 4.99、7.74、11.19 和 15.02 亿吨，农村居民生活碳排放总量年均值分别约为 2.25、3.02、4.10 和 4.81 亿吨，城乡均值比由 2.22 上升至 3.13，城乡差距增加了 41%。我国内陆地区城镇居民生活碳排放总量年均值分别约为 5.99、8.14、10.77 和 14.48 亿吨，农村居民生活碳排放总量年均值分别约为 3.67、4.32、5.13 和 6.13 亿吨，城乡均值比由 1.63 上升至 2.36，城乡差距增加了 45%(图 3.10)。我国沿海与内陆地区城镇居民生活碳排放总量年均值比由“十五”时期的 0.83 上升至“十三五”时期的 1.04，农村由 0.61 上升至 0.78，这说明我国沿海与内陆城乡排放总量的差距也在逐步扩大。

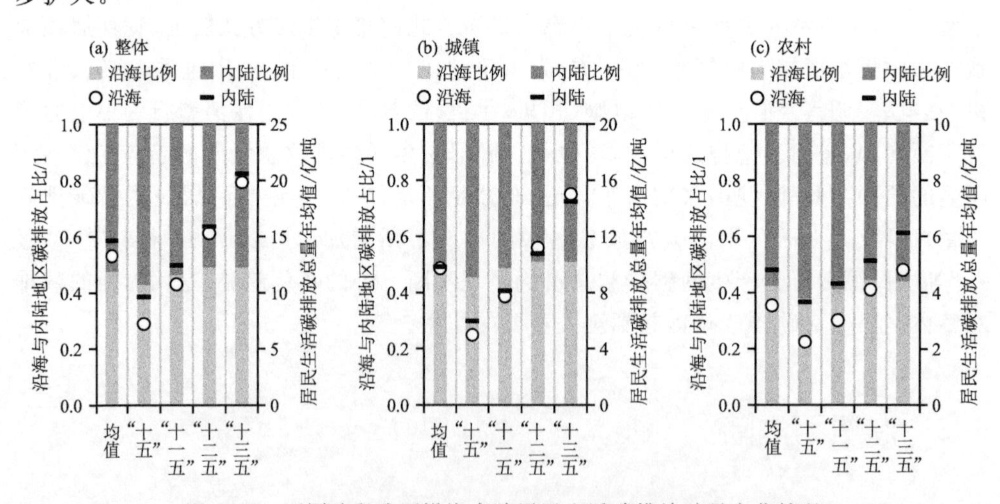

图 3.10 不同阶段我国沿海内陆居民生活碳排放总量变化情况

研究期内，我国沿海和内陆地区整体人均居民生活碳排放量年均值分别为 2.29 和 1.93 吨，沿海与内陆的比值为 1.19。对比不同阶段，“十五”“十一五”“十二五”

"十三五"期间我国沿海地区整体人均居民生活碳排放量年均值分别约为 1.36、1.91、2.55 和 3.16 吨,"十三五"时期比"十五"时期增长了 1.33 倍;不同阶段我国内陆地区整体人均居民生活碳排放量年均值分别约为 1.29、1.66、2.08 和 2.66 吨,"十三五"时期比"十五"时期增长了 1.05 倍(图 3.11)。我国沿海与内陆地区整体人均居民生活碳排放量年均值比由"十五"时期的 1.05 先上升至"十二五"时期的 1.23,又下降至"十三五"时期的 1.19,这说明沿海与内陆人均居民生活碳排放量的差距呈现出先扩大后缩小趋势。

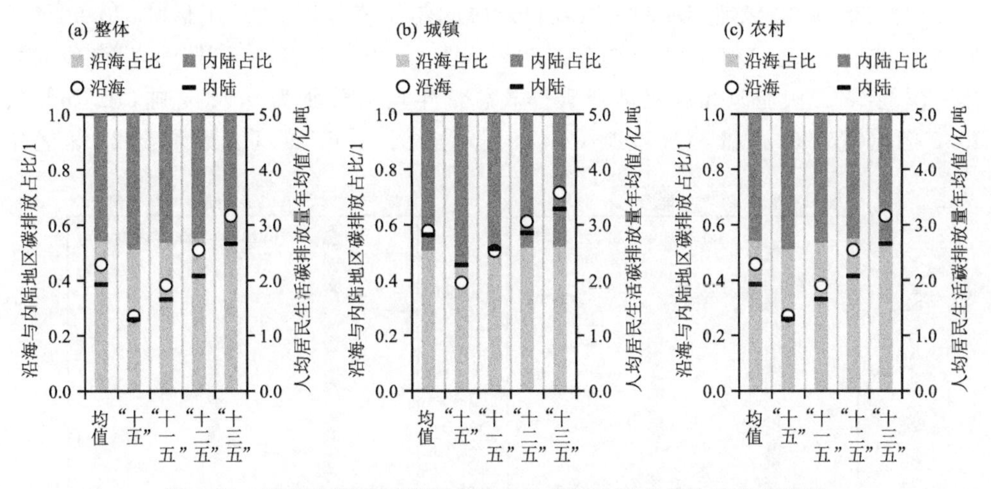

图 3.11　不同阶段我国沿海内陆人均居民生活碳排放量变化情况

研究期内,我国沿海和内陆城镇人均居民生活碳排放量年均值分别为 2.89 吨和 2.82 吨,农村分别为 2.29 吨和 1.93 吨,城乡年均值比分别为 1.03 和 1.19(均低于国家平均水平),这说明沿海和内陆人均居民生活碳排放之间的城乡差距远小于国家尺度城乡差距。对比不同阶段,"十五""十一五""十二五""十三五"期间我国沿海地区城镇人均居民生活碳排放量年均值分别约为 1.19、2.53、3.06 和 3.58 吨,农村的年均值分别约为 1.36、1.91、2.55 和 3.16 吨,城乡均值比由 1.44 下降至 1.13,城乡差距缩减了 22%。我国内陆地区城镇人均居民生活碳排放量年均值分别约为 2.27、2.57、2.85 和 3.28 吨,农村人均居民生活碳排放量年均值分别约为 1.29、1.66、2.08 和 2.66 吨,城乡均值比由 1.76 下降至 1.23,城乡差距缩减了 30%(图 3.11)。我国沿海与内陆地区城镇人均居民生活碳排放量年均值比由"十五"时期的 0.86 上升至"十三五"时期的 1.09,农村由 1.05 上升至 1.19,这说明我国沿海与内陆城乡人均居民生活碳排放量的差距也在逐步扩大。

3.3.2　不同能源类型

对比不同阶段不同能源类型我国沿海内陆地区居民生活碳排放总量变化情况,

结果发现:①研究期内,沿海地区整体一次能源、二次能源和居民消费碳排放总量年均值分别为 1.40 亿吨(10.55%)、2.60 亿吨(19.59%)和 9.28 亿吨(69.87%);城镇对应的年均值分别为 0.88 亿吨(9.01%)、1.63 亿吨(16.78%)和 7.22 亿吨(74.21%);农村对应的年均值分别为 0.52 亿吨(14.76%)、0.97 亿吨(27.29%)和 2.05 亿吨(57.95%)(图 3.12a)。②研究期,内陆地区整体一次能源、二次能源和居民消费碳排放总量年均值分别为 2.05 亿吨(13.97%)、2.67 亿吨(18.20%)和 9.94 亿吨(67.83%);城镇对应的年均值分别为 1.04 亿吨(10.55%)、1.88 亿吨(19.12%)和 6.92 亿吨(70.34%);农村对应的年均值分别为 1.01 亿吨(20.98%)、0.79 亿吨(16.33%)和 3.02 亿吨(62.69%)(图 3.12b)。③"十五"期间,沿海地区整体一次能源、二次能源和居民消费碳排放总量年均值分别为 0.78 亿吨(10.76%)、1.30 亿吨(17.95%)和 5.16 亿吨(71.29%),至"十三五"期间分别增至 2.03 亿吨

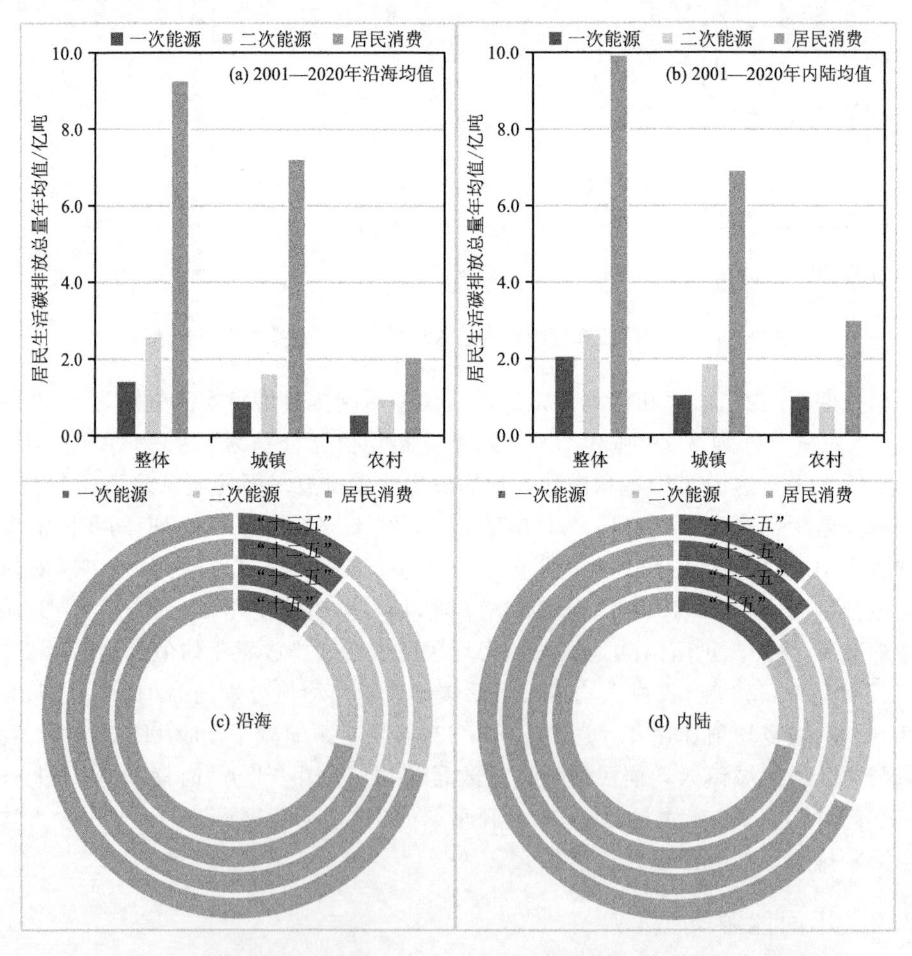

图 3.12　不同阶段不同能源类型我国沿海内陆居民生活碳排放总量比较

(10.25%)、3.80亿吨(19.15%)和14.00亿吨(70.61%),分别增长1.61倍、1.92倍和1.71倍(图3.12c)。④"十五"期间,内陆地区整体一次能源、二次能源和居民消费碳排放总量年均值分别为1.59亿吨(16.45%)、1.18亿吨(12.21%)和6.89亿吨(71.34%),至"十三五"期间分别增至2.50亿吨(12.11%)、4.11亿吨(19.96%)和14.00亿吨(67.93%),分别增长57%、2.49倍和1.03倍(图3.12d)。

对比不同阶段不同能源类型我国沿海内陆人均居民生活碳排放量变化情况,结果发现:①研究期内,我国沿海地区整体一次能源、二次能源和居民消费人均碳排放量年均值分别为0.24吨(10.55%)、0.45吨(19.59%)和1.60吨(69.87%);城镇对应的年均值分别为0.26吨(9.01%)、0.49吨(16.78%)和2.15吨(74.21%)。农村对应的年均值分别为0.21吨(14.76%)、0.40吨(27.29%)和0.84吨(57.95%)(图3.13a)。②研究期,我国内陆地区整体一次能源、二次能源和居民消费人均碳排放量年均值分别为0.27吨(13.97%)、0.35吨(18.20%)和1.31吨(67.83%);城镇对应的年均值分别为0.30吨(10.55%)、0.54吨(19.12%)和1.98吨(70.34%);农村对应的年均值分别为0.25吨(20.98%)、0.19吨(16.33%)和0.74吨(62.69%)(图3.13b)。③"十五"期间,我国沿海地区整体一次能源、二次能源和居民消费人均碳排放量年均值分别为0.15吨(10.76%)、0.24吨(17.95%)和0.97吨(71.29%),至"十三五"期间分别增至0.32吨(10.25%)、0.61吨(19.15%)和2.23吨(70.61%),分别增长了1.22倍、1.49倍、1.31倍(图3.13c)。④"十五"期间,我国内陆地区整体一次能源、二次能源和居民消费人均碳排放量年均值分别为0.21吨(16.45%)、0.16吨(12.21%)和0.92吨(71.34%),至"十三五"期间分别增至0.32吨(12.11%)、0.53吨(19.96%)和1.81吨(67.93%),分别增长了51%、2.36倍、96%(图3.13d)。

3.3.3 不同生活需求

对比不同阶段不同生活需求我国沿海内陆居民生活碳排放总量变化情况,结果发现:①研究期内,我国沿海地区基本需求与发展需求居民生活碳排放总量年均值分别为9.16亿吨(68.97%)和4.12亿吨(31.03%),城镇对应的年均值分别为6.48亿吨(66.59%)和3.25亿吨(33.41%),农村对应的年均值分别为2.68亿吨(75.52%)和24.48亿吨(24.48%)(图3.14a)。②我国内陆地区基本需求与发展需求居民生活碳排放总量年均值分别为10.16亿吨(69.34%)和4.49亿吨(30.66%),城镇对应的年均值分别为6.60亿吨(67.05%)和3.24亿吨(32.95%),农村对应的年均值分别为3.56亿吨(74.03%)和1.25亿吨(25.97%)(图3.14b)。③"十五"期间,我国沿海地区基本需求与发展需求居民生活碳排放总量年均值分别5.36亿吨(74.07%)和1.88亿吨(25.93%),至"十三五"期间分别增至13.98亿吨(70.50%)和5.85亿吨(29.50%),分别增长了1.61倍和2.12倍(图3.14c)。④"十五"期间,我国内陆

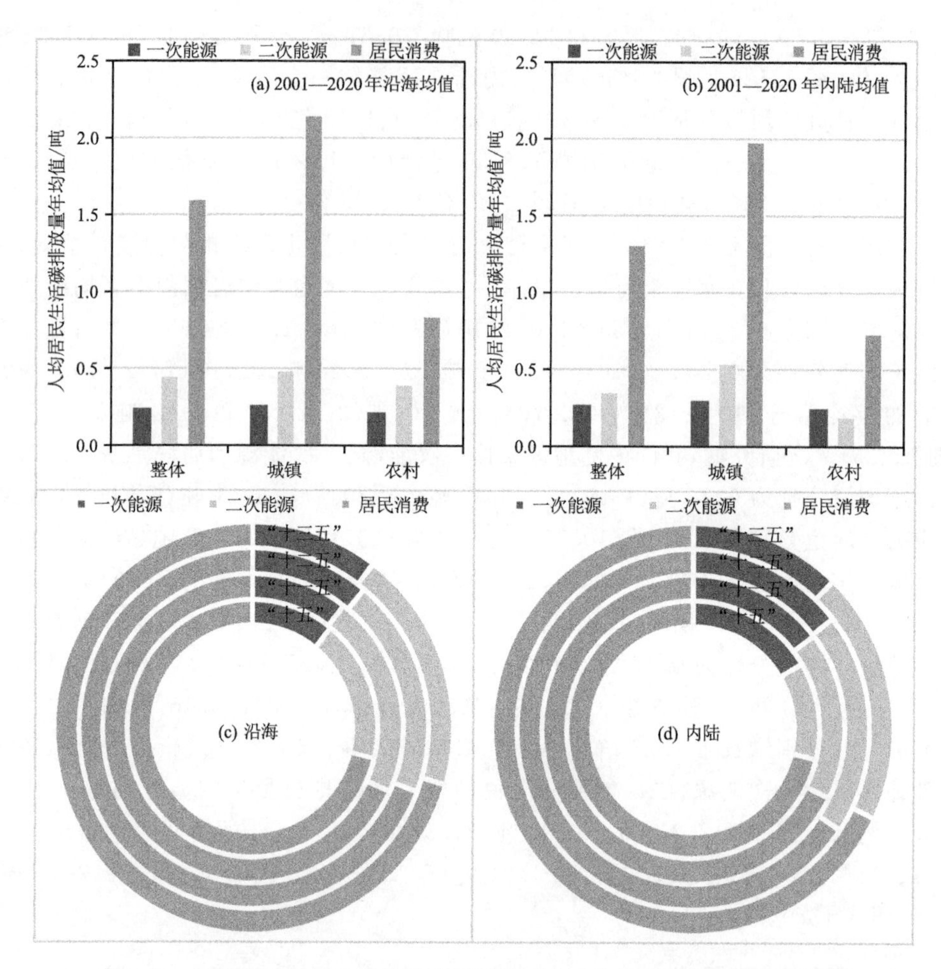

图 3.13　不同阶段不同能源类型我国沿海内陆人均居民生活碳排放量比较

地区基本需求与发展需求居民生活碳排放总量年均值分别 7.15 亿吨(73.99%)和 2.51 亿吨(26.01%),至"十三五"期间分别增至 13.85 亿吨(67.18%)和 6.76 亿吨(32.82%),分别增长了 0.94 倍和 1.69 倍(图 3.14d)。

对比不同阶段不同生活需求我国沿海内陆人均居民生活碳排放量变化情况,结果发现:①研究期内,沿海地区基本需求与发展需求人均居民生活碳排放量年均值分别为 1.58 吨(68.97%)和 0.71 吨(31.03%),城镇对应的年均值分别为 1.93 吨(66.59%)和 0.97 吨(33.41%),农村对应的年均值分别为 1.10 吨(75.52%)和 0.36 吨(24.48%)(图 3.15a)。②内陆地区基本需求与发展需求人均居民生活碳排放量年均值分别为 1.34 吨(69.34%)和 0.59 吨(30.66%),城镇对应的年均值分别为 1.89 吨(67.05%)和 0.93 吨(32.95%),农村对应的年均值分别为 0.87 吨(74.03%)和 0.30 吨(25.97%)(图 3.15b)。③"十五"期间,沿海地区基本需求与发

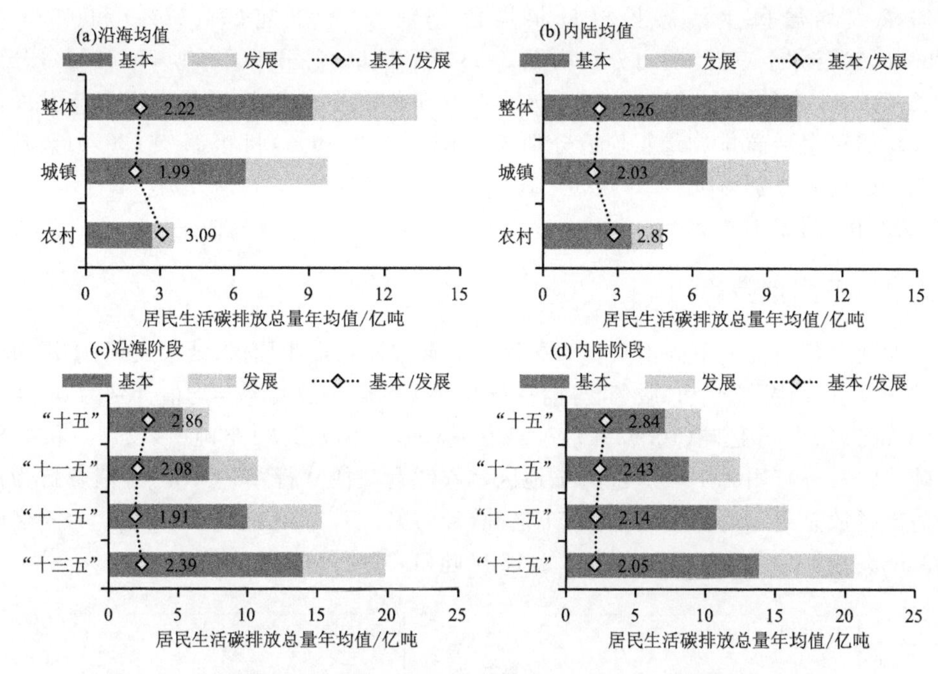

图 3.14　不同阶段不同生活需求我国沿海内陆居民生活碳排放总量比较

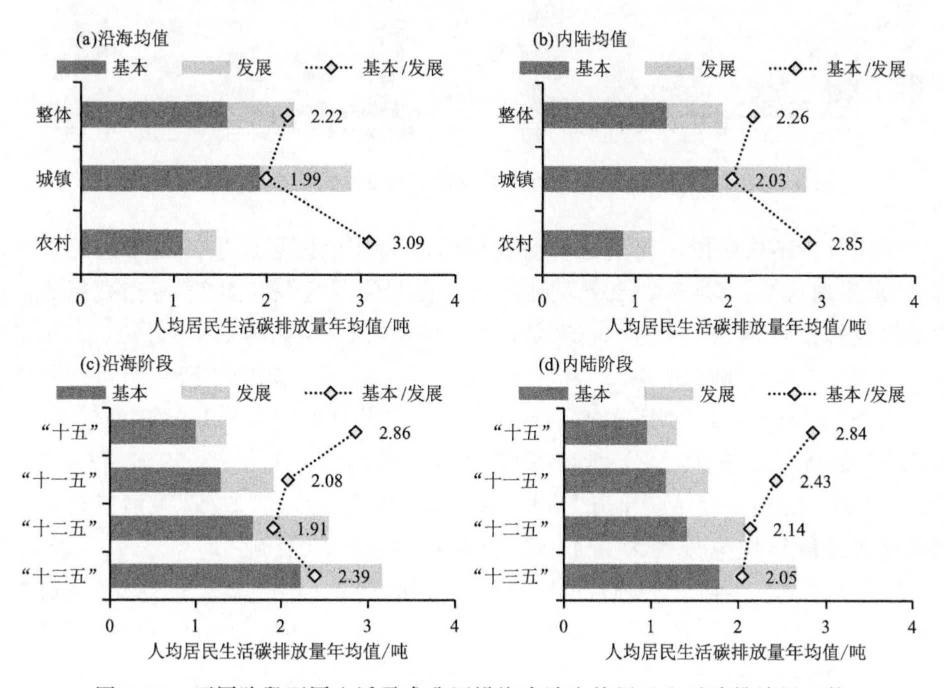

图 3.15　不同阶段不同生活需求我国沿海内陆人均居民生活碳排放量比较

展需求人均居民生活碳排放量年均值分别为 1.01 吨(74.07%)和 0.35 吨(25.93%),至“十三五”期间分别增至 2.23 吨(70.50%)和 0.93 吨(29.50%),分别增长了 1.22 倍和 1.65 倍(图 3.15c)。④“十五”期间,内陆地区基本需求与发展需求人均居民生活碳排放量年均值分别为 0.96 吨(73.99%)和 0.34 吨(26.01%),至“十三五”期间分别增至 1.79 吨(67.18%)和 0.87 吨(32.82%),分别增长了 0.87 倍和 1.59 倍(图 3.15d)。

3.3.4 不同消费行为

对比分析研究期不同消费行为居民生活碳排放总量年均值,结果发现:①沿海地区,“衣”“食”“住”“行”和“服务”等消费行为产生的碳排放总量年均值分别为 0.44 亿吨(3.30%)、1.45 亿吨(10.93%)、7.27 亿吨(54.74%)、2.30 亿吨(17.31%)和 1.82 亿吨(13.72%)(图 3.16a)。②内陆地区,“衣”“食”“住”“行”和“服务”等消费行为产生的碳排放总量年均值分别为 0.57 亿吨(3.91%)、1.73 亿吨(11.77%)、7.86 亿吨(53.65%)、2.33 亿吨(15.92%)和 2.16 亿吨(14.74%)(图 3.16b)。

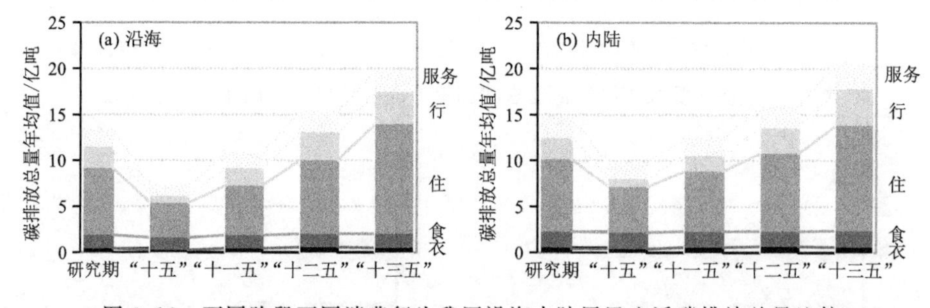

图 3.16 不同阶段不同消费行为我国沿海内陆居民生活碳排放总量比较

对比分析不同阶段不同消费行为我国沿海内陆地区居民生活碳排放总量年均值,结果发现:①沿海地区,“十五”期间“衣”“食”“住”“行”和“服务”等消费行为产生的碳排放总量年均值分别为 0.25 亿吨(3.46%)、1.36 亿吨(18.83%)、3.75 亿吨(51.79%)、0.77 亿吨(10.69%)和 1.10 亿吨(15.24%),至“十三五”期间分别增至 0.50 亿吨(2.51%)、1.54 亿吨(7.75%)、11.94 亿吨(60.24%)、3.48 亿吨(17.56%)和 2.37 亿吨(11.94%),分别增长了 99%、10%、2.19 倍、3.50 倍和 1.15 倍(图 3.16a)。②内陆地区,“十五”期间“衣”“食”“住”“行”和“服务”等消费行为产生的碳排放总量年均值分别为 0.41 亿吨(4.26%)、1.79 亿吨(18.52%)、4.95 亿吨(51.22%)、0.89 亿吨(9.25%)和 1.62 亿吨(16.76%),至“十三五”期间分别增至 0.62 亿吨(2.99%)、1.77 亿吨(8.57%)、11.46 亿吨(55.61%)、3.96 亿吨(19.20%)和 2.81 亿吨(13.62%),分别增长 50%、下降 1%、增长 1.32 倍、3.43 倍和 73%(图 3.16b)。

对比研究期不同消费行为人均居民生活碳排放量年均值，结果发现：①我国沿海地区，“衣”“食”“住”“行”和“服务”等消费行为产生的人均居民生活碳排放量年均值分别为 0.08 吨（3.30％）、0.25 吨（10.93％）、1.25 吨（54.74％）、0.40 吨（17.31％）和 0.31 吨（13.72％）（图 3.17a）。②我国内陆地区，“衣”“食”“住”“行”和“服务”等消费行为产生的居民生活碳排放总量年均值分别为 0.08 吨（3.91％）、0.23 吨（11.77％）、1.04 吨（53.65％）、0.31 吨（15.92％）和 0.28 吨（14.74％）（图 3.17b）。

对比分析不同阶段不同消费行为人均居民生活碳排放量年均值，结果发现：①沿海地区，“十五”期间“衣”“食”“住”“行”和“服务”等消费行为产生的人均碳排放量年均值分别为 0.05 吨（3.46％）、0.26 吨（18.83％）、0.70 吨（51.79％）、0.15（10.69％）和 0.21 吨（15.24％），至“十三五”期间分别增至 0.08 吨（2.51％）、0.25 吨（7.75％）、1.90 吨（60.24％）、0.56 吨（17.56％）和 0.38 吨（11.94％），分别增长 69％、降低 4％、增长 1.71 倍、2.83 倍和 83％（图 3.17a）。②内陆地区，“十五”期间“衣”“食”“住”“行”和“服务”等消费行为产生的人均碳排放量年均值分别为 0.06 吨（4.26％）、0.24 吨（18.52％）、0.66 吨（51.22％）、0.12 吨（9.25％）和 0.22 吨（16.76％），至“十三五”期间分别增至 0.08 吨（2.99％）、0.23 吨（8.57％）、1.48 吨（55.61％）、0.51 吨（19.20％）和 0.36 吨（13.62％），分别增长了 44％、下降 5％、增长 1.23 倍、3.27 倍和 67％（图 3.17b）。

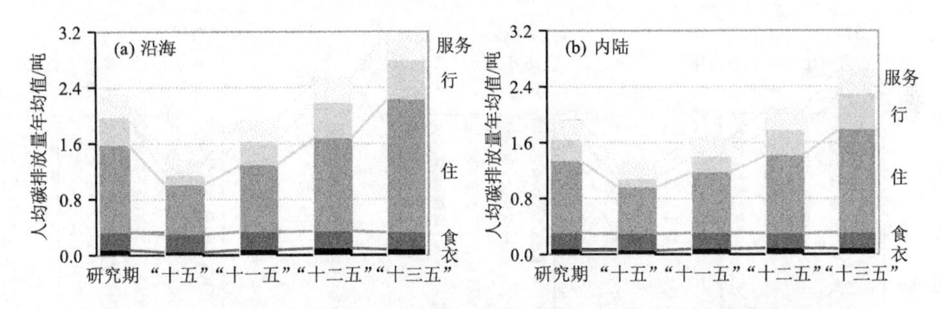

图 3.17　不同阶段不同消费行为我国沿海内陆人均居民生活碳排放量比较

3.4　南方与北方

3.4.1　总量与人均

研究期内，我国南方和北方地区整体居民生活碳排放总量年均值分别为 14.26 亿吨和 13.68 亿吨，南方与北方年均值比为 1.04。对比“十五”至“十三五”期间南方整体居民生活碳排放总量年均值，分别约为 8.77、12.45、15.84 和 19.97 亿吨，“十三五”时期比“十五”时期增长了 1.28 倍。不同阶段北方地区整体居民生活碳排放总量年均值分别约为 8.12、10.77、15.35 和 20.47 亿吨,“十三五”时期比“十五”时期增长了 1.52 倍(图 3.18)。南方与北方整体居民生活碳排放总量年均值比由“十五”时期的 1.08 先上升至“十一五”时期的 1.16,后下降至“十三五”时期的 0.98,这说明南方与北方居民生活碳排放总量的差距呈现出先扩大后缩小的趋势。

研究期内,我国南方和北方城镇居民生活碳排放总量年均值分别为 9.88 亿吨和 9.70 亿吨,农村年均值分别为 4.38 亿吨和 3.98 亿吨,南方与北方地区城乡年均值比分别为 2.25 和 2.44,均高于国家平均水平,这说明南北方城乡差距大于国家城乡差距。对比“十五”至“十三五”期间南方城镇居民生活碳排放总量年均值,分别约为 5.60、8.42、11.12 和 14.36 亿吨,农村年均值分别约为 3.17、4.03、4.72 和 5.60 亿吨,城乡均值比由 1.77 上升至 2.56,城乡差距增加了 45%;北方地区城镇居民生活碳排放总量年均值分别约为 5.37、7.46、10.84 和 15.14 亿吨,农村年均值分别约为 2.75、3.31、4.51 和 5.33 亿吨,城乡均值比由 1.96 上升至 2.84,城乡差距增加了 45%(图 3.18)。南方与北方地区城镇居民生活碳排放总量年均值比由“十五”时期的 1.04 先上升后下降至“十三五”时期的 0.95,农村由 1.15 先上升后下降至 1.05,这说明我国南方与北方城乡居民生活碳排放总量的差距均呈现先扩大后缩小的趋势。

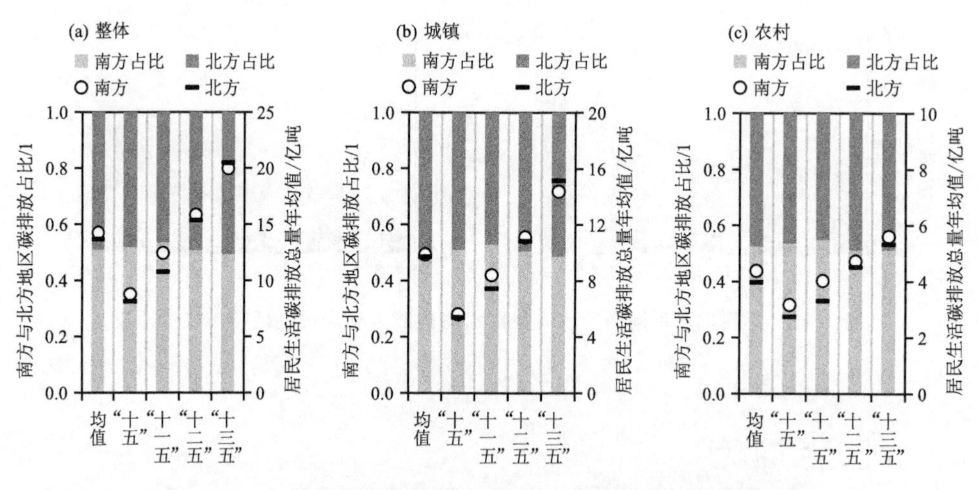

图 3.18 不同阶段我国南方北方居民生活碳排放总量变化情况

研究期内,我国南方和北方地区整体人均居民生活碳排放量年均值分别为 1.83 吨和 2.44 吨,南方与北方的比值为 0.75。对比不同阶段,“十五”至“十三五”期间南方地区整体人均居民生活碳排放量年均值分别约为 1.19、1.64、1.99 和 2.42 吨,“十三五”时期比“十五”时期增长了 1.04 倍。不同阶段北方地区整体人均居民生活碳排放量年均值分别约为 1.51、1.94、2.69 和 3.56 吨,“十三五”时期比“十五”时期增长了1.36倍(图3.19)。南方与北方地区整体人均居民生活碳排放量年均值比由“十五”时期的0.79先上升至“十一五”时期的0.84,又下降至“十三五”时期的0.68,这说明南方与北方人均居民生活碳排放量的差距呈现出先扩大后缩小趋势。

研究期内,我国南方和北方城镇人均碳排放量年均值分别为2.45吨和3.43吨,农村年均值分别为1.16吨和1.44吨,南方与北方城乡年均值比分别为0.71和0.81,均低于国家平均水平,这说明南方和北方人均居民生活碳排放的城乡差距远小于国家尺度。对比不同阶段,“十五”至“十三五”期间南方地区城镇人均居民生活碳排放量年均值分别约为1.87、2.32、2.54和2.80吨,农村对应的年均值分别约为0.72、1.01、1.32和1.79吨,城乡均值比由2.60下降至1.57,城乡差距缩减了40%;北方地区城镇人均居民生活碳排放量年均值分别约为2.46、2.86、3.55和4.35吨,农村年均值分别约为0.86、1.13、1.70和2.34吨,城乡均值比由2.87下降至1.86,城乡差距缩减了35%(图3.19)。南方与北方地区城镇人均居民生活碳排放量年均值比由“十五”时期的0.76先上升至“十一五”期间的0.81,后降至“十三五”时期的0.64,农村由“十五”时期的0.84先上升至“十一五”期间的0.90,后降至“十三五”时期的0.76,这说明我国南方与北方城乡人均居民生活碳排放量的差距均呈现先上升后缩小趋势。

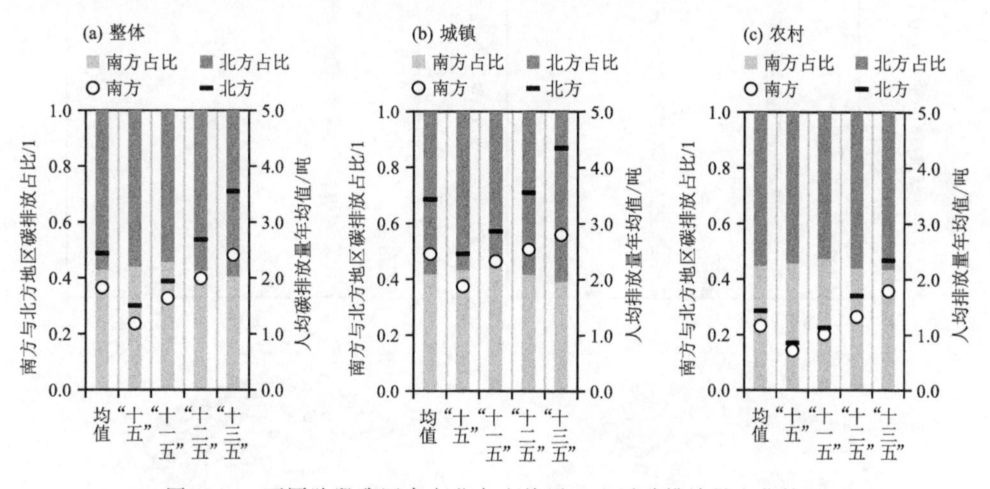

图3.19　不同阶段我国南方北方人均居民生活碳排放量变化情况

3.4.2 不同能源类型

对比分析研究期不同阶段不同能源类型我国南方北方地区居民生活碳排放总量变化情况,结果发现:①南方整体一次能源、二次能源和居民消费碳排放总量年均值分别为1.67亿吨(11.73%)、2.43亿吨(17.08%)和10.15亿吨(71.19%),城镇对应的年均值分别为0.94亿吨(9.52%)、1.42亿吨(14.36%)和7.52亿吨(76.12%),农村对应的年均值分别为0.73亿吨(16.72%)、1.02亿吨(23.19%)和

2.63 亿吨(60.09%)(图 3.20a)。②北方整体一次能源、二次能源和居民消费碳排放总量年均值分别为 1.78 亿吨(12.98%)、2.84 亿吨(20.72%)和 9.07 亿吨(66.30%),城镇对应年均值分别为 0.98 亿吨(10.05%)、2.10 亿吨(21.61%)和 6.63 亿吨(68.33%),农村对应年均值分别为 0.80 亿吨(20.13%)、0.74 亿吨(18.55%)和 2.44 亿吨(61.32%)(图 3.20b)。③“十五”期间,南方整体一次能源、二次能源和居民消费碳排放总量年均值分别为 1.10 亿吨(12.51%)、1.18 亿吨(13.44%)和 6.50 亿吨(74.05%),至“十三五”期间分别增至 2.30 亿吨(11.52%)、3.53 亿吨(17.68%)和 14.14 亿吨(70.80%),分别增长 1.10 倍、1.99 倍和 1.18 倍(图 3.20c)。④“十五”期间,北方整体一次能源、二次能源和居民消费碳排放总量年均值分别为 1.27 亿吨(15.64%)、1.30 亿吨(16.00%)和 5.55 亿吨(68.37%),至“十三五”期间分别增至 2.23 亿吨(10.88%)、4.38 亿吨(21.40%)和 13.86 亿吨(67.72%),分别增长 75%、2.37 倍和 1.50 倍(图 3.20d)。

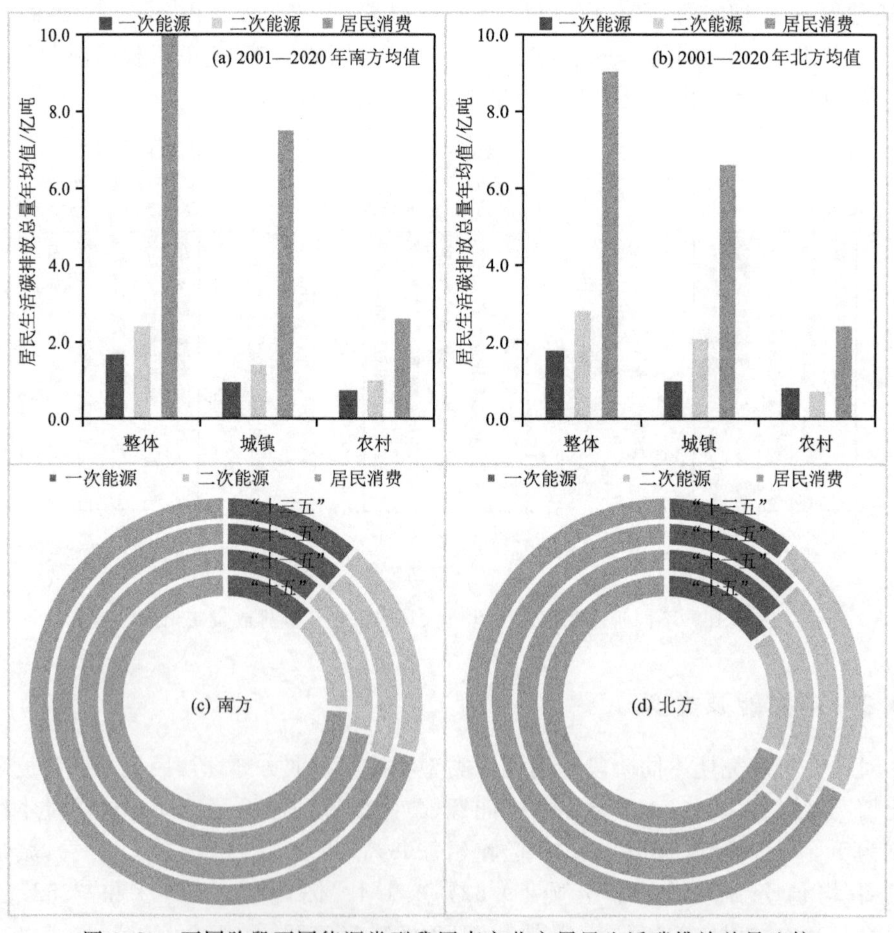

图 3.20　不同阶段不同能源类型我国南方北方居民生活碳排放总量比较

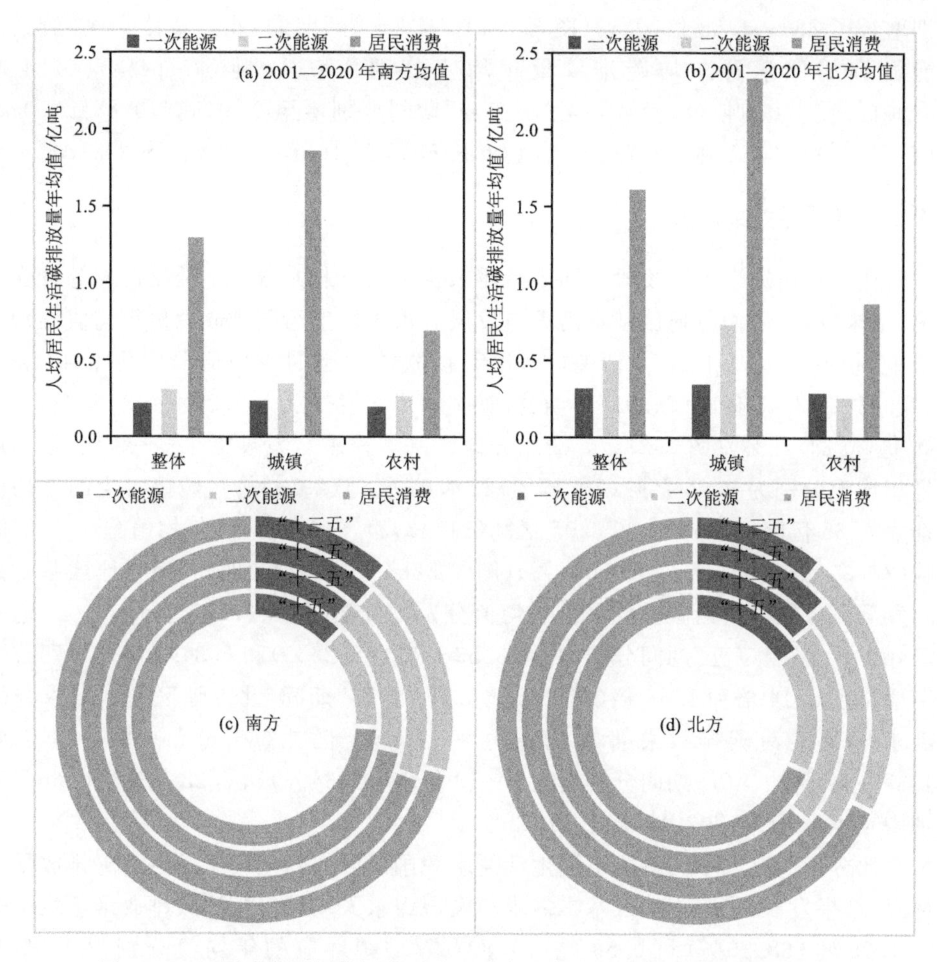

图 3.21　不同阶段不同能源类型我国南方北方人均居民生活碳排放量比较

对比人均居民生活碳排放量变化情况，结果发现：①南方整体一次能源、二次能源和居民消费人均碳排放量年均值分别为 0.21 吨(11.73%)、0.31 吨(17.08%)和 1.30 吨(71.19%)，城镇对应年均值分别为 0.23 吨(9.52%)、0.35 吨(14.36%)和 1.86 吨(76.12%)，农村对应年均值分别为 0.19 吨(16.72%)、0.27 吨(23.19%)和 0.70 吨(60.09%)(图 3.21a)。②北方整体一次能源、二次能源和居民消费人均碳排放量年均值分别为 0.32 吨(12.98%)、0.51 吨(20.72%)和 1.62 吨(66.30%)，城镇对应年均值分别为 0.34 吨(10.05%)、0.74 吨(21.61%)和 2.34 吨(68.33%)，农村对应年均值分别为 0.29 吨(20.13%)、0.27 吨(18.55%)、0.88 吨(61.32%)(图 3.21b)。③“十五”期间，南方地区整体一次能源、二次能源和居民消费人均碳排放量年均值分别为 0.15 吨(12.51%)、0.16 吨(13.44%)和 0.88 吨(74.05%)，至“十三五”期间分别增至 0.28 吨(11.52%)、0.43 吨(17.68%)和 1.71 吨(70.80%)，分别增长了88%、1.68倍、95%(图3.21c)。④“十五”期间,北方整体一次能源、二次能源和居民消费人均碳排放量年均值分别为0.24吨(15.64%)、0.24吨(16.00%)和1.03吨(68.37%),至“十三五”期间分别增至0.39吨(10.88%)、0.76吨(21.40%)和2.41吨(67.72%),分别增长64%、2.16倍、1.34倍(图3.21d)。

3.4.3 不同生活需求

对比分析研究期不同阶段不同生活需求我国南方北方居民生活碳排放总量变化情况,结果发现:①南方地区基本需求与发展需求居民生活碳排放总量年均值分别为9.72亿吨(68.20%)和4.53亿吨(31.80%),城镇对应的年均值分别为6.43亿吨(65.09%)和3.45亿吨(34.91%),农村对应的年均值分别为3.29亿吨(75.21%)和1.09亿吨(24.79%)(图3.22a)。②北方地区基本需求与发展需求居民生活碳排放总量年均值分别为9.60亿吨(70.17%)和4.08亿吨(29.83%),城镇对应的年均值分别为6.65亿吨(68.57%)和3.05亿吨(31.43%),农村对应的年均值分别为2.94亿吨(74.06%)和1.03亿吨(25.94%)(图3.22b)。③“十五”期间,南方地区基本需求与发展需求居民生活碳排放总量年均值分别为6.36亿吨(72.54%)和2.41亿吨(27.46%),至“十三五”期间分别增至13.63亿吨(68.26%)和6.34亿吨(31.74%),分别增长了1.14倍和1.63倍(图3.22c)。④“十五”期间,北方地区基本需求与发展需求居民生活碳排放总量年均值分别为6.14亿吨(75.63%)和1.98亿吨(24.37%),至“十三五”期间分别增至14.19亿吨(69.34%)和6.28亿吨(30.66%),分别增长了1.31倍和2.17倍(图3.22d)。

对比分析研究期不同阶段不同生活需求我国沿海内陆人均居民生活碳排放量变化情况,结果发现:①南方地区基本需求与发展需求人均居民生活碳排放量年均值分别为1.25吨(68.20%)和0.58吨(31.80%),城镇对应的年均值分别为1.59吨(65.09%)和0.86吨(34.91%),农村对应的年均值分别为0.87吨(75.21%)和0.29吨(24.79%)(图3.23a)。②北方地区基本需求与发展需求人均居民生活碳排放量年均值分别为1.71吨(70.17%)和0.73吨(29.83%),城镇对应的年均值分别为2.35吨(68.57%)和1.08吨(31.43%),农村对应的年均值分别为1.06吨(74.06%)和0.37吨(25.94%)(图3.23b)。③“十五”期间,南方地区基本需求与发展需求人均居民生活碳排放量年均值分别为0.86吨(72.54%)和0.33吨(27.46%),至“十三五”期间分别增至1.65吨(68.26%)和0.77吨(31.74%),分别增长了92%和1.36倍(图3.23c)。④“十五”期间,北方地区基本需求与发展需求人均居民生活碳排放量年均值分别为1.14吨(75.63%)和0.37吨(24.37%),至“十三五”期间分别增至2.47吨(69.34%)和1.09吨(30.66%),分别增长了1.16倍和1.97倍(图3.23d)。

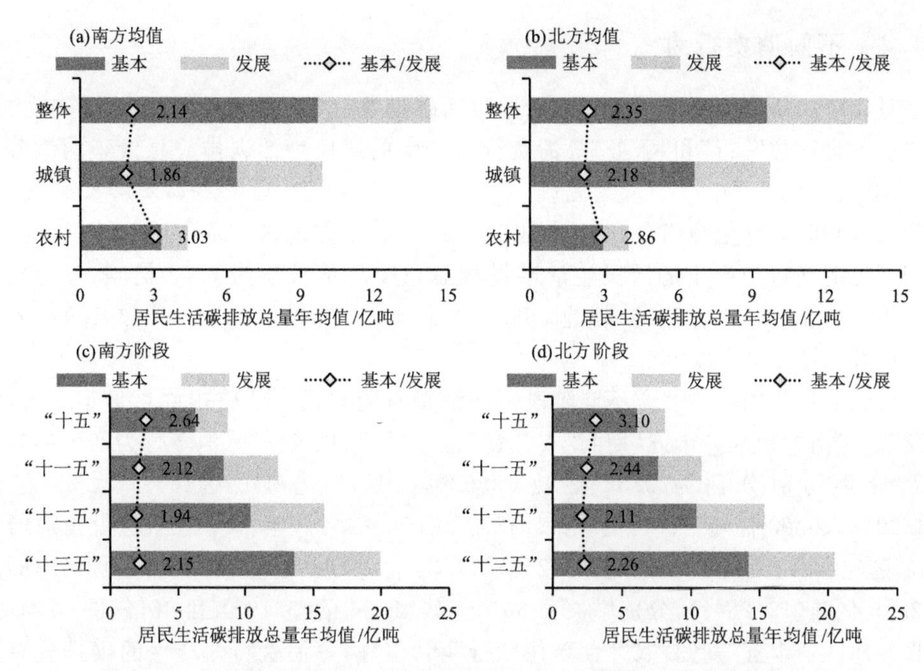

图3.22　不同阶段不同生活需求我国南方北方居民生活碳排放总量比较

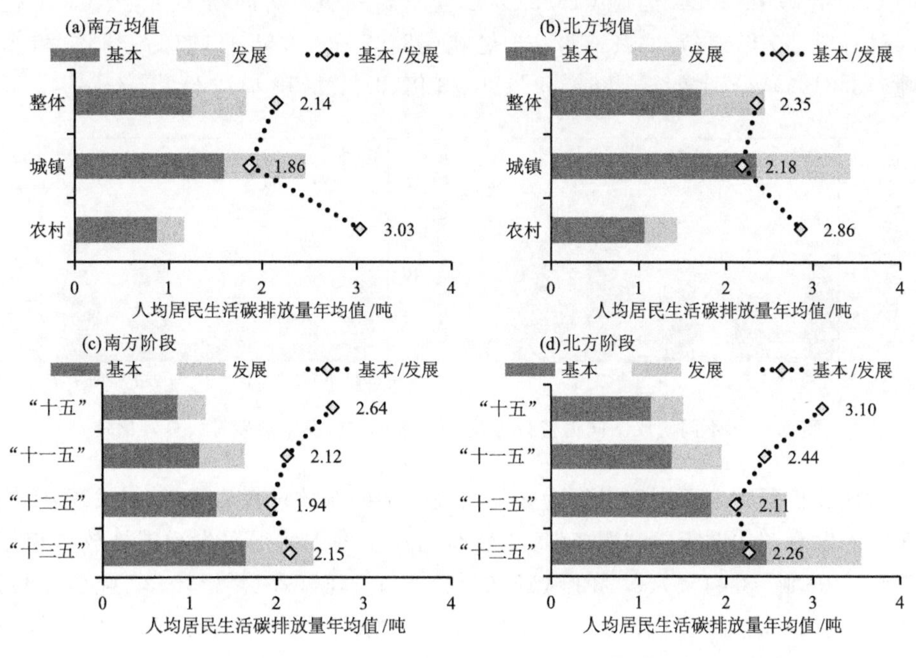

图3.23　不同阶段不同生活需求我国南方北方人均居民生活碳排放量比较

3.4.4 不同消费行为

对比分析研究期不同消费行为居民生活碳排放总量年均值，结果发现：①南方地区，“衣”“食”“住”“行”和“服务”等消费行为产生的居民生活碳排放总量年均值分别为 0.49 亿吨（3.41%）、1.80 亿吨（12.65%）、7.43 亿吨（52.14%）、2.49 亿吨（17.44%）和 2.05 亿吨（14.36%）（图 3.24a）。②北方地区，“衣”“食”“住”“行”和“服务”等消费行为产生的居民生活碳排放总量年均值分别为 0.53 亿吨（3.84%）、1.37 亿吨（10.04%）、7.70 亿吨（56.28%）、2.15 亿吨（15.68%）和 1.94 亿吨（14.15%）（图 3.24b）。

对比分析我国南方北方不同阶段不同消费行为居民生活碳排放总量年均值，结果发现：①南方地区，“十五”期间“衣”“食”“住”“行”和“服务”等消费行为产生的碳排放总量年均值分别为 0.32 亿吨（3.68%）、1.77 亿吨（20.16%）、4.27 亿吨（48.69%）、0.93 亿吨（10.62%）和 1.48 亿吨（16.84%），至“十三五”期间分别增至 0.48 亿吨（2.43%）、1.80 亿吨（9.02%）、11.34 亿吨（56.81%）、3.83 亿吨（19.48%）和 2.45 亿吨（12.26%），分别增长了 50%、2%、1.66 倍、3.17 倍和 66%（图 3.24a）。②北方地区，“十五”期间“衣”“食”“住”“行”和“服务”等消费行为产生的碳排放总量年均值分别为 0.34 亿吨（4.17%）、1.38 亿吨（17.02%）、4.42 亿吨（54.45%）、0.73 亿吨（9.04%）和 1.24 亿吨（15.32%），至“十三五”期间分别增至 0.63 亿吨（3.08%）、1.50 亿吨（7.34%）、12.06 亿吨（58.92%）、3.55 亿吨（17.35%）和 2.72 亿吨（13.31%），分别增长了 86%、9%、1.73 倍、3.83 倍和 1.19 倍（图 3.24b）。

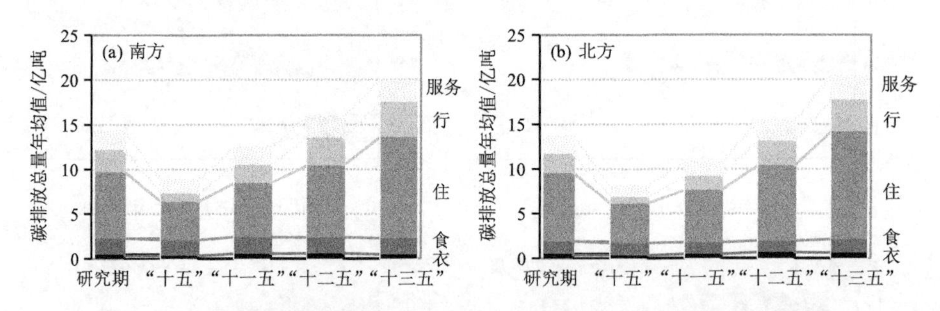

图 3.24 不同阶段不同消费行为我国南方北方居民生活碳排放总量比较

对比分析研究期不同消费行为人均居民生活碳排放量年均值，结果发现：①南方地区，“衣”“食”“住”“行”和“服务”等消费行为产生的人均居民生活碳排放量年均值分别为 0.06 吨（3.41%）、0.23 吨（12.65%）、0.95 吨（52.14%）、0.32 吨（17.44%）和 0.26 吨（14.36%）（图 3.25a）。②北方地区，“衣”“食”“住”“行”和“服务”等消费行为产生的居民生活碳排放总量年均值分别为 0.09 吨（3.84%）、0.25 吨（10.04%）、1.38 吨（56.28%）、0.38 吨（15.68%）和 0.35 吨（14.15%）（图 3.25b）。

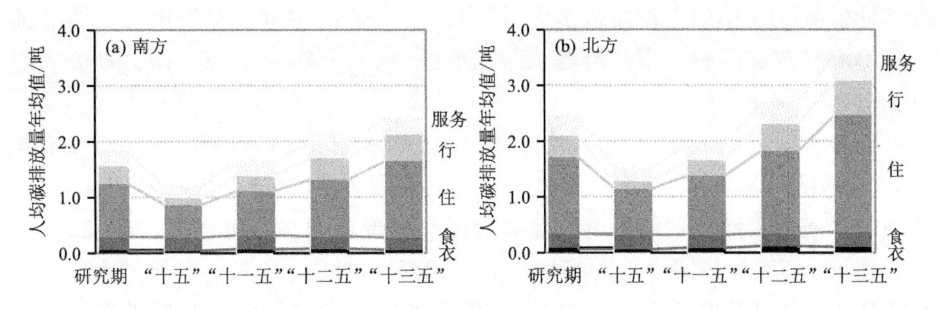

图 3.25　不同阶段不同消费行为我国南方北方人均居民生活碳排放量比较

对比分析不同阶段不同消费行为人均居民生活碳排放量年均值，结果发现：①南方地区，"十五"期间"衣""食""住""行"和"服务"等消费行为产生的人均碳排放量年均值分别为 0.04 吨(3.68%)、0.24 吨(20.16%)、0.58 吨(48.69%)、0.13 吨(10.62%)和 0.20 吨(16.84%)，至"十三五"期间分别增至 0.06 吨(2.43%)、0.22 吨(9.02%)、1.37 吨(56.81%)、0.47 吨(19.48%)和 0.30 吨(12.26%)，分别增长了 34%、下降了 9%、增长 1.38 倍、2.74 倍和 49%(图 3.25a)。②北方地区，"十五"期间"衣""食""住""行"和"服务"等消费行为产生的人均碳排放量年均值分别为 0.06 吨(4.17%)、0.26 吨(17.02%)、0.82 吨(54.45%)、0.14 吨(9.04%)和 0.23 吨(15.32%)，至"十三五"期间分别增至 0.11 吨(3.08%)、0.26 吨(7.34%)、2.09 吨(58.92%)、0.62 吨(17.35%)和 0.47 吨(13.31%)，分别增长了 74%、2%、1.55 倍、3.53 倍和 1.05 倍(图 3.25b)。

3.5　八大经济区域

3.5.1　总量与人均

对比分析研究期我国八大区域整体、城镇和农村居民生活碳排放总量年均值(图 3.26a)，结果发现：①整体碳排放总量年均值从小到大排序依次为：西北地区＜南部沿海＜东北地区＜长江中游＜西南地区＜黄河中游＜东部沿海＜北部沿海，年均值分别为 1.73、3.01、3.12、3.57、3.71、3.95、3.96 和 4.88 亿吨。②城镇碳排放总量年均值从小到大排序依次为：西北地区＜长江中游＜南部沿海＜西南地区＜东北地区＜黄河中游＜东部沿海＜北部沿海，年均值分别为 1.18、2.26、2.29、2.31、2.46、2.66、3.01 和 3.41 亿吨。③农村碳排放总量年均值从小到大排序依次为：西北地区＜东北地区＜南部沿海＜东部沿海＜黄河中游＜长江中游＜西南地区＜北部沿海，年均值分别为 0.56、0.66、0.72、0.95、1.28、1.31、1.40 和 1.47 亿吨。④城乡碳排放总量年均值差距从小到大排序依次为：西南地区＜长江中游＜黄河中游＜西北地区＜北部沿海＜东部沿海＜南部沿海＜东北地区，比值分别为1.65、1.73、2.08、2.11、2.31、3.17、3.18和3.71。

对比分析研究期我国八大区域整体、城镇和农村人均居民生活碳排放年均值(图3.26b)，结果发现：①整体人均排放量年均值从小到大排序依次为：西南地区＜长江中游＜南部沿海＜黄河中游＜北部沿海＜东部沿海＜西北地区＜东北地区，年均值分别为1.53、1.57、1.97、2.05、2.46、2.52、2.77和2.94吨。②城镇人均排放量年均值从小到大排序依次为：长江中游＜西南地区＜南部沿海＜东部沿海＜黄河中游＜北部沿海＜东北地区＜西北地区，年均值分别为2.15、2.31、2.37、2.98、3.07、3.16、3.95和4.52吨。③农村人均排放量年均值从小到大排序依次为：西南地区＜长江中游＜黄河中游＜南部沿海＜东北地区＜西北地区＜北部沿海＜东部沿海，年均值分别为0.99、1.07、1.21、1.28、1.51、1.52、1.63和1.71吨。④城乡人均排放量年均值差距从小到大排序依次为：东部沿海＜南部沿海＜北部沿海＜长江中游＜西南地区＜黄河中游＜东北地区＜西北地区，年均值比分别为1.75、1.86、1.94、2.01、2.35、2.53、2.61和2.97。

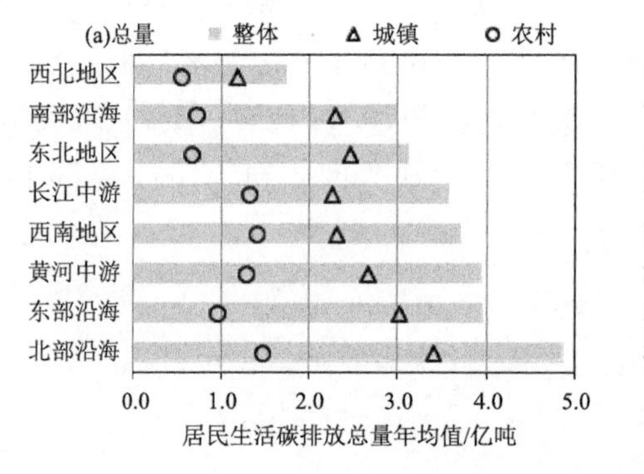

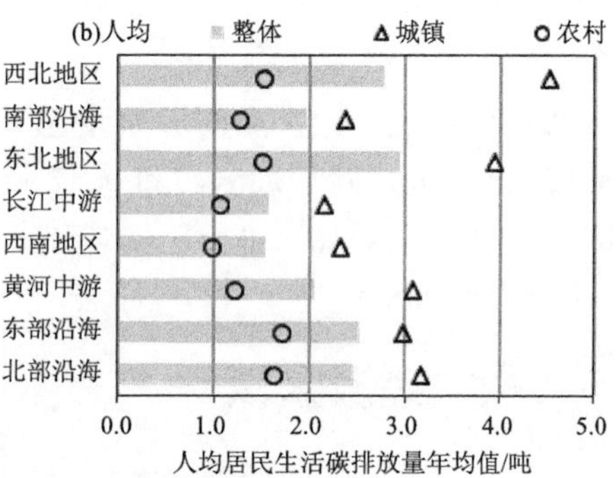

图3.26　我国八大区域居民生活碳排放量比较

对比不同阶段我国八大区域整体居民生活碳排放总量年均值情况，“十五”“十一五”“十二五”“十三五”期间(图3.27)：①西北地区排放总量年均值分别约为0.92、1.15、1.85、3.02亿吨，城镇对应的年均值分别为0.56、0.74、1.24、2.16亿吨，农村对应的年均值分别为0.36、0.41、0.61、0.85亿吨，城乡均值比由1.54上升至2.54，城乡差距增长了65%。②南部沿海地区排放总量年均值分别约为1.66、2.58、3.45、4.34亿吨，城镇对应的年均值分别为1.23、1.96、2.62、3.34亿吨，农村对应的年均值分别为0.43、0.62、0.83、1.00亿吨，城乡均值比由2.89上升至3.32，城乡差距增加了15%。③东北地区排放总量年均值分别约为2.01、2.77、3.38、4.32亿吨，城镇对应的年均值分别为1.50、2.15、2.68、3.49亿吨，农村对应的年均值分别为0.50、

0.61、0.70、0.83 亿吨，城乡均值比由 2.99 上升至 4.19，城乡差距增加了 40%。④长江中游地区排放总量年均值分别约为 2.35、3.27、3.75、4.93 亿吨，城镇对应的年均值分别为 1.39、2.05、2.40、3.22 亿吨，农村对应的年均值分别为 0.96、1.22、1.35、1.71 亿吨，城乡均值比由 1.45 上升至 1.88，城乡差距增加了 30%。⑤西南地区排放总量年均值分别约为 2.67、3.27、4.01、4.91 亿吨，城镇对应的年均值分别为 1.52、1.97、2.55、3.21 亿吨，农村对应的年均值分别为 1.15、1.30、1.46、1.69 亿吨，城乡均值比由 1.31 上升至 1.90，城乡差距增加了 45%。⑥黄河中游地区排放总量年均值分别约为 2.50、3.09、4.40、5.79 亿吨，城镇对应的年均值分别为 1.53、1.98、2.99、4.15 亿吨，农村对应的年均值分别为 0.96、1.12、1.42、1.63 亿吨，城乡均值比由 1.59 上升至 2.54，城乡差距增加了 59%。⑦东部沿海地区排放总量年均值分别约为 2.10 亿吨、3.33 亿吨、4.62 亿吨、5.80 亿吨，城镇对应的年均值分别为 1.47、2.44、3.55、4.60 亿吨，农村对应的年均值分别为 0.63、0.90、1.08、1.20 亿吨，城乡均值比由 2.32 上升至 3.84，城乡差距增加了 65%。⑧北部沿海地区排放总量年均值分别约为 2.70、3.76、5.72、7.34 亿吨，城镇对应的年均值分别为 1.78、2.59、3.93、5.33 亿吨，农村对应的年均值分别为 0.92、1.17、1.79、2.01 亿吨，城乡均值比由 1.93 上升至 2.65，城乡差距增加了 37%。

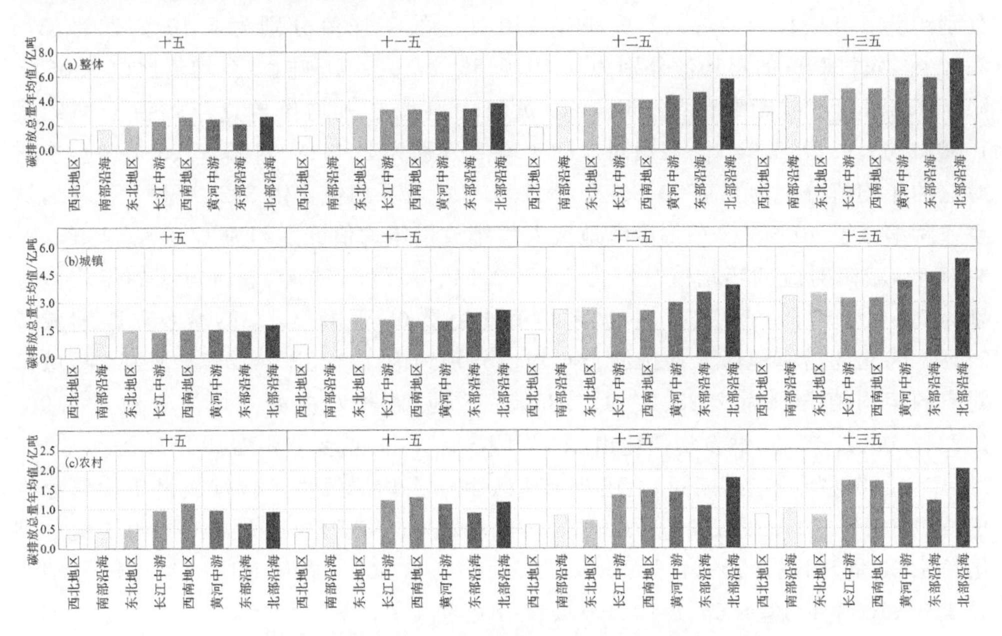

图 3.27　不同阶段我国八大区域居民生活碳排放总量比较

“十五”至“十三五”期间，上述八个地区整体居民生活碳排放总量年均值分别增长 2.28 倍、1.62 倍、1.16 倍、1.10 倍、84%、1.32 倍、1.76 倍和 1.72 倍；城镇对应的年均值分别增长 2.89 倍、1.71 倍、1.32 倍、1.32 倍、1.12 倍、1.71 倍、2.13 倍和 1.99 倍；农村对应的年均值分别增长 1.36 倍、1.36 倍、66％、79％、47％、70％、89％和 1.18 倍。

对比不同阶段我国八大区域整体人均居民生活碳排放年均值情况，“十五”“十一五”“十二五”“十三五”期间（图 3.28）：①西北地区人均排放量年均值分别约为 1.57、1.87、2.89、4.52 吨，城镇对应的年均值分别为 3.02、3.25、4.44、6.21 吨，农村对应的年均值分别为 0.90、1.06、1.69、2.67 吨，城乡均值比由 3.35 下降至 2.33，城乡差距缩减了 31％。②南部沿海地区人均排放量年均值分别约为 1.25、1.79、2.15、2.50 吨，城镇对应的年均值分别为 1.70、2.26、2.50、2.74 吨，农村对应的年均值分别为 0.70、1.08、1.49、1.92 吨，城乡均值比由 2.42 下降至 1.43，城乡差距缩减了 41％。③东北地区人均排放量年均值分别约为 1.87、2.54、3.16、4.28 吨，城镇对应的年均值分别为 2.67、3.50、4.13、5.26 吨，农村对应的年均值分别为 0.99、1.29、1.67、2.40 吨，城乡均值比由 2.71 下降至 2.19，城乡差距缩小了 19％。④长江中游地区人均排放量年均值分别约为 1.03、1.45、1.64、2.13 吨，城镇对应的年均值分别为 1.73、2.15、2.11、2.43 吨，农村对应的年均值分别为 0.65、0.93、1.18、1.74 吨，城乡均值比由 2.65 下降至 1.40，城乡差距缩减了 47％。⑤西南地区人均排放量年均值分别约为 1.11、1.37、1.66、1.97 吨，城镇对应的年均值分别为 2.10、2.24、2.37、2.43 吨，农村对应的年均值分别为 0.69、0.86、1.10、1.45 吨，城乡均值比由 3.06 下降至 1.68，城乡差距缩减了 45％。⑥黄河中游地区人均排放量年均值分别约为 1.32、1.63、2.27、2.94 吨，城镇对应的年均值分别为 2.44、2.54、3.16、3.72 吨，农村对应的年均值分别为 0.76、0.99、1.43、1.91 吨，城乡均值比由 3.21 下降至 1.94，城乡差距缩减了 40％。⑦东部沿海地区人均排放量年均值分别约为 1.49、2.20、2.82、3.37 吨，城镇对应的年均值分别为 1.96、2.64、3.18、3.64 吨，农村对应的年均值分别为 0.96、1.52、2.05、2.62 吨，城乡均值比由 2.05 下降至 1.39，城乡差距缩减了 32％。⑧北部沿海地区人均排放量年均值分别约为 1.47、1.94、2.78、3.48 吨，城镇对应的年均值分别为 2.20、2.63、3.35、3.95 吨，农村对应的年均值分别为 0.90、1.23、2.03、2.65 吨，城乡均值比由 2.45 下降至 1.49，城乡差距缩减了 39％。

“十五”至“十三五”期间，上述八个地区整体人均居民生活碳排放量年均值分别增长 1.88、1.00、1.29、1.06 倍、77％、1.23、1.26 和 1.37 倍；城镇对应的年均值分别增长 1.06 倍、61％、97％、40％、15％、52％、86％和 80％；农村对应的年均值分别增长 1.96、1.73、1.43、1.66、1.10、1.52、1.74 倍和 1.95 倍。

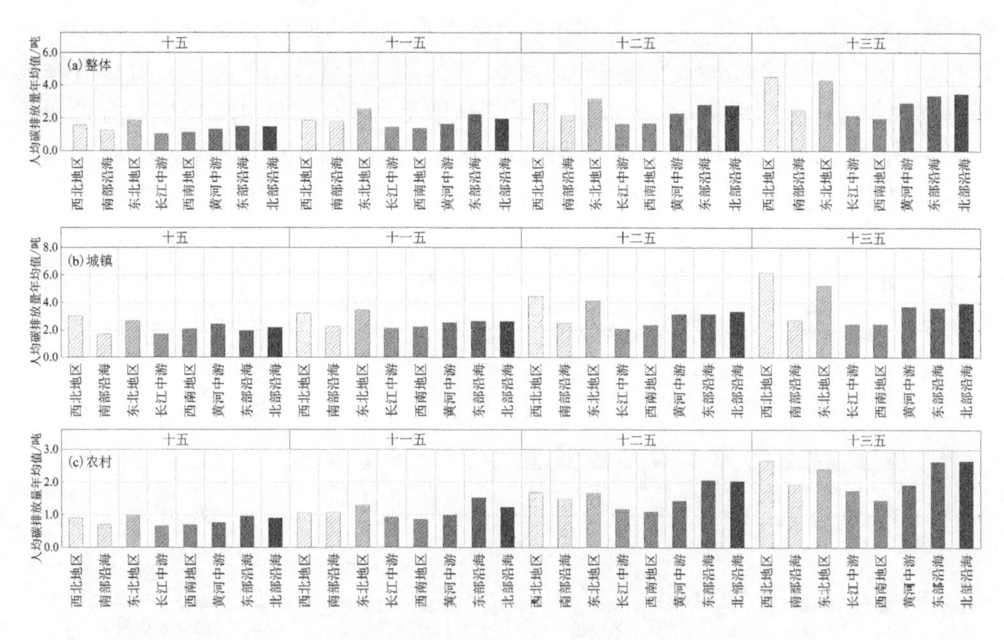

图 3.28　不同阶段我国八大区域人均居民生活碳排放量比较

3.5.2　不同能源类型

对比我国八大区域不同能源类型整体排放总量年均值变化情况(图 3.29)，结果发现，西北地区一次能源、二次能源和居民消费碳排放总量年均值分别为 0.24、0.27、1.22 亿吨，南部沿海地区对应的年均值分别为 0.34、0.60、2.07 亿吨，东北地区对应的年均值分别为 0.27、0.78、2.06 亿吨，长江中游地区对应的年均值分别为 0.46、0.58、2.53 亿吨，西南地区对应的年均值分别为 0.54、0.57、2.60 亿吨，黄河中游地区对应的年均值分别为 0.57、0.77、2.61 亿吨，东部沿海地区对应的年均值分别为 0.33、0.67、2.96 亿吨，北部沿海地区对应的年均值分别为 0.70、1.01、3.17 亿吨。

对比不同阶段不同能源类型我国八大区域整体居民生活碳排放总量年均值变化情况(图 3.29)，结果发现，“十五”至“十三五”期间：①西北地区一次能源、二次能源和居民消费碳排放总量年均值分别由 0.22、0.12、0.58 亿吨，增至 0.32、0.44、2.26 亿吨，分别增长 42%、2.76 倍、2.91 倍。②南部沿海地区对应的年均值分别由 0.19、0.30、1.17 亿吨，增至 0.49、0.84、3.01 亿吨，分别增长 1.59 倍、1.82 倍、1.58 倍。③东北地区对应的年均值分别由 0.20、0.40、1.41 亿吨，增至 0.32、1.06、2.94 亿吨，分别增长了 63%、1.66 倍、1.09 倍。④长江中游地区对应的年均值分别由 0.30、0.26、1.78 亿吨，增至 0.68、0.89、3.36 亿吨，分别增长 1.27 倍、2.38 倍、88%。⑤西南地区对应的年均值分别由 0.46、0.29、1.92 亿吨，增至 0.63、0.84、3.44 亿吨，分别增长了37%、1.90倍、79%。⑥黄河中游地区对应的年均值分别由0.44、0.26、1.79亿吨，增至0.60、1.31、3.88亿吨，分别增长37%、3.97倍、1.16倍。⑦东部沿海地区对应的年均值分别由0.15、0.33、1.63亿吨，增至0.50、0.96、4.33亿吨，分别增长了2.41倍、1.93倍、1.33倍。⑧北部沿海地区对应的年均值分别由0.41、0.52、1.77亿吨，增至0.98、1.57、4.79亿吨，分别增长1.41倍、2.02倍、1.70倍。

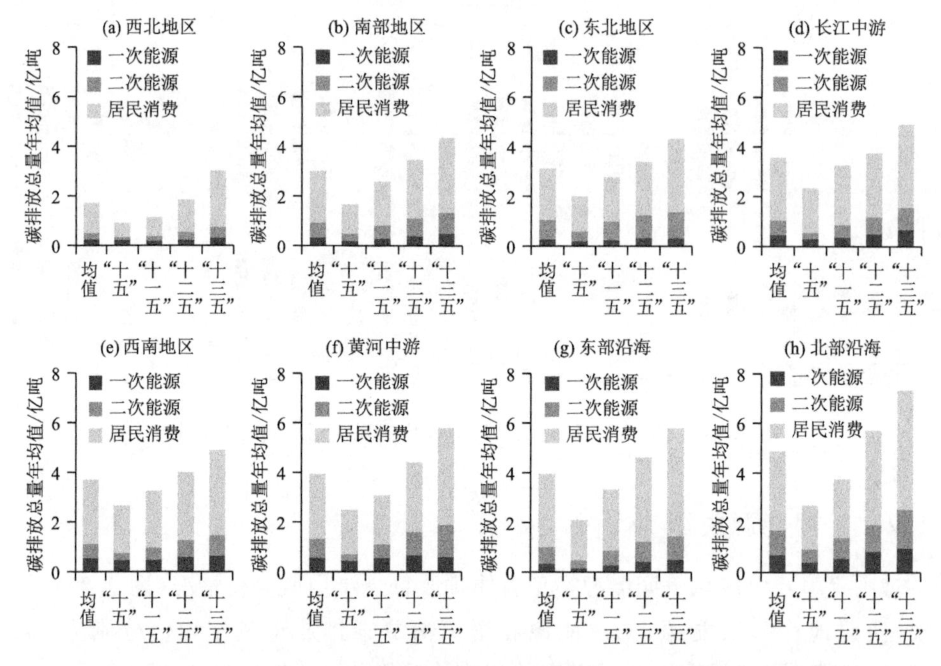

图3.29　不同阶段不同能源类型我国八大区域居民生活碳排放总量比较

对比研究期八大区域不同能源类型整体人均排放量年均值变化情况(图3.30)，结果发现，西北地区一次能源、二次能源和居民消费人均碳排放量年均值分别为0.38、0.44、1.95吨，南部沿海地区对应的年均值分别为0.22、0.39、1.35吨，东北地区对应的年均值分别为0.26、0.74、1.95吨，长江中游地区对应的年均值分别为0.20、0.26、1.11吨，西南地区对应的年均值分别为0.22、0.24、1.07吨，黄河中游地区对应的年均值分别为0.29、0.40、1.36吨，东部沿海地区对应的年均值分别为0.21、0.43、1.88吨，北部沿海地区对应的年均值分别为0.35、0.51、1.60吨。

对比不同阶段不同能源类型我国八大区域整体人均居民生活碳排放量年均值变化情况(图3.30)，结果发现，“十五”至“十三五”期间：①西北地区一次能源、二次能源和居民消费人均碳排放量年均值分别由0.38、0.20、0.99吨，增至0.48、0.66、3.38吨，分别增长了25%、2.30倍、2.43倍。②南部沿海地区对应的年均值分别由0.14、0.22、0.88吨，增至0.28、0.48、1.73吨，分别增长了98%、1.15倍、97%。

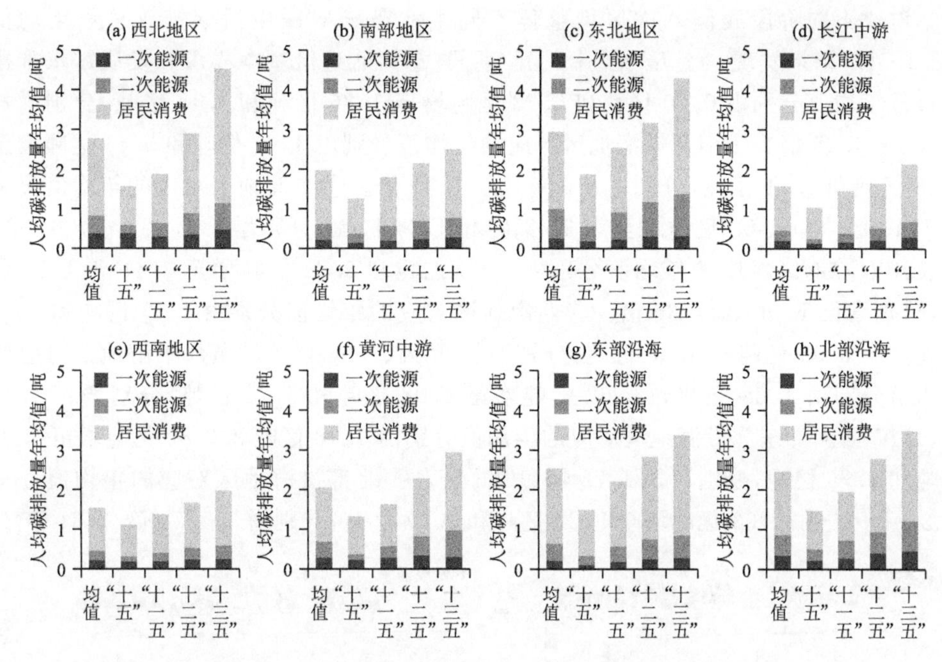

图 3.30 不同阶段不同能源类型我国八大区域人均居民生活碳排放量比较

③东北地区对应的年均值分别由 0.18、0.37、1.31 吨，增至 0.32、1.05、2.91 吨，分别增长了 73%、1.82 倍、1.22 倍。④长江中游地区对应的年均值分别由 0.13、0.12、0.79 吨，增至 0.29、0.38、1.45 吨，分别增长了 1.23 倍、2.32 倍、85%。⑤西南地区对应的年均值分别由 0.19、0.12、0.80 吨，增至 0.25、0.34、1.38 吨，分别增长了 32%、1.78 倍、72%。⑥黄河中游地区对应的年均值分别由 0.23、0.14、0.95 吨，增至 0.31、0.66、1.97 吨，分别增长了 32%、3.78 倍、1.08 倍。⑦东部沿海地区对应的年均值分别由 0.10、0.23、1.16 吨，增至 0.29、0.56、2.52 吨，分别增长了 1.80 倍、1.41 倍、1.18 倍。⑧北部沿海地区对应的年均值分别由 0.22、0.28、0.97 吨，增至 0.47、0.75、2.27 吨，分别增长了 1.10 倍、1.64 倍、1.35 倍。

3.5.3 不同生活需求

对比研究期内我国八大区域整体不同生活需求居民生活碳排放总量年均值(图 3.31)，结果发现，西北地区基本需求和发展需求碳排放总量年均值分别为 1.15 亿吨和 0.59 亿吨，南部沿海地区对应的年均值分别为 2.10 和 0.91 亿吨，东北地区对应的年均值分别为 2.19 亿吨和 0.93 亿吨，长江中游地区对应的年均值分别为 2.51 亿吨和 1.06 亿吨，西南地区对应的年均值分别为 2.50 亿吨和 1.21 亿吨，黄河中游地区对应的年均值分别为 2.82 亿吨和 1.13 亿吨，东部沿海地区对应的年均值分别为 2.61 亿吨和 1.35 亿吨，北部沿海地区对应的年均值分别为 3.45 亿吨和 1.43 亿吨。

对比不同阶段我国八大区域整体不同生活需求居民生活碳排放总量年均值(图 3.31),结果发现,“十五”至“十三五”期间:①西北地区基本需求和发展需求碳排放总量年均值分别由 0.70 亿吨和 0.22 亿吨增至 1.86 亿吨和 1.15 亿吨,分别增长 1.67 倍、4.25 倍。②南部沿海地区对应的年均值分别由 1.21 亿吨和 0.44 亿吨增至 3.13 亿吨和 1.21 亿吨,分别增长 1.58 倍、1.74 倍。③东北地区对应的年均值分别由 1.49 亿吨和 0.52 亿吨增至 2.98 亿吨和 1.34 亿吨,分别增长 1.00 倍、1.61 倍。④长江中游地区对应的年均值分别由 1.70 亿吨和 0.64 亿吨增至 3.41 和 1.51 亿吨,分别增长 1.01 倍、1.35 倍。⑤西南地区对应的年均值分别由 1.97 亿吨和 0.70 亿吨增至 3.05 亿吨和 1.85 亿吨,分别增长 55%、1.63 倍。⑥黄河中游地区对应的年均值分别由 1.88 亿吨和 0.62 亿吨增至 4.08 亿吨和 1.71 亿吨,分别增长 1.17 倍、1.77 倍。⑦东部沿海地区对应的年均值分别由 1.48 亿吨和 0.62 亿吨增至 4.03 亿吨和 1.76 亿吨,分别增长 1.72 倍、1.85 倍。⑧北部沿海地区对应的年均值分别由 2.08 亿吨和 0.63 亿吨增至 5.27 亿吨和 2.07 亿吨,分别增长 1.54 倍、2.31 倍。

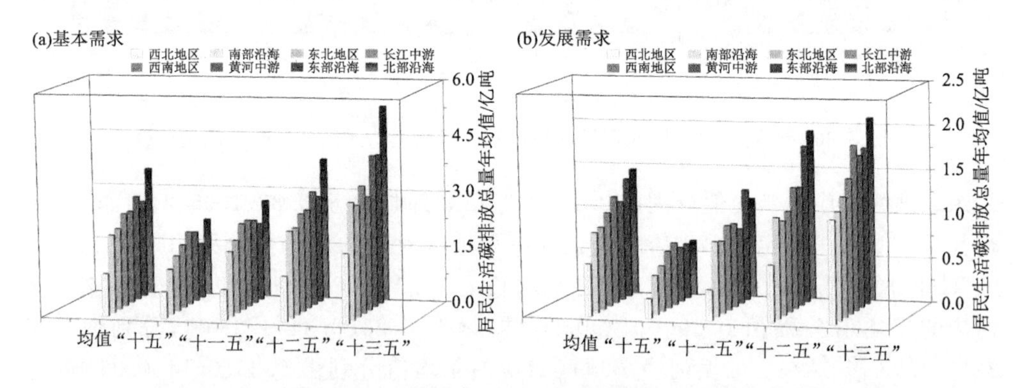

图 3.31 不同阶段不同生活需求我国八大区域居民生活碳排放总量比较

对比分析研究期内我国八大区域整体不同生活需求人均居民生活碳排放量年均值变化情况(图 3.32),结果发现,西北地区基本需求和发展需求人均排放量年均值分别为 1.83 吨和 0.94 吨,南部沿海地区对应的年均值分别为 1.37 吨和 0.59 吨,东北地区对应的年均值分别为 2.06 吨和 0.88 吨,长江中游地区对应的年均值分别为 1.10 吨和 0.46 吨,西南地区对应的年均值分别为 1.37 吨和 0.59 吨,黄河中游地区对应的年均值分别为 1.46 吨和 0.59 吨,东部沿海地区对应的年均值分别为 1.66 吨和 0.86 吨,北部沿海地区对应的年均值分别为 1.74 吨和 0.72 吨。对比分析不同阶段对应的年均值变化情况,结果发现,“十五”至“十三五”期间:①西北地区基本需求和发展需求人均排放量年均值分别由 1.19 吨和 0.38 吨增至 2.79 吨和 1.73 吨,分别增长 1.34 倍、3.60 倍。②南部沿海地区对应的年均值分别由 0.91 吨和 0.33 吨增至 1.80 吨和 0.70 吨,分别增长 97%、1.09 倍。③东北地区对应的年均值分别由

1.39吨和0.48吨增至2.95吨和1.33吨，分别增长1.12倍、1.77倍。④长江中游地区对应的年均值分别由0.75吨和0.28吨增至1.48吨和0.65吨，分别增长97%、1.31倍。⑤西南地区对应的年均值分别由0.82吨和0.29吨增至1.22吨和0.74吨，分别增长49%、1.53倍。⑥黄河中游地区对应的年均值分别由0.99吨和0.33吨增至2.07吨和0.87吨，分别增长1.09倍、1.66倍。⑦东部沿海地区对应的年均值分别由1.05吨和0.44吨增至2.35吨和1.03吨，分别增长1.23倍、1.33倍。⑧北部沿海地区对应的年均值分别由1.13吨和0.34吨增至2.50吨和0.98吨，分别增长1.21倍、1.88倍。

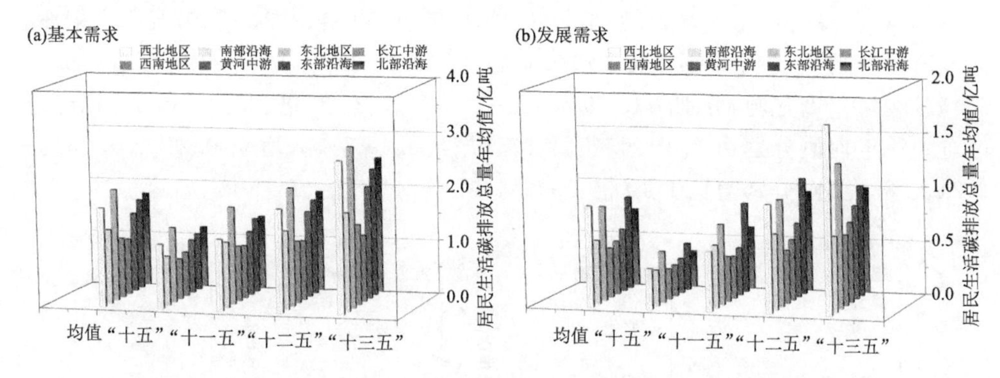

图3.32　不同阶段不同生活需求我国八大区域居民生活碳排放总量比较

3.5.4　不同消费行为

对比分析研究期内我国八大区域不同消费行为居民生活碳排放总量年均值变化情况(图3.33)，结果发现，西北地区“衣”“食”“住”“行”“服务”等消费行为产生的居民生活碳排放总量年均值分别为0.07、0.19、0.89、0.30、0.29亿吨，南部沿海地区对应的年均值分别为0.08、0.42、1.61、0.52、0.38亿吨，东北地区对应的年均值分别为0.14、0.32、1.73、0.47、0.46亿吨，长江中游地区对应的年均值分别为0.13、0.45、1.93、0.53、0.53亿吨，西南地区对应的年均值分别为0.15、0.50、1.85、0.67、0.55亿吨，黄河中游地区对应的年均值分别为0.13、0.39、2.29、0.56、0.56亿吨，东部沿海地区对应的年均值分别为0.13、0.44、2.04、0.76、0.59亿吨，北部沿海地区对应的年均值分别为0.18、0.47、2.79、0.81、0.62亿吨。

对比分析不同阶段八大区域不同消费行为排放总量年均值变化情况(图3.33)，“十五”期间至“十三五”期间：①西北地区“衣”“食”“住”“行”“服务”消费行为产生的碳排放总量年均值分别由0.04、0.17、0.49、0.08、0.14，增至0.11亿吨、0.24亿吨、1.51亿吨、0.62亿吨、0.53亿吨，分别增长1.63倍、42%、2.09、6.52和2.88倍。②南部沿海地区对应的均值分别由0.05亿吨、0.38、0.79、0.22、0.23亿吨，增至

0.08、0.43、2.62、0.76、0.45 亿吨，分别增长 77%、13%、2.32 倍、2.53 倍、99%。③东北地区对应的年均值分别由 0.10、0.37、1.02、0.19、0.32 亿吨，增至 0.15、0.28、2.55、0.74、0.60 亿吨，分别增长 51%、降低 24%、增长 1.50 倍、2.82 倍、87%。④长江中游地区对应的年均值分别由 0.10、0.46、1.15、0.22、0.43 亿吨，增至 0.11、0.44、2.86、0.92、0.59 亿吨，分别增长 19%、降低 4%、增长 1.49 倍、3.25 倍、39%。⑤西南地区对应的年均值分别由 0.11、0.54、1.32、0.24、0.46 亿吨，增至 0.16、0.49、2.41、1.13、0.73 亿吨，分别增长 46%、降低 10%、增长 83%、3.66 倍、57%。⑥黄河中游地区对应的年均值分别由 0.10、0.39、1.39、0.22、0.40 亿吨，增至 0.16、0.45、3.47、0.94、0.77 亿吨，分别增长 63%、15%、1.50 倍、3.37 倍、91%。⑦东部沿海地区对应的年均值分别由 0.07、0.40、1.01、0.26、0.36 亿吨，增至 0.13、0.45、3.45、1.09、0.68 亿吨，分别增长 79%、14%、2.41 倍、3.20 倍、88%。⑧北部沿海地区对应的年均值分别由 0.10、0.45、1.53、0.24、0.39 亿吨，增至 0.21、0.53、4.53、1.24、0.83 亿吨，分别增长 1.10 倍、19%、1.97 倍、4.16 倍、1.15 倍。

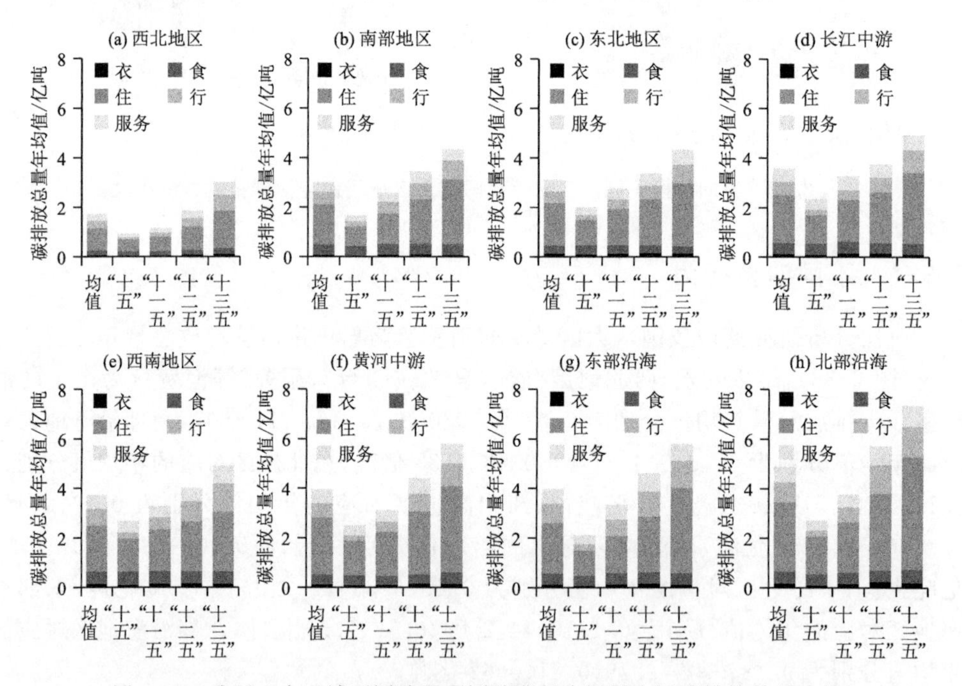

图 3.33 我国八大区域不同阶段不同消费行为居民生活碳排放总量比较

对比分析研究期内我国八大区域不同消费行为人均排放量年均值变化情况(图 3.34)，结果发现，西北地区“衣”“食”“住”“行”“服务”等消费行为产生的人均排放量年均值分别为 0.12、0.30、1.41、0.48、0.46 吨，南部沿海地区对应的年均值分别为 0.05、0.27、1.05、0.34、0.25 吨，东北地区对应的年均值分别为 0.13、0.31、1.63、

0.44、0.44 吨，长江中游地区对应的年均值分别为 0.06、0.20、0.85、0.23、0.23 吨，西南地区对应的年均值分别为 0.06、0.21、0.76、0.28、0.23 吨，黄河中游地区对应的年均值分别为 0.07、0.20、1.19、0.29、0.29 吨，东部沿海地区对应的年均值分别为 0.08、0.28、1.30、0.48、0.38 吨，北部沿海地区对应的年均值分别为 0.09、0.24、1.41、0.41、0.31 吨。

对比分析不同阶段我国八大区域不同消费行为人均居民生活碳排放量年均值变化情况(图 3.34)，结果发现，“十五”期间至“十三五”期间：①西北地区“衣”“食”“住”“行”“服务”消费行为产生的人均排放量年均值分别由 0.07、0.28、0.84、0.14、0.23 吨，增至 0.17、0.35、2.27、0.93、0.80 吨，分别增长 1.31 倍、24%、1.71 倍、5.59 倍、2.40 倍。②南部沿海地区对应的均值分别由 0.03、0.28、0.60、0.16、0.17 吨，增至 0.05、0.25、1.51、0.44、0.26 吨，分别增长 35%、下降 14%、增长 1.53 倍、1.70 倍、52%。③东北地区对应的年均值分别由 0.09、0.35、0.95、0.18、0.30 吨，增至 0.15、0.28、2.52、0.74、0.59 吨，分别增长 61%、降低 20%、增长 1.66 倍、3.05 倍、99%。④长江中游地区对应的年均值分别由 0.04、0.20、0.51、0.10、0.19 吨，增至 0.05、0.19、1.24、0.40、0.26 吨，分别增长 17%、降低 6%、增长 1.44 倍、3.17 倍、36%。⑤西南地区对应的年均值分别由 0.05、0.22、0.55、0.10、0.19 吨，增至 0.06、0.19、0.97、0.45、0.29 吨，分别增长 40%、降低 13%、增长 76%、3.47 倍、51%。⑥黄河中

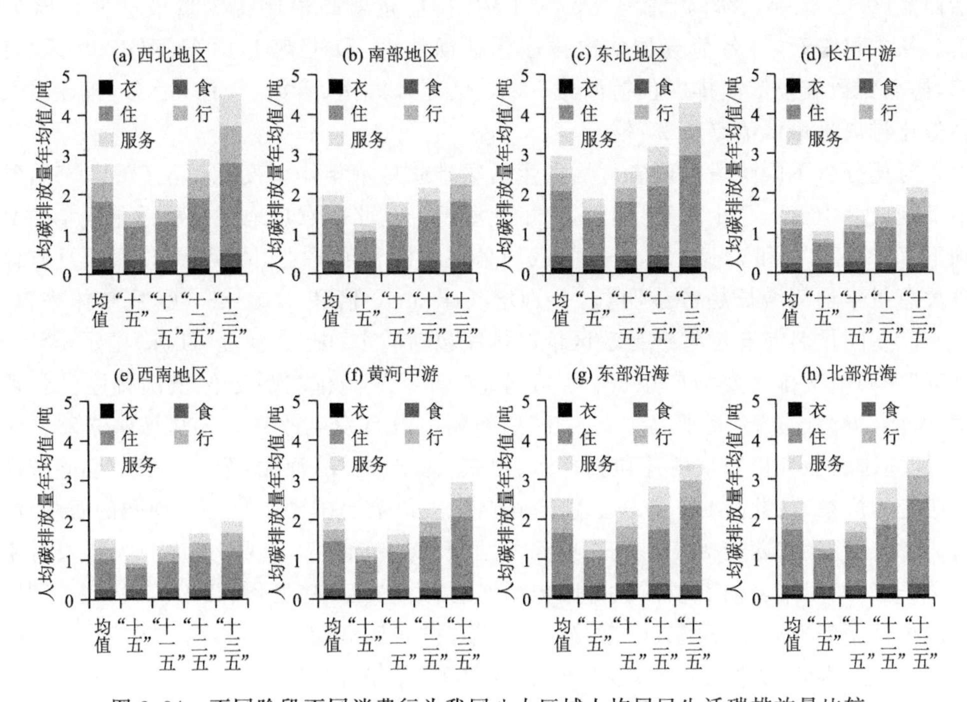

图 3.34　不同阶段不同消费行为我国八大区域人均居民生活碳排放量比较

游地区对应的年均值分别由 0.05、0.21、0.73、0.11、0.21 吨,增至 0.08、0.23、1.76、0.48、0.39 吨,分别增长 57%、10%、1.40 倍、3.20 倍、83%。⑦东部沿海地区对应的年均值分别由 0.05、0.28、0.72、0.18、0.26 吨,增至 0.08、0.26、2.01、0.63、0.39 吨,分别增长 47%、7%、1.80 倍、2.44 倍、54%。⑧北部沿海地区对应的年均值分别由 0.05、0.24、0.83、0.13、0.21 吨,增至 0.10、0.25、2.15、0.59、0.39 吨,分别增长 83%、4%、1.59 倍、3.49 倍、0.87 倍。

3.6 省域分析

3.6.1 总量与人均

对比分析研究期内我国 31 个省级行政区居民生活碳排放总量年均值变化情况(图 3.35),结果发现:从整体来看,排名前五位省级行政区依次排序包括广东(2.25 亿吨)、山东、河北、江苏、浙江,排名倒数五位依次排序包括西藏(0.05 亿吨)、海南、青海、宁夏、天津,排放量最高值比排放量最低值高出 43 倍。从城镇来看,排名前五位依次排序包括广东(1.77 亿吨)、山东、江苏、辽宁、河北,排名倒数五位依次排序包括西藏(0.03 亿吨)、海南、青海、天津、上海,排放量最高值比排放量最低值高出 70 倍。从农村来看,排名前五位依次排序包括河北(0.71 亿吨)、山东、河南、广东、江苏,排名倒数五位依次排序包括西藏(0.03 亿吨)、海南、青海、天津、上海,排放量最高值比排放量最低值高出 27 倍。

对比分析不同阶段我国省区居民生活碳排放总量年均值变化情况(图 3.35),结果发现:①“十五”至“十三五”期间,除了上海、重庆、北京农村地区排放总量年均值分别下降 19%,3%和 2%之外,其余省区均呈现不同程度的上升趋势,新疆、宁夏整体排放总量年均值增长趋势最明显,分别增长了 3.40 倍和 3.04 倍。②从整体来看,“十五”期间排名前五位省级行政区依次排序包括广东、山东、河北、江苏、辽宁,至“十三五”期间依次排序变为广东、河北、山东、江苏、辽宁;排名后五位依次排序包括西藏、海南、青海、宁夏、天津,至“十三五”期间顺序没有发生改变。③从城镇来看,“十五”期间排名前五位依次排序包括广东、山东、辽宁、浙江、河北,至“十三五”期间依次排序变为广东、河北、山东、江苏、辽宁;排名后五位依次排序由“十五”期间的西藏、海南、青海、宁夏、江西变为“十三五”期间的西藏、海南、青海、宁夏、重庆。④从农村来看,“十五”期间排名前五位依次排序包括河北、山东、河南、贵州、四川,至“十三五”期间依次排序变为河北、山东、广东、河南、江苏;排名后五位依次排序由“十五”期间的西藏、海南、青海、天津、宁夏变为“十三五”期间的西藏、海南、青海、天津、上海。

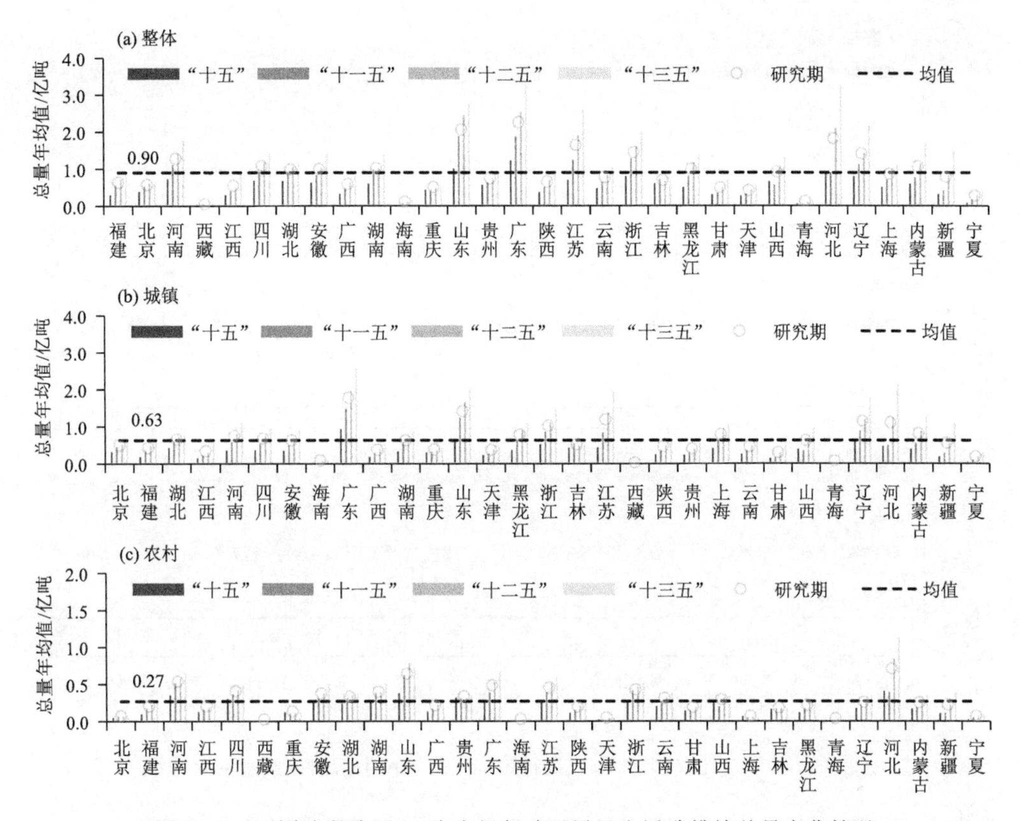

图 3.35 不同阶段我国 31 个省级行政区居民生活碳排放总量变化情况

对比分析研究期内我国省区人均居民生活碳排放量年均值变化情况(图 3.36)，结果发现:从整体来看，排名前五位省级行政区依次排序包括内蒙古(4.44 吨)、宁夏、上海、新疆、天津，排名倒数五位依次排序包括广西(1.23 吨)、江西、海南、四川、河南，排放量最高值比排放量最低值高出 2.61 倍。从城镇来看，排名前五位依次排序包括内蒙古(6.11 吨)、宁夏、新疆、辽宁、上海，排名倒数五位依次排序包括江西(1.71 吨)、海南、广西、河南、福建，排放量最高值比排放量最低值高出 2.56 倍。从农村来看，排名前五位依次排序包括北京(2.66 吨)、上海、宁夏、内蒙古、浙江，排名倒数五位依次排序包括海南(0.73 吨)、广西、四川、江西、河南，排放量最高值比排放量最低值高出 2.65 倍。

对比分析不同阶段我国省区人均居民生活碳排放量年均值变化情况(图 3.36)，结果发现:①"十五"至"十三五"期间，所有省级行政区整体和城乡人均居民生活碳排放量年均值均呈现不同程度的上升趋势，新疆、宁夏整体人均排放量年均值增长趋势最明显，分别增长了 3.16 倍和 2.89 倍。②从整体来看，"十五"期间排名前五位省级行政区依次排序包括上海、天津、北京、内蒙古、吉林，至"十三五"期间依次排序变为

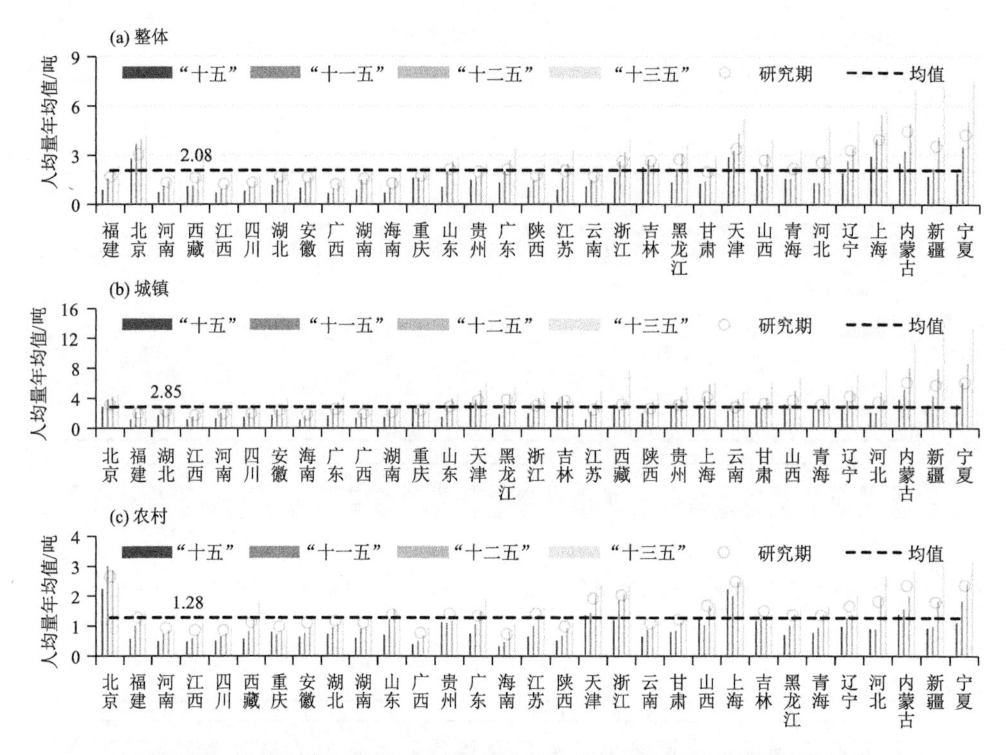

图 3.36 不同阶段我国 31 个省级行政区人均居民生活碳排放量变化情况

宁夏、新疆、内蒙古、上海、天津；排名后五位依次排序包括广西、海南、江西、河南、四川，至"十三五"期间依次排序变为广西、四川、河南、湖北、江西。③从城镇来看，"十五"期间排名前五位依次排序包括内蒙古、辽宁、天津、山西、宁夏，至"十三五"期间依次排序变为新疆、宁夏、内蒙古、河北、西藏；排名后五位依次排序由"十五"期间的江西、海南、江苏、福建、河南变为"十三五"期间的湖北、海南、广西、福建、四川。④从农村来看，"十五"期间排名前五位依次排序包括北京、上海、内蒙古、天津、山西，至"十三五"期间依次排序变为宁夏、新疆、内蒙古、河北、上海；排名后五位依次排序由"十五"期间的海南、广西、江西、河南、四川变为"十三五"期间的重庆、四川、广西、海南、江西。

从各省居民生活碳排放总量年均值来看，研究期内不同阶段，无论是整体、还是城乡，排名靠前的省份主要分布在东部经济发达省区或北部冬季供暖地区；排名靠后的省份主要分布在西北欠发达省区或者天津、上海等人口数量较少的地区。从各省人均排放量年均值来看，研究期内不同阶段，无论是整体、还是城乡，其排名与总量年均值刚好相反，排名靠前的省份主要分布在西部欠发达人口数据较少地区，排名靠后的省份主要分布在东部经济发达或者人口数量较多的地区。

3.6.2 不同能源类型

对比分析研究期内我国省区不同能源类型居民生活碳排放总量年均值变化情况(图 3.37a),结果发现:河北一次能源碳排放总量年均值最高,达到 0.28 亿吨,海南最低,仅为 0.01 亿吨,排放量最高值比排放量最低值高出 31 倍;山东二次能源碳排放总量年均值最高,达到 0.41 亿吨,西藏最低,仅为 0.01 亿吨,排放量最高值比排放量最低值高出 63 倍;广东居民消费碳排放总量年均值最高,达到 1.58 亿吨,西藏最低,仅为 0.03 亿吨,排放量最高值比排放量最低值高出 55 倍。对比分析不同阶段我国省区不同能源类型居民生活碳排放总量年均值变化情况(图 3.37b,图 3.37c),结果发现:"十五"至"十三五"期间,河北一次能源碳排放总量年均值最高,由 0.20 亿吨增至 0.43 亿吨,海南最低,由 30 万吨增至 89 万吨;"十五"期间广东二次能源碳排放总量年均值最高,达到 0.21 亿吨,西藏最低,不足 23 万吨,至"十三五"期间山东二次能源碳排放总量年均值最高,达到 0.67 亿吨,西藏最低,仅为 0.01 亿吨;"十五"期间广东居民消费碳排放总量年均值最高,达到 0.91 亿吨,西藏最低,仅为 0.02 亿吨,至"十三五"期间河北居民消费碳排放总量年均值最高,达到 2.38 亿吨,西藏最低,仅为 0.05 亿吨。

对比研究期内我国省区不同能源类型人均居民生活碳排放量年均值(图 3.37d),结果发现:北京一次能源人均碳排放量年均值最高,为 0.69 吨,广西最低,仅为 0.10 吨,最高值比排放量最低值高出 6.07 倍;天津二次能源人均碳排放量年均值最高,为 1.06 吨,云南最低,仅为 0.20 吨,最高值比排放量最低值高出 4.41 倍;宁夏居民消费人均碳排放量年均值最高,为 3.58 吨,四川最低,为 0.85 吨,最高值比排放量最低值高出 3.23 倍。对比分析不同阶段我国省区不同能源类型人均居民生活碳排放量年均值变化情况(图 3.37e,图 3.37f),结果发现:"十五"至"十三五"期间,北京一次能源人均碳排放量年均值最高,由 0.55 吨增至 0.97 吨,最低值分别出现在海南(0.04 吨)和广西(0.10 吨);天津二次能源人均碳排放量年均值最高,由 0.74 吨增至 1.75 吨,最低值分别出现在西藏(0.08 吨)和云南(0.27 吨);上海居民消费人均碳排放量年均值最高,为 2.38 吨,河南最低,为 0.51 吨,宁夏居民消费人均碳排放量年均值最高,为 6.72 吨,四川最低,为 1.16 吨。

3.6.3 不同生活需求

对比分析研究期内我国省区不同生活需求碳排放总量年均值变化情况(图 3.38a),结果发现:广东基本需求碳排放总量年均值最高,为 1.55 亿吨,西藏最低,仅为 0.04 亿吨,排放量最高值比排放量最低值高出 39 倍;广东发展需求碳排放总量年均值最高,为 0.71 亿吨,西藏最低,仅为 0.01 亿吨,最高值比排放量最低值高出 55 倍。对比分析"十五"至"十三五"期间我国省区不同生活需求居民生活碳排放

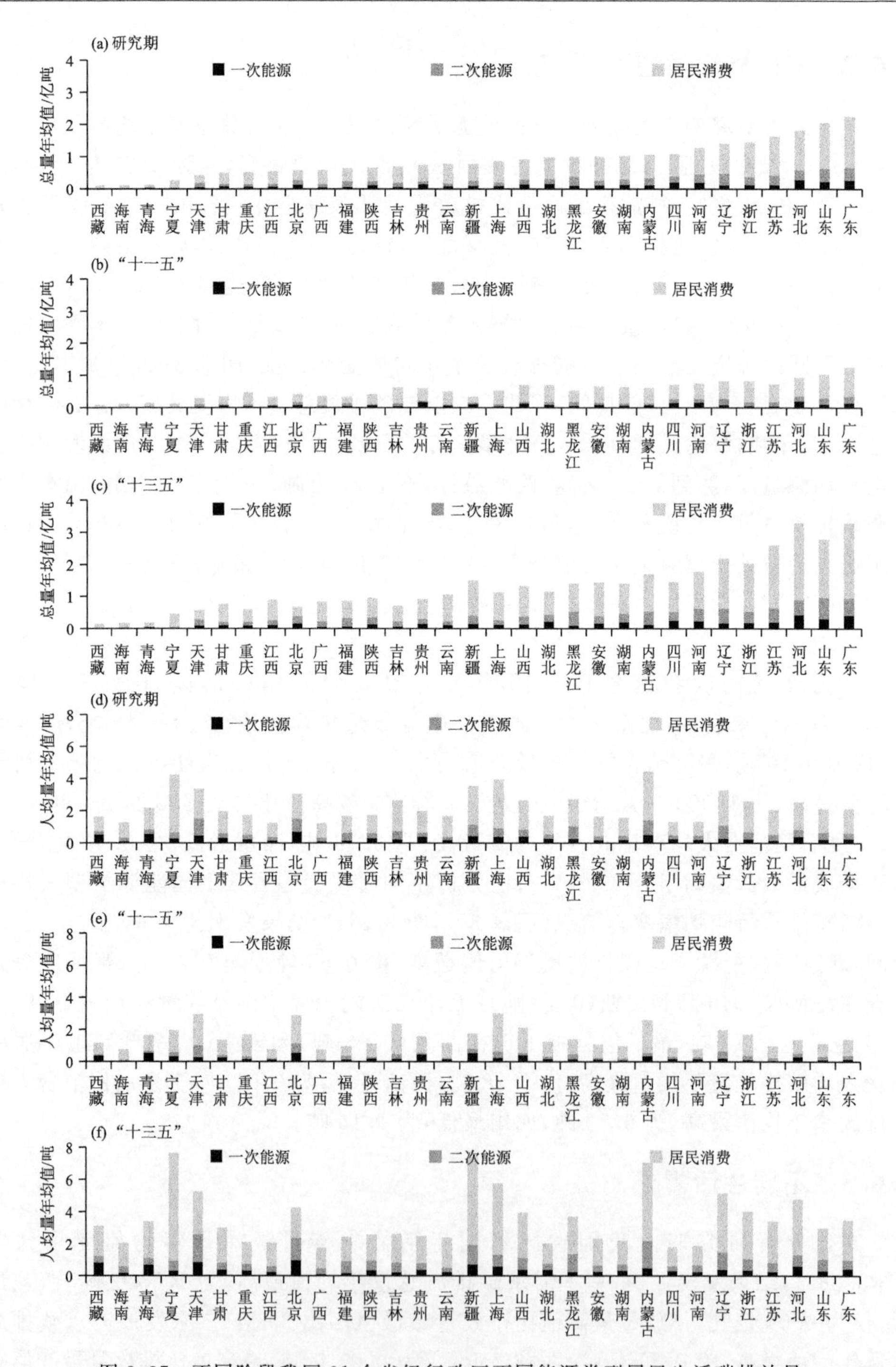

图 3.37　不同阶段我国 31 个省级行政区不同能源类型居民生活碳排放量

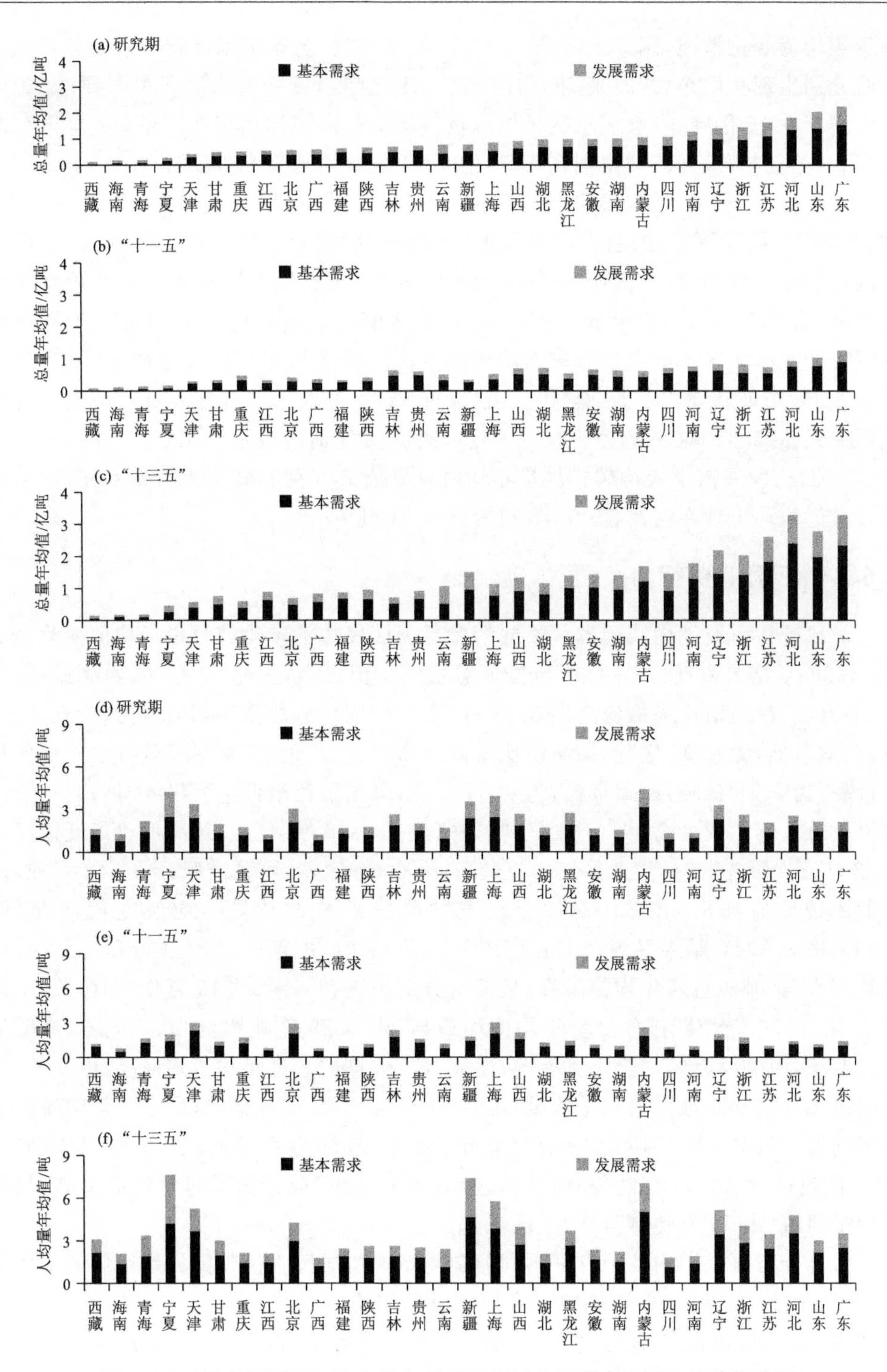

图 3.38　不同阶段我国 31 个省级行政区不同生活需求居民生活碳排放量

总量年均值变化情况(图 3.38b,图 3.38c),结果发现:基本需求碳排放总量年均值最高值分别出现在广东(0.91 亿吨)和河北(2.41 亿吨),最低值均出现在西藏,由 0.03 亿吨增至 0.06 亿吨;发展需求碳排放总量年均值最高值均出现在广东,由 0.35 亿吨增至 0.95 亿吨,最低值均出现在西藏,由 0.01 亿吨增至 0.03 亿吨。

对比分析研究期内我国省区不同生活需求人均碳排放量年均值变化(图 3.38d),结果发现:内蒙古基本需求人均碳排放量年均值最高,为 3.16 吨,海南最低,仅为 0.80 吨,最高值比最低值高出 2.96 倍;宁夏发展需求人均碳排放量年均值最高,为 1.75 吨,河南最低,为 0.34 吨,最高值比最低值高出 4.16 倍。对比分析不同阶段我国省区不同生活需求人均居民生活碳排放量年均值变化情况(图 3.38e,图 3.38f),结果发现:"十五"至"十三五"期间,基本需求人均碳排放量年均值最高值分别在天津(2.31 吨)和内蒙古(5.03 吨),最低值分别出现在海南(0.47 吨)和四川(1.13 吨)。发展需求人均碳排放量年均值最高值分别在上海(0.95 吨)和宁夏(3.44 吨),最低值均出现在河南,由 0.15 吨增至 0.51 吨。

3.6.4 不同消费行为

对比分析研究期内我国省区不同消费行为居民生活碳排放总量年均值变化情况(图 3.39a),结果发现:山东"衣"碳排放总量年均值最高,为 0.09 亿吨,西藏最低,不足 23 万吨,最高值比最低值高出 39 倍;广东"食"碳排放总量年均值最高,为 0.33 亿吨,西藏最低,为 0.01 亿吨,最高值比最低值高出近 31 倍;广东"住"碳排放总量年均值最高,为 1.16 亿吨,西藏最低,为 0.03 亿吨,最高值比最低值高出 44 倍;广东"行"碳排放总量年均值最高,为 0.41 亿吨,西藏最低,为 0.01 亿吨,最高值比最低值高出 49 倍;广东"服务"碳排放总量年均值最高,为 0.30 亿吨,西藏最低,不足 43 万吨,最高值比最低值高出 68 倍。对比分析不同阶段碳排放总量年均值变化情况(图 3.39b,图 3.39c),结果发现:"十五"至"十三五"期间,山东(0.05 亿吨)和河北(0.12 亿吨)"衣"碳排放总量年均值最高,最低值分别出现在海南(约 15 万吨)和西藏(不足 23 万吨);广东"食"碳排放总量年均值均最高,由 0.29 亿吨增至 0.35 亿吨,最低值均是西藏,由 100 万吨增至 144 万吨;河北"住"碳排放总量年均值均最高,由 0.61 亿吨增至 2.04 亿吨,最低值均是西藏,由 0.01 亿吨增至 0.04 亿吨;广东"行"碳排放总量年均值均最高,由 0.18 亿吨增至 0.60 亿吨,最低值均是西藏,由 21 万吨增至 0.02 亿吨;广东(0.17 亿吨)和河北(0.44 亿吨)"服务"碳排放总量年均值最高,最低值均是西藏,由 35 万吨增至 0.01 亿吨。

对比分析研究期内我国省区不同能源类型人均居民生活碳排放量年均值变化情况(图 3.39d),结果发现:新疆"衣"人均排放量年均值最高,为 0.18 吨,广西最低,为 0.02 吨,最高值比最低值高出 6.59 倍;上海"食"人均排放量年均值最高,为 0.46 吨,河南最低,为 0.13 吨,最高值比最低值高出近 2.68 倍;内蒙古"住"人均排放量

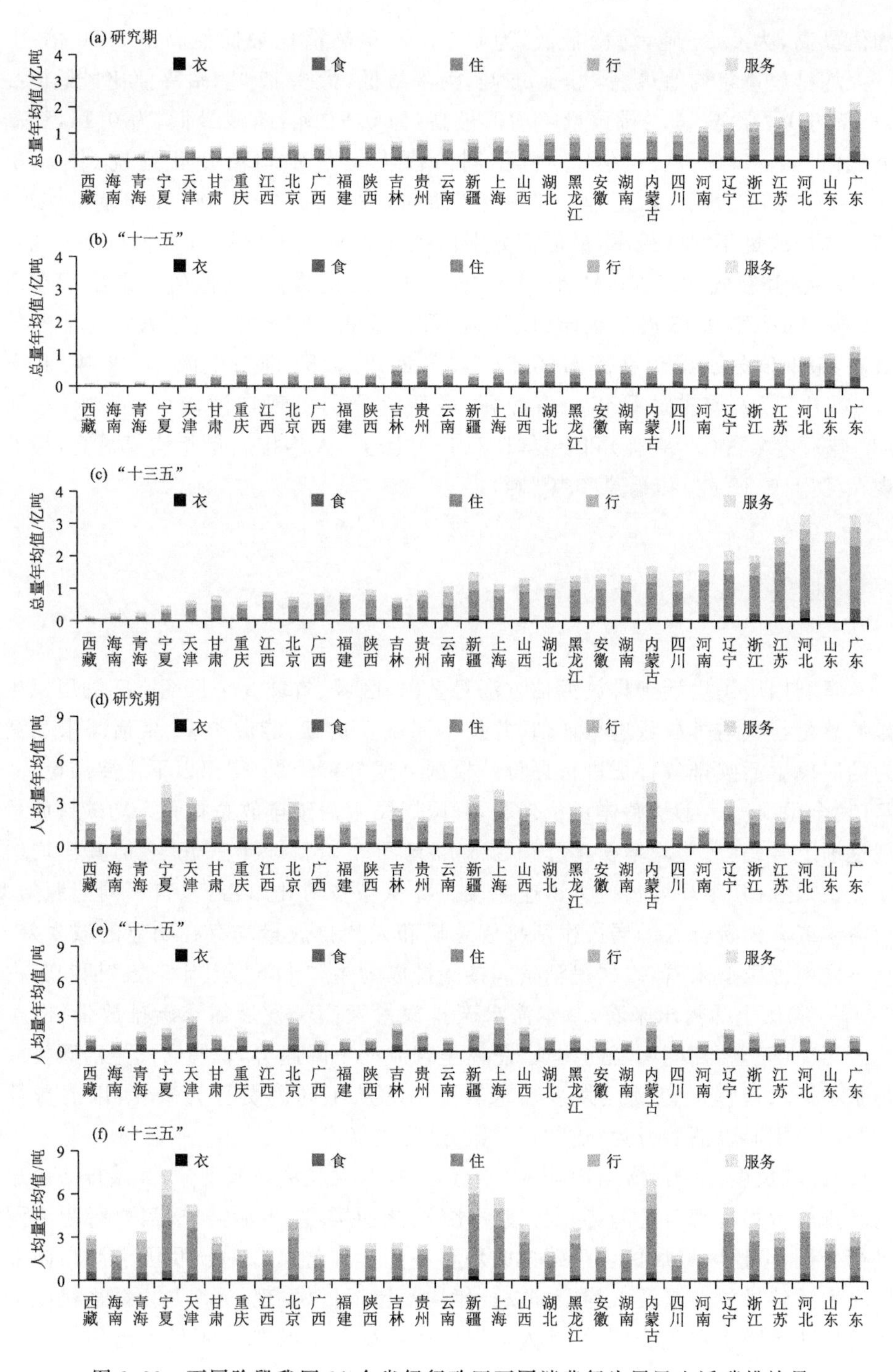

图 3.39　不同阶段我国 31 个省级行政区不同消费行为居民生活碳排放量

年均值最高，为 0.85 吨，海南最低，为 0.58 吨，最高值比最低值高出 3.50 倍；上海"行"人均排放量年均值最高，为 0.85 吨，河南最低，为 0.17 吨，最高值比最低值高出 3.91 倍；宁夏"服务"人均排放量年均值最高，为 0.91 吨，西藏最低，为 0.14，最高值比最低值高出 5.61 倍。对比分析不同阶段人均量年均值变化情况（图 3.39e，图 3.39f），结果发现："十五"至"十三五"期间，内蒙古（0.14 吨）和新疆（0.18 吨）"衣"人均排放量年均值最高，最低值分别出现在海南（0.02 吨）和广西（0.03 吨）；天津（0.63 吨）和新疆（0.52 吨）"食"人均排放量年均值最高，最低值分别出现在河南（0.09 吨）和云南（0.13 吨）；天津（1.57 吨）和内蒙古（2.61 吨）"住"人均排放量年均值最高，最低值分别出现在海南（0.27 吨）和四川（0.82 吨）；上海（0.42 吨）和宁夏（1.73 吨）"行"人均排放量年均值最高，最低值分别出现在河南（0.05 吨）和河南（0.29 吨）；内蒙古（0.53 吨）和宁夏（1.71 吨）"服务"人均排放量年均值最高，最低值出现在河南（0.10 吨）和福建（0.19 吨）。

3.7 小结

本章利用居民生活碳排放评估方法对全国、区域、省域 3 个尺度空间的居民生活碳排放总量与人均排放量进行评估，并从不同城乡贡献、能源类型、生活需求和消费行为的居民生活碳排放特征进行评价。根据上述分析结果，得出以下主要结论。

（1）全国尺度。①从整体评价来看，我国居民生活碳排放总量和人均碳排放量均呈现逐渐上升趋势，年均增长率分别为 5.95％和 5.36％，"十三五"之前其年均增长速率较快，之后其年均增长速率迅速减缓。②从城乡对比来看，来自不同能源类型、生活需求或者消费行为的居民生活排放总量和人均排放量均存在明显的城乡差异。③从不同能源类型来看，以居民消费间接碳排放为主，"十五"至"十三五"期间其占比近 70％。④从生活需求来看，基本需求碳排放量远高于发展需求碳排放量，但对比"十五"至"十三五"期间两者的比值，总体呈现波动下降趋势，说明居民生活碳排放以满足基本需求慢慢向以满足发展需求转变。⑤从不同消费行为来看，以消费行为"衣""食"为主向以消费行为"住""行""服务"为主转变。

（2）区域尺度。①沿海与内陆、南方与北方、八大经济区域划分，其碳排放总量和人均碳排放量均呈现上升趋势。②城乡比较、能源类型、生活需求、消费行为不同视角进行分析，上述区域居民生活碳排放均存在明显差异。③对比我国沿海与内陆地区居民生活碳排放总量及人均碳排放量年均值比，可以发现，沿海与内陆居民生活碳排放总量的差距正在逐步扩大，其人均居民生活碳排放量的差距呈现出先扩大后缩小趋势。④对比我国南方与北方居民生活碳排放总量及人均碳排放量年均值比，可以发现，南方与北方居民生活碳排放总量和人均排放量的差距均呈现出先扩大后缩小的趋势。⑤对比我国八大经济区域居民生活碳排放总量，其年均值从小到大排序依次为：西北地区<南部沿海<东北地区<长江中游<西南地区<黄河中游<东部沿海<北部沿海。对比其人均排放量，其年均值从小到大排序依次为：西南地区<长江中游<南部沿海<黄河中游<北部沿海<东部沿海<西北地区<东北地区。

(3)省域尺度。①对我国省域居民生活碳排放总量进行分析，无论在整个研究期内还是不同研究阶段，无论是整体、还是城乡，排名靠前的省份主要分布在东部经济发达省区或北部冬季供暖地区；排名靠后的省份主要分布在西北欠发达省区或者天津、上海等人口数量较少的地区。②对我国省域人均居民生活碳排放量进行分析，无论在整个研究期内还是不同研究阶段，无论是整体、还是城乡，其排名与总量年均值刚好相反，排名靠前的省份主要分布在西部欠发达人口数据较少地区，排名靠后的省份主要分布在东部经济发达或者人口数量较多的地区。

通过对居民生活碳排放评估结果进行分析，我国在制定低碳减排与低碳转型的政策措施时要充分考虑城乡差异、区域差异以及居民生活碳排放不同能源类型、生活需求及消费行为差异。居民生活碳排放的多尺度评价有助于为我国制定差异化低碳政策提供数据支撑。

第4章 我国居民生活碳排放时空演化规律分析

本章采用线性倾向估计方法、空间自相关分析、时空跃迁分析、标准差和变异系数、基尼系数、泰尔指数等相关研究方法和模型，从人均角度对我国居民生活碳排放的时空变化趋势和时空演化差异进行分析。在了解我国居民生活碳排放在时间、空间及时空演化视角下的发展态势及差异特征基础上，揭示我国居民生活碳排放的时空演化规律。

4.1 时空变化趋势研究方法

4.1.1 线性倾向估计方法

为了描述我国各省（区、市）居民生活碳排放的时间变化趋势，本研究采用线性倾向估计方法测算研究期内我国居民生活碳排放的倾向值（Slope）。也就是通过测算研究期内各省（区、市）居民生活碳排放变化斜率来表征其时间变化趋势。

Slope 值计算公式为：

$$\mathrm{Slope}_j = \frac{n\sum_{t=1}^{n} t\,\mathrm{HCE}_{jt} - \sum_{t=1}^{n} t \sum_{t=1}^{n} \mathrm{HCE}_{jt}}{n\sum_{t=1}^{n} t^2 - (\sum_{t=1}^{n} \mathrm{HCE}_{jt})^2}$$

$$\mathrm{Slope}_{ij} = \frac{n\sum_{t=1}^{n} t\,\mathrm{HCE}_{ijt} - \sum_{t=1}^{n} t \sum_{t=1}^{n} \mathrm{HCE}_{ijt}}{n\sum_{t=1}^{n} t^2 - (\sum_{t=1}^{n} \mathrm{HCE}_{ijt})^2} \tag{4.1}$$

式中：Slope_j 和 Slope_{ij} 分别代表我国省域整体，城镇或农村居民生活碳排放的倾向值；n 代表 2001—2020 年的年份数量（20）；t 代表第 t 年（2001 年为第 1 年）；HCE_{jt} 和 HCE_{ijt} 分别代表我国 j 省域第 t 年整体，城镇或农村居民生活碳排放。

根据 Slope 数值的正负及大小来判断居民生活碳排放历年变化趋势。如果 Slope>0，则表示居民生活碳排放随着时间的变化呈现增长趋势，如果 Slope<0，则表示居民生活碳排放随着时间的变化呈现下降趋势。Slope 数值的绝对值越大代表

增长或下降的速度越快，绝对值越小代表增长或下降的速度越慢。根据标准差将省域居民生活碳排放的变化类型分为缓慢增长型、较慢增长型、中速增长型、较快增长型、迅猛增长型5个类型(表4.1)。

表4.1 居民生活碳排放时间变化趋势类型划分

增长类型	缓慢增长型	较慢增长型	中速增长型	较快增长型	迅猛增长型
Slope值	$<\overline{x}-\sigma$	$\overline{x}-\sigma \sim \overline{x}-0.5\sigma$	$\overline{x}-0.5\sigma \sim \overline{x}+0.5\sigma$	$\overline{x}+0.5\sigma \sim \overline{x}+2\sigma$	$>\overline{x}+2\sigma$

注：$\overline{x}$是各省域居民生活碳排放Slope均值；σ是各省域居民生活碳排放Slope标准差。

4.1.2 空间自相关分析

空间统计分析方法，是以空间联系为基础，包括全局空间自相关和局域空间自相关(王劲峰 等，2019)。全局空间自相关是从整个区域上描述地理现象或属性的空间特征，而局域空间自相关是从部分区域上描述地理现象或属性的空间特征。运用空间自回归模型进行分析时，本研究引入的空间权重矩阵是由GeoDa软件直接生成的空间邻接矩阵。

空间邻接矩阵即空间权重矩阵，采用简单的二进制邻接矩阵，若省域与省域有共同边界即相邻，则记$\boldsymbol{W}_{ij}=1$，否则$\boldsymbol{W}_{ij}=0$，其中当$i=j$时，$\boldsymbol{W}_{ij}=0$。

4.1.2.1 全局空间自相关

全局空间自相关分析主要是通过对空间自相关指数(Moran's I)进行估计，衡量分析区域整体居民生活碳排放的空间关联和差异程度。Moran's I统计量是常用的全局空间自相关衡量指标(王劲峰 等，2019)，计算公式为：

$$I=\frac{n\sum_{j=1}^{n}\sum_{j'=1}^{n}W_{jj'}(x_i-\overline{x})(x_j-\overline{x})}{n\sum_{j=1}^{n}\sum_{j'=1}^{n}W_{jj'}\sum_{i=1}^{n}(x_i-\overline{x})^2}=\frac{\sum_{j=1}^{n}\sum_{j'=1}^{n}W_{jj'}(x_j-\overline{x})(x_{j'}-\overline{x})}{S^2\sum_{j=1}^{n}\sum_{j'=1}^{n}W_{jj'}} \tag{4.2}$$

$$S^2=\frac{1}{n}\sum_{j=1}^{n}(x_j-\overline{x})^2$$

$$\overline{x}=\frac{1}{n}\sum_{j=1}^{n}x_j$$

式中：I代表全局空间自相关指数(Moran's I)；$\boldsymbol{W}_{jj'}$代表空间邻接矩阵；x_j与$x_{j'}$分别代表省域j或j'的居民生活碳排放；$\overline{x}$代表居民生活碳排放均值，n为省域总个数。

Moran's I的取值一般为−1～1，小于0表示负相关，等于0表示不相关，大于0表示正相关。在给定显著性水平下，若Moran's I显著为正，则表示居民生活碳排放较高或较低的省域在空间上显著集聚，其值越接近1，其总体空间差异越小，即区域居民生活碳排放具有较强的空间自相关性，或相邻区域具有较强的相似性。反之，若Moran's I显著为负，表明居民生活碳排放在空间上存在显著差异，越接近－1，差异就越大。通过Moran's I指数衡量居民生活碳排放在整个空间范围的特征，判断我国居民生活碳排放是否具有潜在的相互依赖性。

4.1.2.2 局部空间自相关

Moran's I是一种总体统计指标，可进行空间自相关全局评估。然而，它反映的是空间平均差异程度，忽略了空间过程在评估中的潜在影响及空间局部差异。因此，可采用局部空间自相关(Local indicators of spatial association，LISA)分析讨论研究区域与周边区域居民生活碳排放之间的空间差异及空间分布规律。其计算公式为：

$$I' = \frac{(x_j - \bar{x})}{S^2} \sum_{j'=1}^{n} W_{jj'}(x_{j'} - \bar{x}) \tag{4.3}$$

式中：I'代表局部空间自相关；$I'>0$，表示该区域周围多为与其相似的居民生活碳排放空间集聚，属于正向集聚；$I'<0$，表示该区域周围多为与其非相似的居民生活碳排放空间集聚，属于负向集聚；其他变量含义与公式(4.2)一致。

I'采用Z-score值来进行检验，计算公式为：

$$Z = \frac{\text{LISA} - \text{E(LISA)}}{\sqrt{\text{var(LISA)}}} \tag{4.4}$$

在置信水平内，若I'显著>0且$Z>0$，则区域位于HH(高高集聚，研究区域与周边区域居民生活碳排放均较高)象限(第一象限)；若I'显著>0且$Z<0$，则区域位于LL(低低集聚，研究区域与周边区域居民生活碳排放均较低)象限(第三象限)；若I'显著<0且$Z>0$，则区域位于HL(低高集聚，研究区域居民生活碳排放较高而周边较低)象限(第二象限)；若I'显著<0且$Z<0$，则区域位于LH(高低集聚，研究区域居民生活碳排放较低而周边较高)象限(第四象限)。

4.1.3 时空跃迁分析

4.1.3.1 时间路径

LISA时间路径考虑了研究对象的时间变化特征，将LISA动态化，是研究对象在Moran's I散点图中空间坐标的移动情况。对应解释省域居民生活碳排放在省域局部的时空交互变化以及分异特征，主要通过可视化省域居民生活碳排放的属性值和滞后量随时间变化的情况来测度其稳定水平，进而揭示其时空动态变化特征。LISA在不同时间的坐标可表示为$[(y_{j,1}, yL_{j,1}), (y_{j,2}, yL_{j,2}), \cdots, (y_{j,t}, yL_{j,t})]$，$y_{j,t}$、$yL_{j,t}$分别代表$j$省域在第$t$年碳排放的标准化值和空间滞后项标准化值。

LISA时间路径的指标包括路径长度(L_j)、弯曲度(ε_j)及跃迁方向(θ)。具体表达式为：

$$L_j = \frac{N\sum_{t=1}^{T-1} d(L_{j,t}, L_{j,t+1})}{\sum_{j=1}^{N}\sum_{t=1}^{T-1} d(L_{j,t}, L_{j,t+1})} \tag{4.5}$$

$$\varepsilon_j = \frac{\sum_{t=1}^{T-1} d(L_{j,t}, L_{j,t+1})}{d(L_{j,t}, L_{j,t+1})} \tag{4.6}$$

$$\theta_j = \arctan\frac{\sum_{j=1}^{N}\sin\theta_j}{\sum_{j=1}^{N}\cos\theta_j} \tag{4.7}$$

式中：N 代表省域个数（$N=31$）；T 代表年份数量（$T=20$）；$L_{j,t}$代表 j 省域在 t 年份位于 Moran's I 散点图中的位置（$y_{j,t}, yL_{j,t}$）；$d(L_{j,t}, L_{j,t+1})$ 为省域 j 从第 t 年至 $t+1$ 年的移动距离；ε_j 代表省域 j 年际 LISA 时间路径弯曲度特征；θ_j代表省域 j 年际平均移动方向。$L_j>1$ 说明省域 j 移动距离大于平均移动距离，从而表明碳排放局部空间结构更加动态，反之亦然。$\varepsilon_j>1$ 说明省域 j 移动路径比均值更弯曲，从而表明居民生活碳排放局部空间依赖性过程更具波动性，反之亦然。根据 θ_j 均值可将其分为 4 类，0°—90°方向表示研究单元自身及周边碳排放具有高增长趋势；90°—180°方向（270°—360°方向）表示研究单元碳排放呈现低（高）增长趋势，而相邻单元保持高（低）增长趋势；180°—270°方向表示研究单元自身及相邻单元碳排放均呈现低增长趋势。LISA 时间路径将时间维度纳入考虑范围，实现了 LISA 坐标在 Moran 散点图中的动态移动。

4.1.3.2　时空跃迁

时空跃迁常用于测度不同时间不同省域居民生活碳排放 LISA 散点图的空间关联及转移情况。Rey 将时空跃迁划分为 Type0，Type Ⅰ，Type Ⅱ 和 Type Ⅲ 四种类型，采用马尔科夫转移矩阵方法分析 LISA 在不同时间的类型变化情况。本研究用时空凝聚来揭示我国居民生活碳排放的空间稳定性，公式为：

$$S_t = \frac{F_{0,t}}{n} \tag{4.8}$$

式中：S_t代表空间稳定性；$F_{0,t}$代表类型 0 的跃迁数目；n 为所有可能跃迁的数目总量，省域跃迁数量 $n=(2020-2001)\times 30=570$。$S_t$取值范围为[0,1]，$S_t$值越大，表示居民生活碳排放空间稳定性越强，反之亦然。

4.1.4　标准差椭圆分析

标准差椭圆（standard deviational ellipse，SDE）分析是一种衡量地理要素分布形态的空间统计技术(Liu et al,2017)。利用 SDE 可识别历史时期居民生活碳排放的空间分布,同时还可以表示居民生活碳排放重心位置随时间的变化趋势以及移动趋势。

SDE 主要参数的相关计算公式如下。

(1)标准差椭圆形式

$$\mathrm{SDE}_x = \sqrt{\frac{\sum_{j=1}^{n}(x_j - \overline{X})^2}{n}};\quad \mathrm{SDE}_y = \sqrt{\frac{\sum_{j=1}^{n}(y_j - \overline{Y})^2}{n}} \tag{4.9}$$

(2)椭圆方向角

$$\tan\frac{A+B}{C}$$

$$A = (\sum_{j=1}^{n}\tilde{x}_j^2 - \sum_{j=1}^{n}\tilde{y}_j^2);B = \sqrt{(\sum_{j=1}^{n}\tilde{x}_j^2 - \sum_{j=1}^{n}\tilde{y}_j^2)^2 + 4(\sum_{j=1}^{n}\tilde{x}_j\tilde{y}_j)^2};C = 2\sum_{j=1}^{n}\tilde{x}_j\tilde{y}_j$$

$$\tan\theta = \frac{(\sum_{j=1}^{n}\tilde{x}_j^2 - \sum_{j=1}^{n}\tilde{y}_j^2) + \sqrt{(\sum_{j=1}^{n}\tilde{x}_j^2 - \sum_{j=1}^{n}\tilde{y}_j^2)^2 + 4(\sum_{j=1}^{n}\tilde{x}_j\tilde{y}_j)^2}}{2\sum_{j=1}^{n}\tilde{x}_j\tilde{y}_j} \tag{4.10}$$

(3)x 轴与 y 轴的标准差

$$\delta_x = \sqrt{2}\sqrt{\frac{\sum_{j=1}^{n}(\tilde{x}_j\cos\theta - \tilde{y}_j\sin\theta)^2}{n}};\delta_y = \sqrt{2}\sqrt{\frac{\sum_{j=1}^{n}(\tilde{x}_j\sin\theta + \tilde{y}_j\cos\theta)^2}{n}} \tag{4.11}$$

(4)标准距离

$$\mathrm{SDE} = \sqrt{\frac{\sum_{j=1}^{n}(x_j - \overline{X})^2}{n} + \frac{\sum_{j=1}^{n}(y_j - \overline{Y})^2}{n}} \tag{4.12}$$

式中:SDE_x和 SDE_y代表椭圆的方差;(x_j, y_j)代表第 j 个研究要素的空间坐标;n 代表研究要素总数;$(\overline{X},\overline{Y})$代表研究要素的算术平均中心坐标;$(\tilde{x}_j, \tilde{y}_j)$ 代表研究要素 j 算数平均中心坐标$(\overline{X},\overline{Y})$ 与空间坐标(x_j, y_j) 的偏差;θ 为 0°或 180°代表南北方向为主导方向,为 90°代表东西方向为主导方向;δ_x和 δ_y代表 x 轴(长轴)和 y 轴(短轴)的标准差;SDE 代表标准距离。标准距离可以了解居民生活碳排放在几何中心周围的集中或分散程度。椭圆的长半轴表示居民生活碳排放在空间分布最多的方向,短半轴表示居民生活碳排放在空间分布最小的方向,两者差值越大,椭圆越扁,表示方向性越明显。反之,如果两者差值越小,表示方向性越不明显。

考虑空间权重时,SDE_w主要参数的相关计算公式如下。

(1)加权平均中心

$$\overline{X}_w = \frac{\sum_{j=1}^{n} w_j x_j}{\sum_{j=1}^{n} w_j}; \quad \overline{Y}_w = \frac{\sum_{j=1}^{n} w_j y_j}{\sum_{j=1}^{n} w_j} \tag{4.13}$$

(2)椭圆方向角

$$\tan \frac{A+B}{C}$$

$$A = (\sum_{j=1}^{n} w_j^2 \tilde{x}_j^2 - \sum_{j=1}^{n} w_j^2 \tilde{y}_j^2)$$

$$B = \sqrt{(\sum_{j=1}^{n} w_j^2 \tilde{x}_j^2 - \sum_{j=1}^{n} w_j^2 \tilde{y}_j^2)^2 + 4\sum_{j=1}^{n} w_j^2 \tilde{x}_j^2 \tilde{y}_j^2}; C = 2\sum_{i=1}^{n} w_i^2 \tilde{x}_j \tilde{y}_j$$

$$\tan\theta = \frac{(\sum_{j=1}^{n} w_j^2 \tilde{x}_j^2 - \sum_{j=1}^{n} w_j^2 \tilde{y}_j^2) + \sqrt{(\sum_{j=1}^{n} w_j^2 \tilde{x}_j^2 - \sum_{j=1}^{n} w_j^2 \tilde{y}_j^2)^2 + 4\sum_{j=1}^{n} w_j^2 \tilde{x}_j^2 \tilde{y}_j^2}}{2\sum_{i=1}^{n} w_i^2 \tilde{x}_j \tilde{y}_j} \tag{4.14}$$

(3)x 轴与 y 轴的标准差

$$\delta_x = \sqrt{\frac{\sum_{j=1}^{n} (w_j \tilde{x}_j \cos\theta - w_j \tilde{y}_j \sin\theta)^2}{\sum_{j=1}^{n} w_j^2}}; \quad \delta_y = \sqrt{\frac{\sum_{j=1}^{n} (w_j \tilde{x}_j \sin\theta - w_j \tilde{y}_j \cos\theta)^2}{\sum_{j=1}^{n} w_j^2}} \tag{4.15}$$

(4)加权标准距离

$$\mathrm{SDE}_w = \sqrt{\frac{\sum_{j=1}^{n} w_j (x_j - \overline{X}_w)^2}{\sum_{j=1}^{n} w_j} + \frac{\sum_{j=1}^{n} w_j (y_j - \overline{Y}_w)^2}{\sum_{j=1}^{n} w_j}} \tag{4.16}$$

式中:w_j代表研究要素 j 的空间权重;($\overline{X}_w$,$\overline{Y}_w$)代表研究要素空间数据集的加权平均中心;SDE_w代表加权标准距离;其他变量含义与公式(4.9)—(4.11)一致。

4.2 时空演化差异研究方法

4.2.1 标准差和变异系数

标准差和变异系数可以反映变量的绝对差异和相对差异。本研究通过测算我国居民生活碳排放的标准差和变异系数来反映其绝对差异和相对差异。

标准差(standard deviation),是离均差平方的算数平均数(方差)的平方根,又称均方差。反映不同区域、不同类别、不同分组研究数据与平均值的离散程度,是对研究数据与平均值的偏离程度进行度量。计算公式为:

$$\sigma = \sqrt{\frac{1}{n}\sum_{j=1}^{n}(x_j - \mu)^2} \tag{4.17}$$

式中:σ 为标准差;x_j 为时空 j 的具体数值;μ 为算数平均值;n 为数据个数。σ 越大,说明居民生活碳排放之间的绝对差异越大,反之则越小(李建豹,2014;范育洁,2018)。

变异系数(coefficient of variation,CV)是指标值的标准差与该指标的平均值的比。当两组数据的测量尺度相差太大,或者数据量纲不同,无法直接使用标准差测度其离散程度,为了消除测量尺度和量纲的影响,采用变异系数进行比较更为合理。计算公式为:

$$\mathrm{CV} = \frac{\sigma}{\mu} = \frac{1}{\mu}\sqrt{\frac{1}{n}\sum_{j=1}^{n}(x_j - \mu)^2} \tag{4.18}$$

式中:CV 为变异系数;其余符号与公式(4.17)相同。CV 越大,表明区域间相对差异越大,反之则越小(徐建华,2014)。

4.2.2 基尼系数和洛伦兹曲线

基尼系数主要用来衡量收入分配的不平等(Liddle et al.,2010)。近期有很多研究采用基尼系数和洛伦兹曲线来衡量能源或温室气体排放的不平等(Wu et al.,2017;Mi et al.,2020)。本研究将在计算基尼系数的基础上,采用 HCE-Gini 系数来衡量居民生活碳排放的不平等程度。

常用的收入基尼系数计算公式为:

$$\mathrm{Gini} = 1 - \sum_{j=1}^{n}(X_{j+1} - X_j)(Y_{j+1} + Y_j) \tag{4.19}$$

式中:Gini 为收入基尼系数;X_j 为人口累计百分比;Y_j 为收入百分比。以 X 为横坐标,Y 为纵坐标,可绘制一条曲线,该曲线成为洛伦兹曲线。在洛伦兹曲线中,曲率越大说明分布越不均匀,曲率越小说明分布越均匀。

以公式(4.19)为基础,构建我国居民生活碳排放相关的碳基尼系数,计算公式为:

$$\mathrm{HCEP_{Gini}} = 1 - \sum_{j=1}^{n}(P_{j+1} - P_j)(\mathrm{HCE}_{j+1} + \mathrm{HCE}_j) \tag{4.20}$$

式中:$\mathrm{HCEP_{Gini}}$ 为碳基尼系数;P_j 为 j 省域人口累计百分比;HCE_j 为 j 省域居民生活碳排放累计百分比。

根据基尼系数，碳基尼系数值基于 0～1 之间。若 $HCEP_{Gini}$ 为 0，表示居民生活碳排放分布绝对平等，若 $HCEP_{Gini}$ 为 1，表示居民生活碳排放分布绝对不平等。碳基尼系数越大，表示平等程度越低，反之则表示平等程度越高（董锋 等，2014）。

4.2.3　泰尔指数

与其他区域差异指数比，泰尔指数（Theil index）在评价居民生活碳排放区域差异时，可将总体差异分为区域内和区域间差异，并可以计算各差异对总体差异的贡献。泰尔指数以人口加权计算，介于 0～1 之间，泰尔指数越大，说明区域差异就越大，反之，说明区域差异就越小。根据 Cowell（2000）等对泰尔指数分解方法的论述，本研究将居民生活碳排放的泰尔指数分解如下：

$$T = \sum_{j=1}^{n}(\frac{C_{jk}}{C})\ln(\frac{C_j/C}{P_j/P}) = T_w + T_b = \sum_{k=1}^{n}(\frac{C_k}{C})T_{wk} + T_b$$

$$= \sum_{k=1}^{m}(\frac{C_k}{C})\sum_{j=1}^{n}(\frac{C_{jk}}{C_k})\ln(\frac{C_{jk}/C_k}{P_{jk}/P_k}) + \sum_{k=1}^{n}(\frac{C_k}{C})\ln(\frac{C_k/C_k}{P_k/P}) \quad (4.21)$$

$$T_{wk} = \sum_{j=1}^{n}(\frac{C_{jk}}{C_k})\ln(\frac{C_{jk}/C_k}{P_{jk}/P_k}) \quad (4.22)$$

$$T_w = \sum_{k=1}^{m}(\frac{C_k}{C})T_{wk} = \sum_{k=1}^{m}(\frac{C_k}{C})\sum_{j=1}^{n}(\frac{C_{jk}}{C_j})\ln(\frac{C_{jk}/C_k}{P_{jk}/P_k}) \quad (4.23)$$

$$T_b = \sum_{k=1}^{n}(\frac{C_k}{C})\ln(\frac{C_k/C}{P_k/P}) \quad (4.24)$$

式中：T 为泰尔指数；j 为省域（$j=31$，表示中国 31 个省域，不包括中国香港、澳门、台湾地区）；k 为区域（为八大经济区域）；C, C_j, C_k, C_{jk} 分别为全国、第 j 省域、第 k 区域以及第 k 区域第 j 省域的居民生活碳排放；P, P_j, P_k, P_{jk} 分别为全国、第 j 省域、第 k 区域以及第 k 区域第 j 省域的人口数量；T, T_{wk}, T_w, T_b 分别为居民生活碳排放整体泰尔指数、k 区域省域内泰尔指数、区域内泰尔指数和区域间泰尔指数。

区域间差异、区域内差异以及各省对于总差异的贡献率计算公式为：

$$R_w = (T_w/T); R_b = (T_b/T); R_j = (C_k / C)(T_{wk} / T) \quad (4.25)$$

式中：R_w, R_b, R_j 分别为区域内贡献率、区域间贡献率及 k 区域省域内贡献率。

4.3　时空变化趋势分析

4.3.1　时间变化趋势

我国人均居民生活碳排放量在时间尺度上呈现逐年上升趋势，但各省的变化速率存在显著差异。根据4.1.1节线性倾向估计方法[公式(4.1)],测算2001—2020年我国31个省域整体、城镇与农村人均居民生活碳排放量的Slope值,并划分为5个时间变化趋势类型,研究结果见表4.2。

根据表4.2,从我国31个省域整体人均居民生活碳排放的Slope值来看,其平均值为0.111,内蒙古(0.298)、宁夏(0.293)、新疆(0.283)的Slope值排名前三,北京(0.015)、重庆(0.015)、吉林(0.031)的Slope值排名倒数三名。由此可以看出,过去20年,内蒙古、宁夏、新疆等省域整体人均居民生活碳排放量的变化速率最快,北京、重庆、吉林等省域的变化速率最慢。进一步对研究期内我国省域整体的人均居民生活碳排放时间变化趋势类型进行分析,结果显示,迅猛增长型和较快增长型省域各有3个(各占9.68%),这两种类型的省域均分布在北方地区;中速增长型省域最多,达到15个(48.39%),这类省域分布地域较广;此外,有7个省域(22.58%)属于较慢增长型,主要集中在内陆地区,除了海南和广西;而缓慢增长类型省域有3个(9.68%),同样主要分布在内陆地区。

表4.2 我国省域人均居民生活碳排放的Slope值及其变化趋势

Slope	整体	城镇	农村	变化趋势	整体	城镇	农村
北京	0.015	0.014	−0.005	北京	缓慢增长	较慢增长	缓慢增长
天津	0.077	0.055	0.099	天津	中速增长	中速增长	中速增长
河北	0.214	0.202	0.185	河北	较快增长	较快增长	迅猛增长
山西	0.125	0.106	0.087	山西	中速增长	中速增长	中速增长
内蒙古	0.298	0.305	0.188	内蒙古	迅猛增长	迅猛增长	迅猛增长
辽宁	0.201	0.215	0.116	辽宁	较快增长	较快增长	较快增长
吉林	0.031	−0.015	0.045	吉林	缓慢增长	缓慢增长	较慢增长
黑龙江	0.192	0.228	0.105	黑龙江	较快增长	较快增长	中速增长
上海	0.117	0.125	0.006	上海	中速增长	中速增长	缓慢增长
江苏	0.141	0.135	0.120	江苏	中速增长	中速增长	较快增长
浙江	0.100	0.084	0.103	浙江	中速增长	中速增长	中速增长
安徽	0.086	0.054	0.081	安徽	中速增长	中速增长	中速增长
福建	0.078	0.057	0.090	福建	中速增长	中速增长	中速增长
江西	0.078	0.064	0.069	江西	中速增长	中速增长	中速增长
山东	0.109	0.110	0.077	山东	中速增长	中速增长	中速增长
河南	0.067	0.045	0.058	河南	较慢增长	较慢增长	较慢增长
湖北	0.049	0.017	0.060	湖北	较慢增长	较慢增长	较慢增长
湖南	0.071	0.045	0.070	湖南	较慢增长	较慢增长	中速增长
广东	0.084	0.073	0.081	广东	中速增长	中速增长	中速增长

续表

Slope	整体	城镇	农村	变化趋势	整体	城镇	农村
广西	0.064	0.043	0.055	广西	较慢增长	较慢增长	较慢增长
海南	0.068	0.060	0.058	海南	较慢增长	中速增长	较慢增长
重庆	0.015	−0.043	0.031	重庆	缓慢增长	缓慢增长	缓慢增长
四川	0.060	0.038	0.049	四川	较慢增长	较慢增长	较慢增长
贵州	0.056	0.011	0.047	贵州	较慢增长	较慢增长	较慢增长
云南	0.075	0.040	0.062	云南	中速增长	较慢增长	中速增长
陕西	0.087	0.051	0.074	陕西	中速增长	中速增长	中速增长
甘肃	0.115	0.104	0.074	甘肃	中速增长	中速增长	中速增长
青海	0.104	0.062	0.097	青海	中速增长	中速增长	中速增长
宁夏	0.293	0.299	0.187	宁夏	迅猛增长	迅猛增长	迅猛增长
新疆	0.283	0.336	0.164	新疆	迅猛增长	迅猛增长	较快增长
西藏	0.090	0.047	0.078	西藏	中速增长	较慢增长	中速增长

从我国 31 个省域城镇人均居民生活碳排放的 Slope 值来看，其平均值为 0.096，新疆(0.336)、内蒙古(0.305)、宁夏(0.299)的 Slope 值排名前三，说明在过去 20 年这些省域城镇人均居民生活碳排放量的变化速率最快。重庆(−0.043)、吉林(−0.015)的 Slope 值为负，说明这两个省市城镇人均居民生活碳排放随着时间的变化呈现下降趋势。进一步对研究期内我国省域城镇的人均居民生活碳排放时间变化趋势类型进行分析，结果显示，迅猛增长型和较快增长型省域各有 3 个(各占 9.68%)，这两种类型省域均分布在北方地区；有 14 个省域属于中速增长型，占 45.16%，这类省域的分布地域也较广；有 9 个属于较慢增长类型，占 29.03%，集中在内陆地区，除了广西；缓慢增长类型有 2 个，占 6.45%，主要分布在内陆地区。

从我国 31 个省域农村人均居民生活碳排放的 Slope 值来看，其平均值为 0.084，内蒙古(0.188)、宁夏(0.187)、河北(0.185)的 Slope 值排名前三，说明过去 20 年这些省域在农村人均居民生活碳排放量的变化速率最快。北京(−0.005)的 Slope 值为负，说明北京农村人均居民生活碳排放随着时间的变化呈现下降趋势。进一步对研究期内我国省域农村的人均居民生活碳排放时间变化趋势类型进行分析，结果显示，迅猛增长型和较快增长型省域各有 3 个(各占 9.68%)，并且这两种类型省域均分布在北方地区(除了江苏)；有 15 个省域属于中速增长型，占 48.39%，这类省域分布地域较广；此外，有 7 个省域属于较慢增长类型，占 22.58%，主要集中在南方地区；而缓慢增长类型省域有 3 个，占 9.68%，主要分布在内陆地区。

4.3.2 空间演进格局

(1)全局空间自相关分析

为了进一步分析我国居民生活碳排放的空间集聚和分异格局，本研究依据4.1.2节的计算方法[公式(4.2)—(4.4)]，采用GeoDa空间数据分析软件软件对我国人均居民生活碳排放量的全局Moran's I进行评估，所有结果均采用GeoDa软件中蒙特卡洛模型的999次置换随机模拟进行显著性检验。结果发现，2001—2020年，我国整体、城镇、农村人均居民生活碳排放的Moran's I值均通过$p \leqslant 0.05$的显著性水平检验，且通过z检验($z > 1.645$)，具有统计学意义。除了2007年城镇、农村，2008年农村(通过$p \leqslant 0.1$的显著性水平检验)。这说明总体上看，研究期间我国整体、城镇、农村人均居民生活碳排放存在显著正向空间自相关，即在空间上呈现(高值或低值)空间集聚现象。结果见表4.3—表4.5。

表4.3　我国整体人均居民生活碳排放的Moran's I值

年份	Moran's I	p	z	年份	Moran's I	p	z
2001	0.285	0.007	2.7956	2011	0.342	0.005	3.3119
2002	0.277	0.008	2.7073	2012	0.356	0.005	3.4287
2003	0.276	0.007	2.7030	2013	0.340	0.005	3.2161
2004	0.258	0.010	2.5741	2014	0.350	0.005	3.3161
2005	0.255	0.009	2.5174	2015	0.354	0.006	3.3520
2006	0.228	0.021	2.2693	2016	0.356	0.006	3.3919
2007	0.181	0.038	1.8860	2017	0.363	0.004	3.4701
2008	0.232	0.017	2.3083	2018	0.385	0.004	3.6690
2009	0.259	0.011	2.5473	2019	0.366	0.005	3.4970
2010	0.306	0.006	2.9687	2020	0.385	0.004	3.6582

表4.4　我国城镇人均居民生活碳排放的Moran's I值

年份	Moran's I	p	z	年份	Moran's I	p	z
2001	0.321	0.009	2.9272	2011	0.357	0.004	3.4289
2002	0.322	0.009	2.9234	2012	0.380	0.003	3.6310
2003	0.330	0.008	2.9902	2013	0.318	0.006	3.0363
2004	0.323	0.003	3.0047	2014	0.340	0.006	3.2302
2005	0.287	0.010	2.6726	2015	0.345	0.006	3.3119
2006	0.229	0.020	2.2250	2016	0.363	0.005	3.4900
2007	0.146	0.059	1.5781	2017	0.377	0.004	3.6231
2008	0.207	0.027	2.1038	2018	0.406	0.004	3.8836
2009	0.213	0.022	2.1392	2019	0.391	0.004	3.7472
2010	0.315	0.008	3.0404	2020	0.432	0.003	3.9965

表 4.5　我国农村人均居民生活碳排放的 Moran's I 值

年份	Moran's I	*p*	*z*	年份	Moran's I	*p*	*z*
2001	0.248	0.012	2.4466	2011	0.251	0.014	2.6276
2002	0.194	0.027	2.0559	2012	0.342	0.003	3.2024
2003	0.189	0.031	2.0206	2013	0.393	0.003	3.6336
2004	0.159	0.046	1.7393	2014	0.383	0.003	3.6090
2005	0.160	0.048	1.7703	2015	0.384	0.006	3.6023
2006	0.142	0.060	1.6197	2016	0.349	0.006	3.3118
2007	0.132	0.076	1.5131	2017	0.326	0.007	3.1409
2008	0.159	0.049	1.7242	2018	0.328	0.007	3.1302
2009	0.161	0.041	1.8343	2019	0.299	0.008	2.8849
2010	0.203	0.026	2.2112	2020	0.271	0.012	2.6387

我国整体人均居民生活碳排放的全局 Moran's I 值变化趋势总体呈现“下降→快速上升→稳定增长”3 个阶段(图 4.1):①2001—2007 年,Moran's I 值呈现快速下降趋势,最小值出现在 2007 年(0.181),这说明 2007 年我国整体人均居民生活碳排放的空间集聚现象最弱,且在该阶段的空间集聚现象逐渐减弱;②2007—2012 年,Moran's I 值呈现快速上升趋势,2010 年(0.306)的 Moran's I 值大于 2001 年(0.285),这说明该阶段我国整体人均居民生活碳排放的空间集聚现象出现逐渐增强态势,且在 2010 年后出现明显的空间集聚现象;③2012—2020 年,Moran's I 值呈现缓慢波动上升趋势,最大值出现在 2020 年(0.385),这说明在 2020 年我国整体人均居民生活碳排放的空间集聚现象最强,且在该阶段的空间集聚现象呈现稳定增长态势。总的来看,我国整体人均居民生活碳排放的 Moran's I 值在研究期末(2020 年)明显高于研究初期(2001 年),这说明整个阶段的空间集聚现象并趋于稳定,预计在短期内我国整体人均居民生活碳排放集聚现象仍将保持这种稳定增长趋势。

我国城镇人均居民生活碳排放的全局 Moran's I 值变化趋势总体呈现“波动下降→快速上升→稳定增长”3 个阶段(图 4.1):①2001—2007 年,Moran's I 值呈现波动下降趋势,最小值出现在 2007 年(0.146),这说明 2007 年我国城镇人均居民生活碳排放的空间集聚现象最弱,且在该阶段的空间集聚现象呈现先缓慢上升后逐渐减弱态势;②2007—2012 年,Moran's I 值呈现快速上升趋势,2011 年(0.357)的 Moran's I 值大于 2001 年(0.321),这说明该阶段我国城镇人均居民生活碳排放的空间集聚现象逐渐增强,且在 2011 年后空间集聚现象明显增强;③2012—2020 年,Moran's I 值呈现缓慢波动上升趋势,最大值出现在 2020 年(0.432),这说明在 2020 年我国城镇人均居民生活碳排放的空间集聚现象最强,且在该阶段的空间集聚现象呈现稳定增长态势。总的来看,我国城镇人均居民生活碳排放 Moran's I 值在研究期末(2020年)的空间集聚现象明显高于研究初期(2001年),并趋于稳定,预计在短期内我国城镇人均居民生活碳排放集聚现象仍将保持这种稳定增长趋势。

我国农村人均居民生活碳排放的全局 Moran's I 值的变化趋势总体呈现"波动下降→快速上升→波动下降"3个阶段(图4.1):①2001—2007年,Moran's I 值呈现波动下降趋势,最小值出现在2007年(0.132),这说明2007年我国农村人均居民生活碳排放的空间集聚现象最弱,且在该阶段的空间集聚现象逐渐减缓;②2007—2013年,Moran's I 值呈现快速上升趋势,2011年(0.251)的 Moran's I 值大于2001年(0.0.248),这说明该阶段我国农村人均居民生活碳排放的空间集聚现象逐渐增强,且在2011年后空间集聚现象明显增强;③2013—2020年,Moran's I 值呈现波动下降趋势,2020年 Moran's I 值为0.271,这说明在2013年后我国农村人均居民生活碳排放的空间集聚现象逐渐减弱。总的来看,我国农村人均居民生活碳排放 Moran's I 值在研究期末(2020年)的空间集聚现象略高于研究初期(2001年),预计在短期内我国农村人均居民生活碳排放集聚现象仍将保持这种减弱趋势。

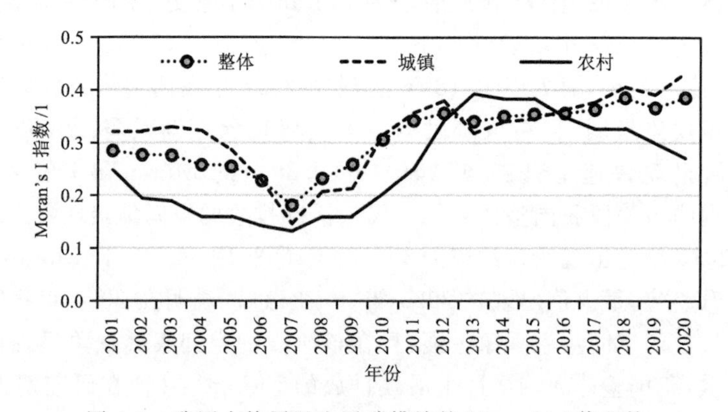

图4.1 我国人均居民生活碳排放的 Moran's I 值比较

比较发现,我国整体、城镇、农村人均居民生活碳排放量的 Moran's I 值在0.132与0.432之间,2001—2012年我国整体、城镇与农村的空间集聚现象波动幅度相似,2013年之后,农村人均居民生活碳排放的空间集聚现象变化趋势与整体和城镇出现了明显的不同。同时发现,2001—2012年,我国整体和城镇人均居民生活碳排放的 Moran's I 值大于农村,2013—2016年农村明显大于整体和城镇,2016年之后,农村又明显小于整体和城镇。

(2)局部空间自相关分析

通过对我国人均居民生活碳排放全局 Moran's I 进行分析,反映了我国人均居民生活碳排放总体的空间自相关程度,但在区分 HH 集聚、LL 集聚与集聚区域等方面有所不足。为了深入了解我国人均居民生活碳排放省域空间的同质和异质特征,本研究对其进行局部空间自相关分析。采用 GeoDa 软件绘制研究期内我国人均居民生活碳排放 Moran's I 散点图,根据散点图可以看出各省份所在的象限,第一象限(HH 集聚)代表人均居民生活碳排放相对高值省域被其他高值省域所包围,结果表明高排放区的扩散效应;第二象限(LH 集聚)代表人均居民生活碳排放相对低值省域被高值省域所包围,结果表明低碳排放区向高排放区进行过渡;第三象限(LL 集聚)代表人均居民生活碳排放相对低值省域与其他低值省域相邻,结果表明该区域人均居民生活碳排放较低;第四象限(HL 集聚)代表人均居民生活碳排放高值省域与低值省域相邻,结果说明高值区具有极化效应。HH 和 LL 集聚反映了省域之间呈现空间正相关性,其属性具有相似性,出现明显集聚效应。LH 和 HL 集聚反映了省域之间呈现空间负相关性,其属性值不同,出现明显空间异质性。

我国 31 个省域整体、城镇与农村人均居民生活碳排放 Moran's I 散点图象限分布结果如图 4.2 所示。由图 4.2 可见,我国省域尺度人均居民生活碳排放空间关联类型以正相关集聚为主,这与全局自相关分析的结果保持一致。2001—2020 年,我国人均居民生活碳排放 Moran's I 散点图中属于 HH 与 LL 类型的占比均超过 60%。由图 4.2 可见:①整体呈现波动上升→波动下降→快速上升,至 2020 年,两种类型的占比为 77.42%;②城镇呈现波动下降→波动上升趋势,至 2020 年,两种类型的占比为 87.17%;③农村呈现波动上升→波动下降,至 2020 年,两种类型的占比为 64.52%(图 4.2a)。

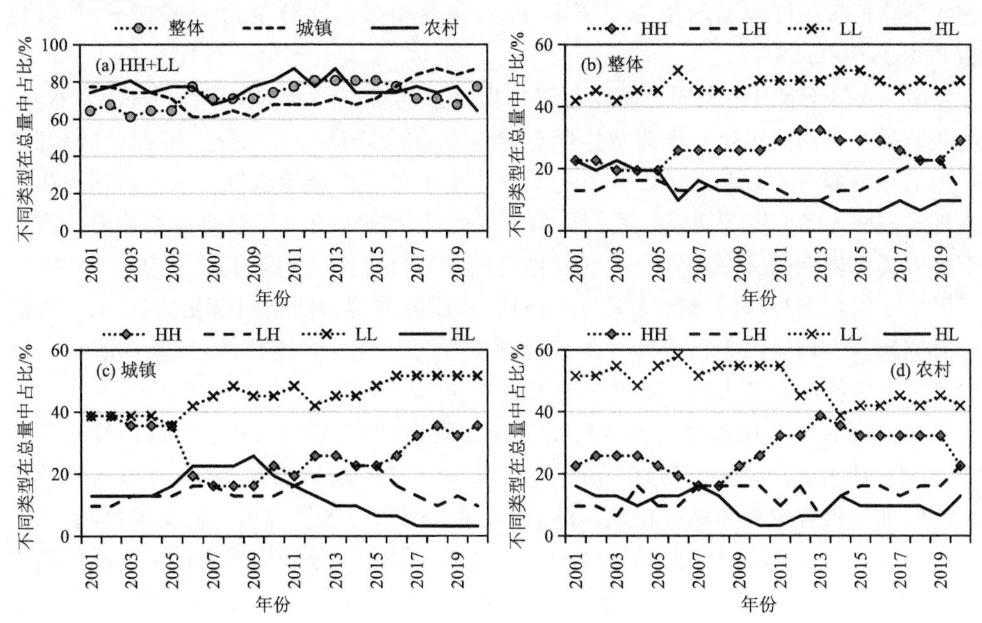

图 4.2　我国人均居民生活碳排放空间集聚类型汇总结果

具体而言，①2001—2020 年，我国整体人均居民生活碳排放 Moran's I 散点图象限分布结果见图 4.2b。由图 4.2b 可以看出，LL 类型占绝对优势，呈现缓慢波动上升趋势，历年占比均超过其他类型，所占比例为 41.94%～51.61%；其次为 HH 类型，呈现波动上升趋势，所占比例(19.35%～32.26%)除了 2003 年略低于 HL 类型，其他年份均高于 HL 类型和 LH 类型；HL 类型呈现波动下降趋势，LH 类型呈现波动上升趋势(但 2020 年出现下降)，HL 类型所占比例为 6.45%～22.58%，LH 类型所占比例为 9.68%～22.58%。②2001—2020 年，我国城镇人均居民生活碳排放 Moran's I 散点图象限分布结果见图 4.2c。由图 4.2c 可以看出，LL 类型占绝对优势，呈现波动上升趋势，历年占比均超过其他类型，所占比例为 35.48%～51.61%；其次为 HH 类型，呈现波动下降→波动上升趋势，所占比例(19.13%～38.71%)除了 2006—2009 年略低于 HL 类型，其他年份均高于 HL 类型和 LH 类型；HL 类型与 LH 类型均呈现波动上升→快速下降趋势，HL 类型与 HL 类型波动上升年份分别为 2001—2008 年与 2001—2011 年，两种类型占比分别为 3.23%～25.81%和 9.68%～22.58%。③2001—2020 年，我国农村人均居民生活碳排放 Moran's I 散点图象限分布结果见图 4.2d。由图 4.2d 可以看出，LL 类型仍占绝对优势，但呈现波动下降趋势，历年占比均超过其他类型，所占比例为 38.71%～58.06%；其次为 HH 类型，呈现波动下降→快速上升→波动下降趋势，所占比例(16.13%～38.71%)均高于 HL 类型和 LH 类型；HL 类型与 LH 类型均呈现波动变化趋势，HL 类型所占比例略低于 LH 类型的年份要更多一些，两种类型占比分别为 3.23%～16.13%和 6.45%～22.58%。

Moran's I 散点图象限分布结果可以揭示不同省域单元的空间集聚状况，然而，这些结果在人均居民生活碳排放空间差异尚存在统计意义不充分。因此，本研究进一步采用局部 Moran's I 指数及 $p \leqslant 0.05$ 水平的显著性检验获取省域人均居民生活碳排放空间 LISA 显著结果。我国人均居民生活碳排放的全局空间自相关分析有助于了解其整体空间关联度，然而，在省域空间集聚特征方面缺乏了解。为进一步识别居民生活碳排放相似区域的空间分异格局，本研究采用局部空间自相关(LISA)方法对研究期内人均居民生活碳排放的集群现象进行分析。我国整体、城镇和农村人均居民生活碳排放量的 LISA 集聚结果见表 4.6—表 4.8。

根据表 4.6，我国整体人均居民生活碳排放在 2001 年、2002 年出现四种集聚现象，其中，以北京、天津、河北为中心的京津冀地区呈现出高高集聚(即省域人均居民生活碳排放相对较高的地区相邻)，湖北、安徽、江西、广东呈现出低低集聚(即省域人均居民生活碳排放相对较低的地区相邻)，贵州和黑龙江分别呈现高低集聚和低高集聚(即省域人均居民生活碳排放相对较高(低)的地区与人均居民生活碳排放相对较低(高)的地区相邻)。2003—2007 年，主要出现低低、高低、低高 3 种集聚现象，其中，山东、广东、四川、湖北、安徽、云南等人口大省和中部地区出现低低集聚，贵州主要出现高低集聚，黑龙江、河北主要出现低高集聚。2008 年、2009 年四种集聚现象均有出现，其中，黑龙江、吉林等东北地区呈现出高高集聚，湖北、四川、云南、贵州呈现出低低集聚，广东和河北分别呈现高低集聚和低高集聚。2010—2020 年，主要出现高高、低高、低低 3 种集聚现象，其中，黑龙江、吉林、辽宁、内蒙古、河北、甘肃出现了高高集聚，吉林、甘肃出现了低高集聚，湖北、四川、云南、贵州、湖南、广东、重庆、江西、湖南等省域出现了低低集聚。

表 4.6　我国整体人均居民生活碳排放的 LISA 集聚结果

年份	高高	高低	低高	低低
2001	河北、天津	贵州	黑龙江	湖北、安徽、江西、广州
2002	河北、辽宁	贵州	黑龙江	湖北、安徽、江西、广州
2003		贵州	黑龙江，河北	山东、湖北、安徽、广东
2004			黑龙江，河北	山东、湖北、安徽、广东、贵州
2005		贵州	黑龙江，河北	山东、湖北、云南、广东
2006		贵州	河北	山东、湖北、云南、广东
2007		贵州、山东、广东	河北	湖北、四川、云南
2008	吉林	广东	河北	湖北、四川、云南、贵州
2009	黑龙江、吉林	广东	河北	湖北、四川、云南、贵州
2010	黑龙江、吉林		河北	湖北、四川、云南、贵州、湖南、广东
2011	黑龙江、吉林、辽宁、内蒙古		河北	湖北、四川、云南、贵州、湖南、广东
2012	黑龙江、吉林、辽宁、内蒙古、河北			湖北、湖南、广东、四川、云南、贵州、重庆
2013	吉林、辽宁、内蒙古、河北			湖北、湖南、广东、四川、云南、贵州、重庆
2014	辽宁、内蒙古		吉林	湖北、湖南、广东、四川、云南、贵州、重庆
2015	辽宁、内蒙古		吉林、甘肃	湖北、湖南、江西、广东、四川、云南、贵州、重庆
2016	辽宁、内蒙古		吉林、甘肃	湖北、湖南、江西、安徽、广东、四川、云南、贵州、重庆
2017	辽宁、内蒙古、河北		吉林、甘肃	湖北、湖南、江西、安徽、广东、四川、云南、贵州、重庆
2018	辽宁、内蒙古、河北		吉林、甘肃	湖北、湖南、江西、广东、四川、云南、贵州、重庆
2019	辽宁、内蒙古		吉林、甘肃	湖北、湖南、江西、广东、四川、云南、贵州、重庆
2020	辽宁、内蒙古、甘肃		吉林	湖北、湖南、江西、安徽、广东、云南、贵州、重庆

表 4.7 我国城镇人均居民生活碳排放的 LISA 集聚结果

年份	高高	高低	低高	低低
2001	辽宁、内蒙古		黑龙江	安徽、江西、浙江、福建、广东
2002	辽宁、内蒙古		黑龙江	山东、湖北、安徽、江西、浙江、福建、广东
2003	辽宁、内蒙古		黑龙江	山东、湖北、安徽、江西、浙江、广东
2004	吉林、辽宁、内蒙古		黑龙江	山东、湖北、安徽、江西、浙江、广东
2005	吉林、辽宁、内蒙古	浙江	黑龙江	山东、湖北、安徽、江西、广东
2006	吉林、内蒙古		黑龙江、甘肃	山东、安徽、广东
2007	黑龙江、吉林	山东	甘肃	湖北、广东
2008	黑龙江、吉林、内蒙古	山东	甘肃	湖北、广东
2009	黑龙江、吉林、内蒙古	山东	甘肃	湖北、广东
2010	黑龙江、吉林、辽宁、内蒙古	山东、贵州	甘肃	湖北、安徽、湖南、江西、广东
2011	黑龙江、吉林、辽宁、内蒙古	贵州	甘肃	湖北、安徽、湖南、江西、广东
2012	黑龙江、吉林、辽宁、内蒙古、河北	贵州	甘肃	湖北、安徽、湖南、江西、广东
2013	吉林、辽宁、内蒙古		甘肃	湖北、安徽、湖南、江西、广东、重庆、贵州
2014	辽宁、内蒙古		吉林、甘肃	湖北、安徽、湖南、江西、广东、重庆、贵州
2015	辽宁、内蒙古		吉林、甘肃	湖北、安徽、湖南、江西、广东、重庆、贵州
2016	辽宁、内蒙古、甘肃		吉林	湖北、安徽、湖南、江西、广东、重庆、贵州
2017	辽宁、内蒙古、甘肃		吉林	湖北、安徽、湖南、江西、广东、重庆、贵州
2018	辽宁、内蒙古、甘肃		吉林	湖北、安徽、湖南、江西、广东、重庆、贵州
2019	辽宁、内蒙古、甘肃		吉林	湖北、安徽、湖南、江西、广东、重庆、贵州
2020	辽宁、内蒙古、甘肃		吉林	湖北、安徽、湖南、江西、广东、重庆、贵州

表 4.8 我国农村人均居民生活碳排放的 LISA 集聚结果

年份	高高	高低	低高	低低
2001	河北、天津	贵州		湖北、广东
2002	河北	贵州		湖北、广东
2003	河北、天津	贵州		湖北、广东
2004	天津	贵州	河北	湖北、广东
2005	天津	贵州	河北	湖北、广东

续表

年份	高高	高低	低高	低低
2006		贵州	河北	湖北、广东、四川
2007		贵州		湖北、广东、四川、青海
2008			河北、江苏	湖北、广东、四川、青海、云南、贵州
2009	天津		河北	湖北、湖南、广东、四川、云南、贵州
2010	天津		河北	湖北、湖南、广东、云南、贵州
2011	天津、河北			湖北、湖南、广东、云南、贵州、四川
2012	天津、河北			湖北、湖南、广东、云南、贵州、四川、重庆
2013	北京、天津、河北			湖北、湖南、广东、云南、贵州、四川、重庆
2014	北京、天津、河北、辽宁			湖北、湖南、广东、云南、贵州、四川、重庆
2015	北京、天津、河北、辽宁、内蒙古			湖北、湖南、广东、云南、贵州、四川、重庆
2016	北京、河北、辽宁、内蒙古		吉林、甘肃	湖北、湖南、广东、云南、贵州、四川、重庆
2017	辽宁、内蒙古		吉林、甘肃	湖北、湖南、广东、云南、贵州、四川、重庆
2018	北京、河北、辽宁、内蒙古		吉林、甘肃	湖北、湖南、广东、云南、贵州、四川、重庆
2019	北京、河北、辽宁、内蒙古		吉林、甘肃	湖北、湖南、广东、云南、贵州、四川、重庆
2020	辽宁、内蒙古		吉林、甘肃、北京	湖北、湖南、广东、云南、贵州、四川、重庆

根据表4.7,我国城镇人均居民生活碳排放在2001—2004年出现高高、低高、低低3种集聚现象,其中,以辽宁、内蒙古、吉林为中心的省域呈现出高高集聚,黑龙江呈现出低高集聚,安徽、江西、浙江、福建、广东、湖北等省域出现了低低集聚。2005—2012年,四种集聚现象均有出现,其中,以吉林、辽宁、内蒙古、黑龙江、河北为主的北部地区出现高高集聚,山东、贵州主要出现高低集聚,甘肃主要出现低高集聚,湖北、广东、安徽、湖南、江西主要出现低低集聚。2013—2020年,主要出现高高、低高、低低3种集聚现象,其中,吉林、辽宁、内蒙古、甘肃出现了高高集聚,甘肃、吉林出现了低高集聚,湖北、湖南、安徽、江西、广东、重庆、贵州等省域出现了低低集聚。

根据表4.8,我国农村人均居民生活碳排放在2001—2003年出现高高、高低、低低3种集聚现象,其中,河北、天津呈现出高高集聚,贵州呈现出高低集聚,广东、湖北出现了低低集聚。2004—2007年4种集聚现象均有出现,其中,天津出现高高集聚,贵州出现高低集聚,河北出现低高集聚,湖北、广东、四川、青海出现低低集聚。2008年仅出现低高和低低两种集聚现象,其中,河北、江苏出现低高集聚,湖北、广东、四川、青海、云南、贵州出现低低集聚。2009年、2010年,主要出现高高、低高、低低3种集聚现象,其中,天津出现了高高集聚,河北出现了低高集聚,湖北、湖南、广东、四川、云南贵州等省域出现了低低集聚。2011—2015年仅出现了高高、低低两种集聚现象，其中，天津、河北、北京、辽宁、内蒙古出现高高集聚，湖北、湖南、广东、云南、贵州、四川、重庆等省域出现低低集聚。2016—2020 年出现高高、低高、低低 3 种集聚现象，其中，北京、河北、辽宁、内蒙古出现了高高集聚，吉林、甘肃、北京出现了低高集聚，湖北、湖南、广东、云南、贵州、四川、重庆等省域出现低低集聚。

4.3.3 时空跃迁特征

(1)LISA 时间路径

本研究采用 LISA 时间路径对 2001—2020 年我国人均居民生活碳排放的几何特征进行分析，进一步揭示其时空交互作用及时空依赖效应，探讨其时空跃迁规律。根据各省域相对长度和弯曲度与其均值进行对比，可将其分为较高和较低两种类型。

从我国整体人均居民生活碳排放 LISA 时间路径结果来看(图 4.3)，①相对长度，2001—2020 年相对长度较高的省域数量为 14 个，约占省域总量的 45.16%，其中，山西、内蒙古、宁夏、北京均超过 1.6，表明上述省域人均居民生活碳排放局部空间结构具有较强的不稳定性。相对长度较低的省域数量为有 17 个，约占省域总量的 54.84%，其中，云南、安徽、广西、四川、贵州、广东、陕西均小于 0.6，表明这些省域人均居民生活碳排放局部空间结构较为稳定。②弯曲度，2001—2020 年弯曲程度相对较高的省域数量为 9 个，约占省域总量的 29.03%。其中，浙江、河南、海南均超过 10，表明上述省域人均居民生活碳排放具有波动性较强空间依赖方向。弯曲程度相对较低的省域数量为 22 个，约占省域总量的 70.97%。其中，重庆、天津、吉林、贵州、江苏、北京、甘肃均低于 2，表明上述省域人均居民生活碳排放具有波动性较弱空间依赖方向。总体来看，我国省域整体人均居民生活碳排放弯曲程度均大于 1，说明其 LISA 移动路径呈现非直线运动方式，局部空间依赖方向更加动态。③移动方向。根据省域整体人均居民生活碳排放在 2001 年、2020 年 Moran's I 散点图中标准化 Z 值与空间滞后向量，计算得到 2001—2020 年 LISA 时间路径的坐标点移动方向，从而揭示其空间格局演化特征。总体上看，江西、新疆、内蒙古、福建、宁夏、辽宁、河南、陕西、山东、西藏、安徽、甘肃等 12 个省域跃迁方向在 0°～90°之间，呈现出正向协同高增长趋势，在省域总量中的占比为 38.71%；广西、湖南、海南、河北、江苏、黑龙江等 6 个省域跃迁方向在 180°～270°之间，呈现出负向协同增长趋势，在省域总量中的占比为 19.35%。这说明 2001—2020 年我国整体人均居民生活碳排放空间演化呈现出较为明显的正向和负向协同增长趋势，空间整合性较强。

从我国城镇人均居民生活碳排放 LISA 时间路径结果来看(图 4.4)，①相对长度。2001—2020 年相对长度较高的省域数量为 13 个，约占省域总量的 41.94%，其中，山西、宁夏均超过 1.6，表明上述省域人均居民生活碳排放的局部空间结构具有较强的不稳定性。相对长度较低的省域数量为有 18 个，约占省域总量的 58.06%，其中，安徽、广东均小于 0.6，表明这些省域人均居民生活碳排放的局部空间结构较

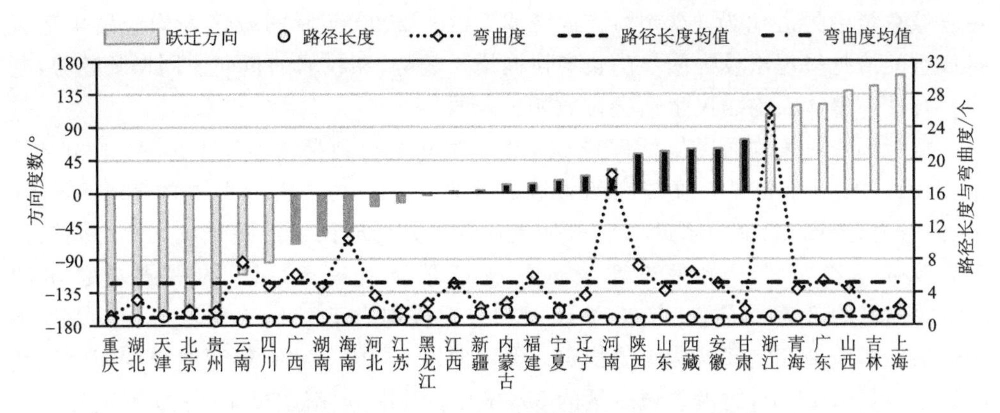

图4.3　我国整体人均居民生活碳排放的LISA时间路径分析

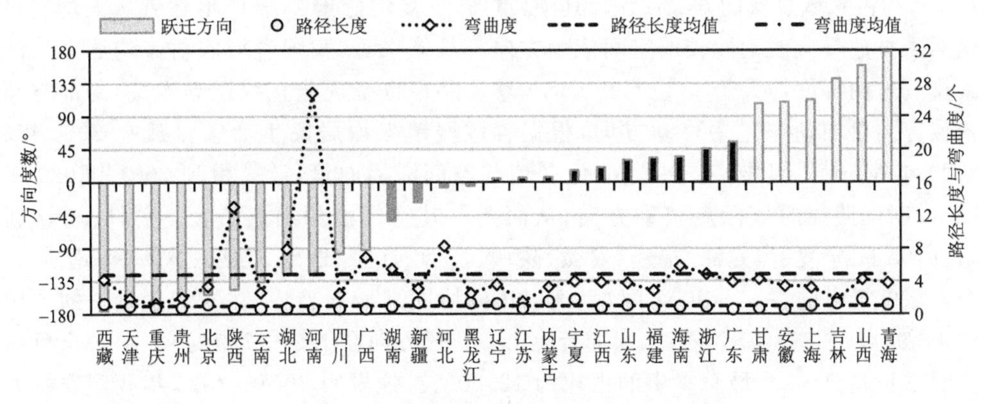

图4.4　我国城镇人均居民生活碳排放的LISA时间路径分析

为稳定。②弯曲度。2001—2020年弯曲程度相对较高的省域数量为8个，约占省域总量的25.81%。其中，河南、陕西均超过10，表明上述省域人均居民生活碳排放具有波动性较强的空间依赖方向。弯曲程度相对较低的省域数量为22个，约占省域总量的70.97%。其中，重庆、江苏、吉林、天津、贵州均低于2，表明上述省域人均居民生活碳排放具有波动性较弱的空间依赖方向。总体来看，我国省域城镇人均居民生活碳排放弯曲程度均大于1，说明其LISA移动路径也呈现非直线运动方式，局部空间依赖方向更加动态。③移动方向。根据省域城镇人均居民生活碳排放在2001年、2020年Moran's I散点图中标准化Z值与空间滞后向量，计算得到2001—2020年LISA时间路径的坐标点移动方向，从而揭示其空间格局演化特征。总体上看，辽宁、江苏、内蒙古、宁夏、江西、山东、福建、海南、浙江、广东等10个省域跃迁方向在0°～90°之间，呈现出正向协同高增长趋势，在省域总量中的占比为32.26%；湖南、新疆、河北、黑龙江等4个省域跃迁方向在180°～270°之间，呈现出负向协同增长趋势，在省域总量中的占比为 12.90%。这说明 2001—2020 年我国城镇人均居民生活碳排放空间演化呈现出较为明显的正向协同增长趋势，和较弱的负向协同增长趋势，空间整合性与整体人均居民生活碳排放相比较弱。

从我国农村人均居民生活碳排放 LISA 时间路径结果来看(图 4.5)，①相对长度，2001—2020 年相对长度较高的省域数量为 11 个，约占省域总量的 35.48%，其中，内蒙古、上海、北京均超过 1.6，表明上述省域人均居民生活碳排放局部空间结构具有较强不稳定性。相对长度较低的省域数量为有 20 个，约占省域总量的 64.52%，其中，广西、安徽、广东、海南、湖北、重庆均小于 0.6，表明这些省域人均居民生活碳排放局部空间结构较为稳定。②弯曲度，2001—2020 年弯曲程度相对较高的省域数量为 14 个，约占省域总量的 35.48%。其中，河南超过 10，表明河南省人均居民生活碳排放具有波动性较强空间依赖方向。弯曲程度相对较低的省域数量为 17 个，约占省域总量的 64.52%。其中，重庆、宁夏均低于 2，表明上述省域人均居民生活碳排放具有波动性较弱空间依赖方向。总体来看，我国省域农村人均居民生活碳排放弯曲程度均大于 1，说明其 LISA 移动路径也呈现非直线运动方式，局部空间依赖方向更加动态。③移动方向，根据省域城镇人均居民生活碳排放在 2001 年、2020 年 Moran's I 散点图中标准化 Z 值与空间滞后向量，计算得到 2001—2020 年 LISA 时间路径的坐标点移动方向，从而揭示其空间格局演化特征。总体上看，新疆、内蒙古、宁夏、黑龙江、福建、安徽、陕西、江西、辽宁、西藏、广东、青海、海南等 13 个省域跃迁方向在 0°～90°之间，呈现出正向协同高增长趋势，在省域总量中的占比为 41.94%；湖南、江苏、浙江、河北等 4 个省跃迁方向在 180°～270°之间，呈现出负向协同增长趋势，在省域总量中的占比为 12.90%。这说明 2001—2020 年我国农村人均居民生活碳排放空间演化呈现出较为明显的正向协同增长趋势和较弱的负向协同增长趋势，空间整合性与整体人均居民生活碳排放相比较弱。

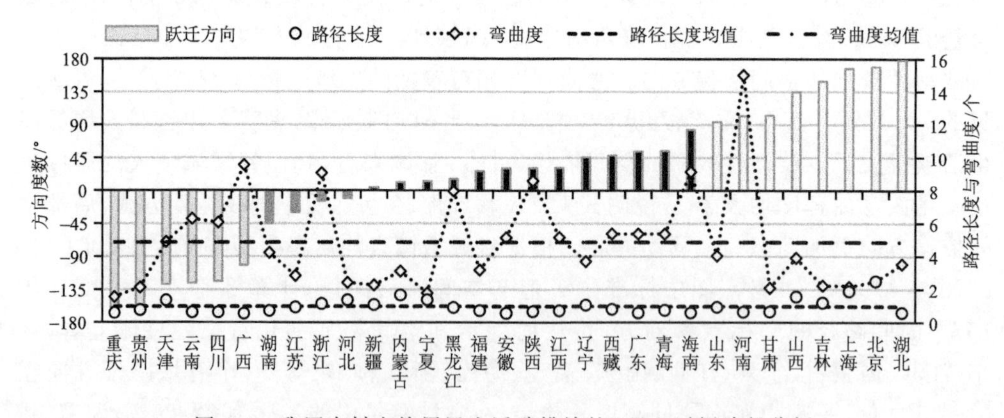

图 4.5 我国农村人均居民生活碳排放的 LISA 时间路径分析

(2)时空跃迁

时空跃迁分析可进一步了解空间关联模式的相互转移状态，通过对比分析不同时段省域人均居民生活碳排放的空间集聚类型来反映其时空跃迁规律。由表 4.9 所示，2001—2020 年，我国整体、城镇和农村的人均居民生活碳排放空间关联格局均相对稳定，其稳定性(S_t)分别为 94.6%、92.9%和 90.8%，不同类型之间的跃迁相对较少，总体呈现一定的转移惰性。

表 4.9　2001—2020 年我国人均居民生活碳排放空间集聚的时空跃迁矩阵

项	$t/t+1$	HH	HL	LH	LL	类型	数量	比例	S_t
整体	HH	0.761	0.000	0.000	0.239	Type0	557	0.946	0.946
	HL	0.000	0.274	0.726	0.000	TypeⅠ	22	0.037	
	LH	0.000	0.154	0.744	0.102	TypeⅡ	10	0.017	
	LL	0.527	0.057	0.322	0.093	TypeⅢ	0	0.000	
城镇	HH	0.766	0.046	0.000	0.189	Type0	547	0.929	0.929
	HL	0.000	0.321	0.679	0.000	TypeⅠ	25	0.042	
	LH	0.000	0.141	0.659	0.201	TypeⅡ	14	0.024	
	LL	0.410	0.029	0.467	0.094	TypeⅢ	3	0.005	
农村	HH	0.717	0.122	0.000	0.162	Type0	535	0.908	0.908
	HL	0.000	0.031	0.969	0.000	TypeⅠ	22	0.037	
	LH	0.000	0.056	0.881	0.064	TypeⅡ	31	0.053	
	LL	0.687	0.089	0.136	0.088	TypeⅢ	1	0.002	

从我国整体人均居民生活碳排放量来看，2001—2020 年，TypeⅢ类型没有发生，其余 3 种时空跃迁类型发生的概率大小排序为 Type0＞TypeⅠ＞TypeⅡ。研究发现，Type0 类型(即未发生空间关联形态转移的类型)的概率为 94.6%，表明 2001—2020 年我国人均居民生活碳排放的 LISA 并没有发生显著的时空跃迁，Moran's I 散点图保持在同一象限的概率为 94.6%，反映出省域单元居民生活碳排放具有较强的路径依赖特征。其次为 TypeⅠ，表现为省域本身时空跃迁活跃，而相邻省域相对稳定，发生的概率为 3.7%。接着为 TypeⅡ，表现为省域本身时空跃迁稳定，而相邻省域相对活跃，发生的概率为 1.7%。

从我国城镇人均居民生活碳排放量来看，2001—2020 年，4 种时空跃迁类型发生的概率大小排序为 Type0＞TypeⅠ＞TypeⅡ＞TypeⅢ。研究发现，Type0 类型(即未发生空间关联形态转移的类型)的概率为 92.9%，表明 2001—2020 年我国城镇人均居民生活碳排放的 LISA 并没有发生显著的时空跃迁，Moran's I 散点图保持在同一象限的概率为 92.9%，反映出省域单元城镇人均居民生活碳排放具有较强的路径依赖特征。其次为 TypeⅠ，表现为省域本身时空跃迁活跃，而相邻省域相对稳定，发生的概率为4.2%。接着为TypeⅡ,表现为省域本身时空跃迁稳定,而相邻省域相对活跃,发生的概率为2.4%。TypeⅢ类型发生的概率较小,表现为省域本身和相邻省域均发生时空跃迁,其发生概率仅为0.5%。

从我国农村人均居民生活碳排放量来看,2001—2020年,4种时空跃迁类型发生的概率大小排序为Type0>TypeⅠ>TypeⅡ>TypeⅢ。研究发现,Type0类型(即未发生空间关联形态转移的类型)的概率为90.8%,表明2001—2020年我国农村人均居民生活碳排放的LISA并没有发生显著的时空跃迁,Moran's I散点图保持在同一象限的概率为90.8%,反映出省域单元农村人均居民生活碳排放具有较强的路径依赖特征。其次为TypeⅠ,表现为省域本身时空跃迁活跃,而相邻省域相对稳定,发生的概率为3.7%。接着为TypeⅡ,表现为省域本身时空跃迁稳定,而相邻省域相对活跃,发生的概率为5.3%。TypeⅢ类型发生的概率较小,表现为省域本身和相邻省域均发生时空跃迁,其发生概率仅为0.2%。

4.3.4 时空移动规律

为了更好地探讨我国居民生活碳排放时空演化规律,本研究在标准差椭圆分析基础上计算我国31个省域人均居民生活碳排放质心的平均中心。根据公式(4.9)—(4.16),我国整体、城镇与农村人均居民生活碳排放的重心迁移轨迹如图4.6所示。总体而言,研究期内我国整体、城镇和农村人均居民生活碳排放重心移动范围均较小,重心迁移过程中主要途经山西、河南、湖北3个省域。

研究期内我国整体人均居民生活碳排放重心迁移轨迹呈现3个阶段性趋势(图4.6a):①2001—2007年,其重心呈现东南迁移趋势;②2007—2018年,其重心迁移趋势刚好相反,向西北移动;③2018—2020年,其重心出现了西南迁移趋势。我国整体人均居民生活碳排放重心移动范围的最大经度差为1.51°,最大纬度差为0.83°。研究期内其重心主要位于北纬34°30′—35°30′,东经111°00′—113°30′之间,重心迁移过程中经过济源市、焦作市、郑州市、临汾市和运城市5个城市,主要是山西省与河南省交接的城市。迁移趋势具体表现为2001年由河南省济源市向郑州市(2007年)移动,之后又由郑州市(2007年)向山西省运城市(2018年)移动,研究期末其重心位于运城市。

研究期内我国城镇人均居民生活碳排放重心迁移轨迹也呈现3个阶段性趋势(图4.6b),但与整体重心迁移轨迹方向不同:①2001—2008年,其重心呈现东南迁移趋势;②2008—2016年,其重心呈现西南迁移趋势;③2017—2020年,其重心出现了西北迁移趋势。我国城镇人均居民生活碳排放重心移动范围的最大经度差为0.99°,最大纬度差为1.22°。研究期内其重心主要位于北纬31°30′—33°00′,东经110°30′—113°30′之间,重心迁移过程中经过十堰市、南阳市、襄阳市3个城市,主要是湖北省与河南省交接的城市。迁移趋势具体表现为2001年由湖北省十堰市向河南省南阳市(2007年)移动,2008年又移动到十堰市,之后又由十堰市(2008年)向襄阳市(2016年)移动,最后由襄阳市(2017年)向十堰市移动,研究期末其重心位于湖北省襄阳市。

研究期内我国农村人均居民生活碳排放重心迁移轨迹呈现4个阶段性趋势(图4.6c):①2001—2003年,其重心呈现北部迁移趋势;②2003—2007年其重心呈现快速→缓慢东南迁移趋势;③2007—2017年,其重心出现了南部迁移趋势(西南向正南);④2017—2020年,其重心出现了西北迁移趋势(东北向西北)。我国农村人均居民生活碳排放重心移动范围的最大经度差为0.88°,最大纬度差为1.08°。研究期内其重心主要位于北纬32°00′—33°30′,东经111°30′—113°00′之间,重心迁移过程中经过南阳市、襄阳市2个城市,主要是河南省与湖北省交接的城市。迁移趋势具体表现为2001年由河南省南阳市先向该市正北方移动,之后(2004年)又向该市东南方向移动(2007年),然后再向该市西南方向(2007—2012年),继而向南部移动至湖北省襄阳市,最后由襄阳市向西北方向移至河南省南阳市与湖北省襄阳市、十堰市交界附近。

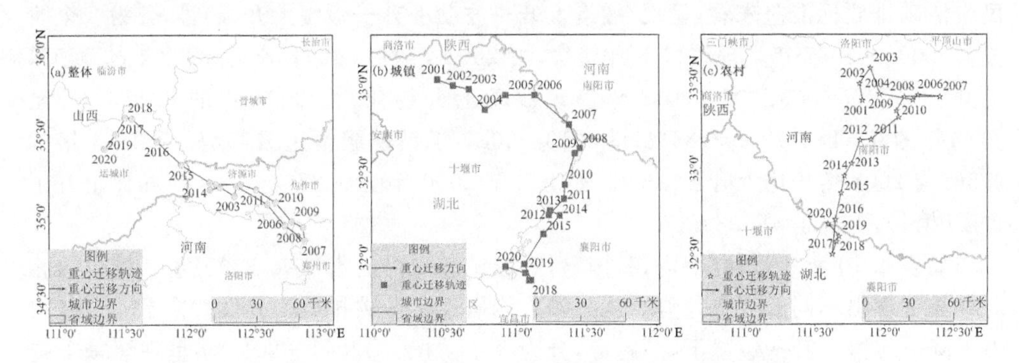

图4.6 研究期内我国整体人均居民生活碳排放重心迁移轨迹

4.4 时空演化差异分析

4.4.1 绝对差异

本研究通过公式(4.17)和(4.18)测算我国省域人均居民生活碳排放的标准差(σ)和变异系数(CV)来分析其绝对差异和相对差异。σ越大,说明其离散程度越大,反映出我国人均居民生活碳排放的绝对差异越大。反之,σ越小,说明其离散程度越小,反映出我国人均居民生活碳排放的绝对差异越小。CV越大,说明其变异系数越大,反映出我国人均居民生活碳排放的相对变化程度越大。反之,CV越小,说明其变异系数越小，反映出我国人均居民生活碳排放的相对变化程度越小。

如表 4.10 所示，研究期内，我国整体、城镇与农村的省域人均居民生活碳排放绝对差异均呈现波动上升趋势，但上升幅度各有不同。从整体人均居民生活碳排放标准差来看，呈现"缓慢上升→快速上升"趋势，分为 2 个阶段：①2001—2013 年呈现缓慢上升趋势，由 2001 年的 0.58 上升至 2013 年的 0.88，上升了 51.72%；②2014—2020 年呈现快速上升趋势，由 2014 年的 1.08(与 2001 年相比上升了 86.12%)上升至 2019 年的 1.50(与 2001 年相比上升了 158.62%)，上升了 32.41%。但与 2019 年相比，2020 年呈现下降趋势，下降了 4.67%。从城镇人均居民生活碳排放标准差来看，呈现"波动上升→缓慢上升→快速上升"趋势，分为 3 个阶段：①2001—2005 年呈现波动上升趋势，由 2001 年的 0.74 上升至 2005 年的 0.78，上升了 5.41%；②2006—2013 年呈现缓慢上升趋势，由 2006 年的 0.78 上升至 2013 年的 1.10，上升了 41.03%；③2014—2020 年呈现快速上升趋势，由 2014 年的 1.35(与 2001 年相比上升了 82.43%)上升至 2020 年的 1.78(与 2001 年相比上升了 140.54%)，上升了 31.85%。与 2019 年相比，2020 年也呈现下降趋势，下降了 5.82%。从农村人均居民生活碳排放标准差来看，呈现"缓慢上升→波动上升→缓慢上升"趋势，分为 3 个阶段：①2001—2007 年呈现缓慢上升趋势，由 2001 年的 0.40 上升至 2007 年的 0.59，上升了 47.50%；②2008—2012 年呈现波动上升趋势，由 2008 年的 0.52 上升至 2012 年的 0.54，上升了 3.85%；③2013—2020 年呈现缓慢上升趋势，由 2013 年的 0.56(与 2001 年相比上升了 40.00%)上升至 2020 年的 0.82(与 2001 年相比上升了 105.00%)，上升了 45.98%。

如表 4.10 所示，研究期内，我国整体、城镇和农村的省域人均居民生活碳排放相对产业呈现出不同的变化趋势。从整体人均居民生活碳排放变异系数来看，呈现"缓慢下降→缓慢上升→缓慢下降"趋势，分为 3 个阶段：①2001—2012 年呈现缓慢下降趋势，由 2001 年的 0.43 下降至 2012 年的 0.37，下降了 13.33%；②2013—2017 年呈现缓慢上升趋势，由 2013 年的 0.38 上升至 2017 年的 0.46，上升了 23.10%；③2018—2020 年呈现缓慢下降趋势，由 2018 年的 0.45 下降至 2020 年的 0.42，下降了 6.31%。与 2001 年相比，2020 年整体下降了 2.16%。从城镇人均居民生活碳排放变异系数来看，呈现"波动下降→缓慢上升→缓慢下降"趋势，分为 3 个阶段：①2001—2006 年呈现波动下降趋势，由 2001 年的 0.34 下降至 2006 年的 0.30，下降了 11.85%；②2007—2017 年呈现缓慢上升趋势，由 2007 年的 0.32 上升至 2017 年的 0.48，上升了 50.75%；③2018—2020 年呈现缓慢下降趋势，由 2018 年的 0.48 下降至 2020 年的 0.45，下降了 5.38%。从农村人均居民生活碳排放变异系数来看，整体呈现波动下降趋势，由 2001 年的 0.47 下降至 2020 年的 0.34，下降了 27.66%。

表 4.10　我国人均居民生活碳排放的标准差和变异系数

年份	标准差			变异系数		
	整体	城镇	农村	整体	城镇	农村
2001	0.58	0.74	0.40	0.43	0.34	0.47
2002	0.67	0.87	0.44	0.45	0.36	0.49
2003	0.66	0.82	0.47	0.43	0.34	0.51
2004	0.70	0.85	0.49	0.44	0.34	0.51
2005	0.70	0.78	0.55	0.41	0.31	0.52
2006	0.70	0.78	0.58	0.39	0.30	0.52
2007	0.73	0.84	0.59	0.40	0.32	0.51
2008	0.73	0.88	0.52	0.38	0.33	0.43
2009	0.75	0.92	0.57	0.37	0.33	0.45
2010	0.80	0.97	0.64	0.38	0.34	0.47
2011	0.81	1.01	0.62	0.37	0.35	0.43
2012	0.84	1.06	0.54	0.37	0.36	0.37
2013	0.88	1.10	0.56	0.38	0.37	0.36
2014	1.08	1.35	0.60	0.39	0.39	0.33
2015	1.17	1.50	0.64	0.41	0.42	0.34
2016	1.31	1.67	0.71	0.44	0.46	0.35
2017	1.40	1.76	0.80	0.46	0.48	0.39
2018	1.45	1.83	0.79	0.45	0.48	0.36
2019	1.50	1.89	0.82	0.44	0.47	0.35
2020	1.43	1.78	0.82	0.42	0.45	0.34

4.4.2　相对差异

对比分析我国整体、城镇与农村人均居民生活碳排放随着时间变化的省域差异情况。可以看出，省域人均居民生活碳排放标准差系数越大，表明该省域人均居民生活碳排放在过去20年的绝对值变化越明显；标准差系数越小，表明该省域人均居民生活碳排放在过去20年的绝对值变化越不明显，即越稳定。同理，省域人均居民生活碳排放变异系数越大，表明该省域人均居民生活碳排放在过去20年的相对差异变化越明显，反之，表明该省域人均居民生活碳排放的相对差异越不明显，其人均居民生活碳排放越稳定。

如表4.11所示，从各省域整体人均居民生活碳排放标准差来看，重庆(0.12)、北京(0.22)、吉林(0.23)、湖北(0.31)、贵州(0.33)的标准差系数最小，说明在研究期内,这些省域整体人均居民生活碳排放的绝对变化最小,而内蒙古(1.77)、新疆(1.74)、宁夏(1.71)、河北(1.33)、辽宁(1.21)这些省域在研究期内整体人均居民生活碳排放的绝对变化最大。从各省域城镇人均居民生活碳排放标准差来看,贵州(0.22)、四川(0.23)、北京(0.23)、湖北(0.24)、广西(0.25)的标准差系数最小,说明研究期内这些省域城镇人均居民生活碳排放的绝对变化最小,而新疆(2.06)、内蒙古(1.82)、宁夏(1.77)、河北(1.33)、黑龙江(1.32)这些省域在研究期内城镇人均居民生活碳排放的绝对变化最大。从各省域农村人均居民生活碳排放标准差来看,重庆(0.19)、上海(0.22)、吉林(0.28)、贵州(0.29)、四川(0.29)的标准差系数最小,说明研究期内这些省域农村人均居民生活碳排放的绝对变化最小,而河北(1.14)、内蒙古(1.14)、宁夏(1.09)、新疆(1.02)、辽宁(0.71)这些省域在研究期内农村人均居民生活碳排放的绝对变化最大。

表 4.11　我国省域人均居民生活碳排放的标准差与变异系数

省份	标准差			变异系数		
	整体	城镇	农村	整体	城镇	农村
北京	0.22	0.23	0.49	0.07	0.08	0.18
天津	0.50	0.41	0.61	0.15	0.11	0.31
河北	1.33	1.33	1.14	0.53	0.42	0.58
山西	0.84	0.86	0.57	0.31	0.24	0.32
内蒙古	1.77	1.82	1.14	0.40	0.31	0.45
辽宁	1.21	1.30	0.71	0.37	0.31	0.41
吉林	0.23	0.26	0.28	0.09	0.07	0.18
黑龙江	1.11	1.32	0.62	0.40	0.35	0.42
上海	0.72	0.78	0.22	0.19	0.19	0.09
江苏	0.82	0.78	0.70	0.40	0.34	0.45
浙江	0.60	0.54	0.60	0.23	0.19	0.29
安徽	0.50	0.32	0.49	0.30	0.14	0.41
福建	0.47	0.38	0.52	0.28	0.20	0.39
江西	0.49	0.42	0.44	0.39	0.26	0.48
山东	0.65	0.70	0.46	0.31	0.25	0.32
河南	0.39	0.27	0.34	0.29	0.14	0.35
湖北	0.31	0.24	0.36	0.18	0.11	0.29
湖南	0.44	0.35	0.43	0.28	0.17	0.37
广东	0.49	0.43	0.47	0.24	0.18	0.35
广西	0.37	0.25	0.33	0.30	0.14	0.41

续表

省份	标准差			变异系数		
	整体	城镇	农村	整体	城镇	农村
海南	0.40	0.36	0.34	0.32	0.21	0.46
重庆	0.12	0.29	0.19	0.07	0.12	0.19
四川	0.35	0.23	0.29	0.26	0.12	0.33
贵州	0.33	0.22	0.29	0.17	0.07	0.20
云南	0.44	0.27	0.37	0.26	0.10	0.33
陕西	0.51	0.33	0.44	0.29	0.13	0.42
甘肃	0.71	0.70	0.45	0.36	0.23	0.35
青海	0.66	0.58	0.58	0.31	0.19	0.41
宁夏	1.71	1.77	1.09	0.42	0.31	0.44
新疆	1.74	2.06	1.02	0.51	0.39	0.55
西藏	0.59	0.69	0.47	0.37	0.23	0.43

如表 4.11 所示，从各省域整体人均居民生活碳排放变异系数来看，重庆(0.07)、北京(0.07)、吉林(0.09)、天津(0.15)、贵州(0.17)的变异系数最小，说明研究期内这些省域整体人均居民生活碳排放的相对变化最小，而河北(0.53)、新疆(0.51)、宁夏(0.42)、江苏(0.40)、内蒙古(0.40)这些省域在研究期内整体人均居民生活碳排放的相对变化最大。从各省域城镇人均居民生活碳排放变异系数来看，吉林(0.07)、贵州(0.07)、北京(0.08)、云南(0.10)、湖北(0.11)的变异系数最小，说明研究期内这些省域城镇人均居民生活碳排放的相对变化最小，而河北(0.42)、新疆(0.39)、黑龙江(0.35)、江苏(0.34)、宁夏(0.31)这些省域在研究期内城镇人均居民生活碳排放的相对变化最大。从各省域农村人均居民生活碳排放变异系数来看，上海(0.09)、吉林(0.18)、北京(0.18)、重庆(0.19)、贵州(0.20)的变异系数最小，说明研究期内这些省域农村人均居民生活碳排放的相对变化最小，而河北(0.58)、新疆(0.55)、江西(0.48)、海南(0.46)、江苏(0.45)这些省域在研究期内农村人均居民生活碳排放的相对变化最大。

4.4.3　公平差异

省域碳基尼系数反映了居民生活碳排放总量与人口总量的匹配程度。本研究采用碳基尼系数对我国省域碳排放公平性进行分析，结果见表 4.12。2001—2020 年，我国整体、城镇与农村人均居民生活碳排放的碳基尼系数均呈现“波动下降→波动上升→波动下降”趋势，总体上在 0.15～0.25 之间，但其变化程度略有不同。

表 4.12 我国人均居民生活碳排放量的碳基尼系数比较

年份	分类		
	整体	城镇	农村
2001	0.21	0.19	0.20
2002	0.22	0.21	0.20
2003	0.21	0.18	0.19
2004	0.21	0.18	0.18
2005	0.19	0.16	0.17
2006	0.18	0.15	0.17
2007	0.19	0.15	0.17
2008	0.18	0.15	0.15
2009	0.17	0.15	0.14
2010	0.18	0.15	0.16
2011	0.18	0.16	0.16
2012	0.18	0.16	0.17
2013	0.18	0.17	0.19
2014	0.19	0.18	0.17
2015	0.20	0.19	0.18
2016	0.21	0.20	0.19
2017	0.22	0.21	0.20
2018	0.21	0.21	0.18
2019	0.20	0.20	0.17
2020	0.20	0.20	0.17

从整体碳基尼系数来看(表 4.12),包括 3 个阶段:①2001—2009 年呈现波动下降趋势,由 2001 年的 0.21 下降至 2009 年的 0.17,下降了 18.87%;②2010—2017 年呈现波动上升趋势,由 2010 年的 0.18 上升至 2017 年的 0.22,上升了 21.46%;③2018—2020 年呈现缓慢下降趋势,由 2018 年的 0.21 下降至 2020 年的 0.20,下降了 5.49%。与 2001 年相比,到 2020 年整体碳基尼系数下降了 5.76%。

从城镇碳基尼系数来看(表 4.12),包括 3 个阶段:①2001—2006 年呈现波动下降趋势,由 2001 年的 0.19 下降至 2006 年的 0.15,下降了 18.84%;②2007—2017 年呈现缓慢上升趋势,由 2007 年的 0.15 上升至 2017 年的 0.21,上升了 38.79%;③2018—2020 年呈现缓慢下降趋势,由 2018 年的 0.21 下降至 2020 年 0.20,下降了 3.75%。与 2001 年相比,到 2020 年城镇碳基尼系数上升了 9.47%。

从农村碳基尼系数来看(表 4.12),包括 3 个阶段:①2001—2009 年呈现波动下降趋势，由 2001 年的 0.20 下降至 2009 年的 0.14，下降了 32.86%；②2010—2017 年呈现波动上升趋势，由 2010 年的 0.16 上升至 2017 年的 0.20，上升了 21.60%；③2018—2020 年呈现缓慢下降趋势，由 2018 年的 0.18 下降至 2020 年 0.17，下降了 7.62%。与 2001 年相比，到 2020 年农村碳基尼系数下降了 17.11%。

总体上看，我国整体人均居民生活碳排放的碳基尼系数最大值出现在 2002 年(0.22)，最小值出现在 2009 年(0.17)，年均值为 0.19。城镇人均居民生活碳排放的碳基尼系数最大值出现在 2017 年(0.21)，最小值出现在 2006 年(0.15)，年均值为 0.18。农村人均居民生活碳排放的碳基尼系数最大值出现在 2001 年(0.20)，最小值出现在 2009 年(0.14)，年均值为 0.18。

4.4.4 地区差异

不同阶段人均居民生活碳排放差异具有不同的变化规律，深入了解和分析这些规律有助于制定差异化减排举措。本研究采用 4.2.3 节公式(4.21)和公式(4.22)，测算我国整体、城镇和农村人均居民生活碳排放的泰尔指数，进而分析研究期内我国人均居民生活碳排放的总体差异、区域间差异和区域内差异。

我国整体人均居民生活碳排放总体泰尔指数呈现波动下降→波动上升→快速下降趋势(图 4.7a)，与对应碳基尼系数趋势一致。2001—2020 年，总体泰尔指数在 0.05～0.08 之间，平均值为 0.06，最大值出现在 2002 年，最小值出现在 2009 年，最小值比最大值低 42.20%。2001—2004 年及 2015—2020 年总体泰尔指数要比研究期内均值高，而 2005—2014 年要比均值低，这说明我国整体人均居民生活碳排放的区域差异呈现了先降低后上升的趋势。对比区域内与区域间泰尔指数发展趋势，可以明显地看出整体人均居民生活碳排放的区域内泰尔指数与总体泰尔指数呈现出一致性趋势。2012 年之前，区域内泰尔指数均大于区域间泰尔指数，区域内泰尔指数贡献率在 50%～80%之间。2012 年之后，区域内泰尔指数均与区域间泰尔指数差异不大，两者贡献率均值 50%左右。总的来看，区域内差异是总差异的重要来源，但区域间差异扩大速度明显高于区域内，至 2020 年区域间泰尔指数略高于区域内泰尔指数，未来我国整体人均居民生活碳排放的差异有可能来自区域间。

从我国整体人均居民生活碳排放的八大经济区域内泰尔指数变化趋势来看(图 4.7b)，可以分为 4 类：①波动下降→波动上升趋势，包括东北地区、北部沿海、黄河中游；②波动下降趋势，包括东部沿海、南部沿海、西南地区；③波动上升→波动下降趋势，长江中游；④波动上升趋势，西北地区。对比分析八大经济区域内泰尔指数的贡献率，可以分为两个阶段：①2001—2010 年，黄河中游最高(贡献率在 13.52%～29.83%之间)，北部沿海(贡献率在 6.09%～20.83%之间)、东部沿海(贡献率在 10.48%～16.12%之间)次之，东北地区(贡献率在 0.04%～3.67%之间)、南部沿海(贡献率在 1.62%～3.58%之间)最低。②2011—2020 年，黄河中游最高(贡献率在

25.48%～28.61%之间)，西北地区(贡献率在 4.39%～6.84%之间)次之，长江中游(贡献率在 0.57%～4.56%之间)、南部沿海(贡献率在 0.67%～1.67%之间)最低。总体上，黄河中游对总体差异的贡献率最大，南部地区对其贡献率相对最小。

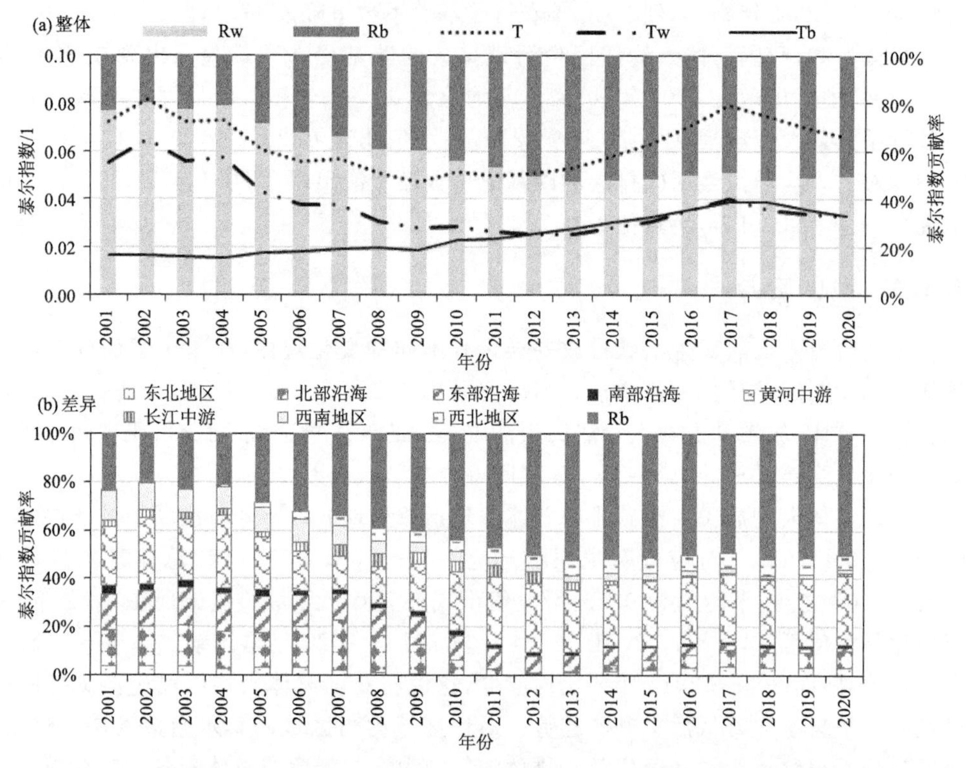

图 4.7　我国整体人均居民生活碳排放泰尔指数及贡献率
(T 为总体泰尔指数；Tw 为区域内泰尔指数；Tb 为区域间泰尔指数；
Rw 为区域内泰尔指数贡献率；Rb 为区域间泰尔指数贡献率。下同)

我国城镇人均居民生活碳排放总体泰尔指数也呈现波动下降→波动上升→快速下降趋势(图 4.8a)，与总体泰尔指数以及城镇对应碳基尼系数趋势一致。2001—2020 年，总体泰尔指数在 0.04～0.08 之间，平均值为 0.05，最大值出现在 2017 年，最小值出现在 2006 年，最小值比最大值低 56.17%。2001—2002 年及 2015—2020 年的总体泰尔指数要比研究期内平均值高，而 2003—2014 年要比平均值低，这说明我国城镇人均居民生活碳排放的区域差异也呈现了先降低后上升的趋势。对比区域内与区域间泰尔指数发展趋势，可以明显地看出城镇人均居民生活碳排放的区域内泰尔指数与总体泰尔指数呈现出一致性趋势。2013 年之前，区域内泰尔指数均大于区域间泰尔指数，区域内泰尔指数贡献率在 52%～74%之间。2013 年之后，区域内泰尔指数均小于区域间泰尔指数，区域间泰尔指数贡献率在 52%～55%之间。总的

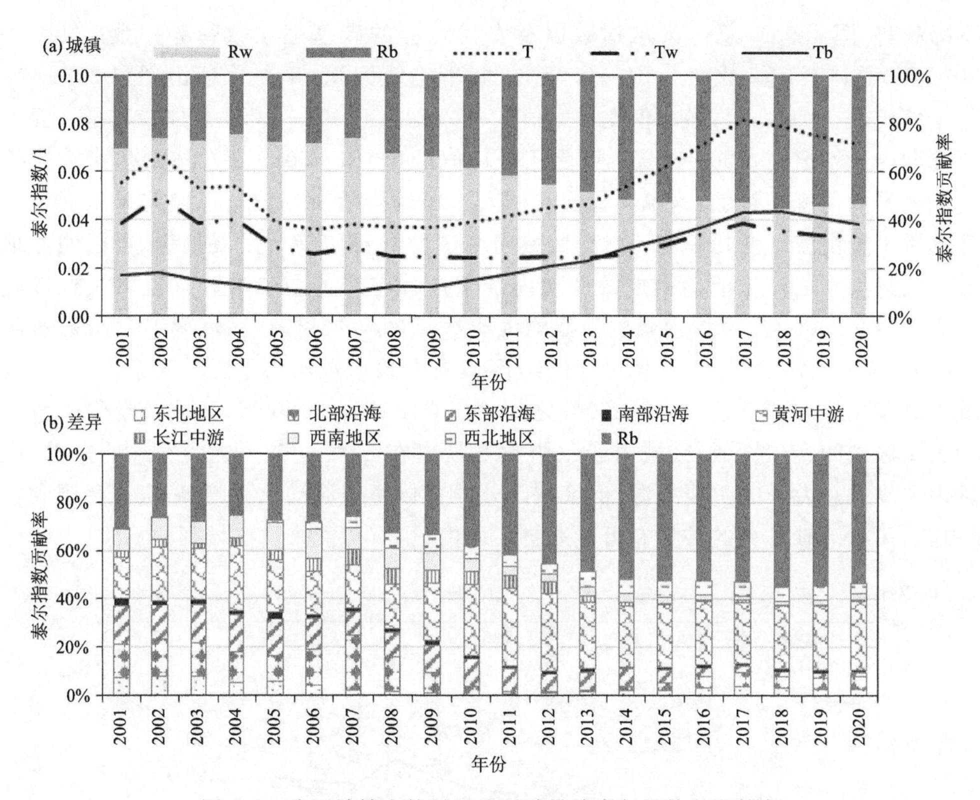

图 4.8　我国城镇人均居民生活碳排放泰尔指数及贡献率

来看，2001—2013 年，区域内差异是总差异的重要来源，但区域间差异扩大速度明显高于区域内，2014—2020 年(研究期末)，区域间泰尔指数略高于区域内泰尔指数，未来我国城镇人均居民生活碳排放的差异有可能会来自区域间。

从我国城镇人均居民生活碳排放的从八大经济区域内泰尔指数变化趋势来看(图 4.8b)，也可以分为 4 类：①波动下降→波动上升趋势，包括东北地区、北部沿海、黄河中游；②波动下降趋势，包括东部沿海、南部沿海、西南地区；③波动上升→波动下降趋势，长江中游；④波动上升趋势，西北地区。这一趋势与我国整体人均居民生活碳排放八大经济区域内泰尔指数的变化趋势一致。对比分析八大经济区域内泰尔指数的贡献率，可以分为两个阶段：①2001—2010 年，黄河中游最高(贡献率在 16.85%～29.77% 之间)，北部沿海(3.67%～22.28%)、东部沿海(9.95%～15.87%)次之，西北地区(0.29%～5.20%)、南部沿海(1.21%～2.92%)最低。②2011—2020 年，黄河中游最高(25.10%～32.48%)，西北地区(4.29%～6.57%)次之，长江中游(0.47%～4.72%)、南部沿海(0.51%～1.30%)最低。总体上黄河中游对总体差异的贡献率最大，南部地区相对最小，西北地区贡献率增长速度最快。

我国农村人均居民生活碳排放总体泰尔指数也呈现波动下降→波动上升→快速

下降趋势(图 4.9a),总体泰尔指数以及农村对应的碳基尼系数趋势一致。2001—2020 年,总体泰尔指数在 0.04～0.07 之间,平均值为 0.05,最大值出现在 2001 年,最小值出现在 2009 年,最小值比最大值低 47.53%。2001—2005 总体泰尔指数要比研究期内平均值高,2006—2012 年要比平均值低,2013—2020 年总体泰尔指数比研究期内平均值忽高忽低,这说明我国农村人均居民生活碳排放的区域差异呈现了先降低后上升由波动变化趋势。对比区域内与区域间泰尔指数发展趋势,可以明显地看出农村人均居民生活碳排放的区域内泰尔指数与总体泰尔指数呈现出一致性趋势。2001—2009 年,区域内泰尔指数均大于区域间泰尔指数,区域内泰尔指数贡献率在 61%～84%之间。2010—2016 年,区域内泰尔指数均小于区域间泰尔指数,区域内泰尔指数贡献率在 35%～50%之间。而在 2017—2020 年,区域内泰尔指数又均大于区域间泰尔指数,区域内泰尔指数贡献率在 52%～57%之间。总的来看,区域内差异是总差异的重要来源,但区域间差异整体呈现波动上升趋势,未来我国农村人均居民生活碳排放的差异有可能来自区域内,也有可能来自区域间。

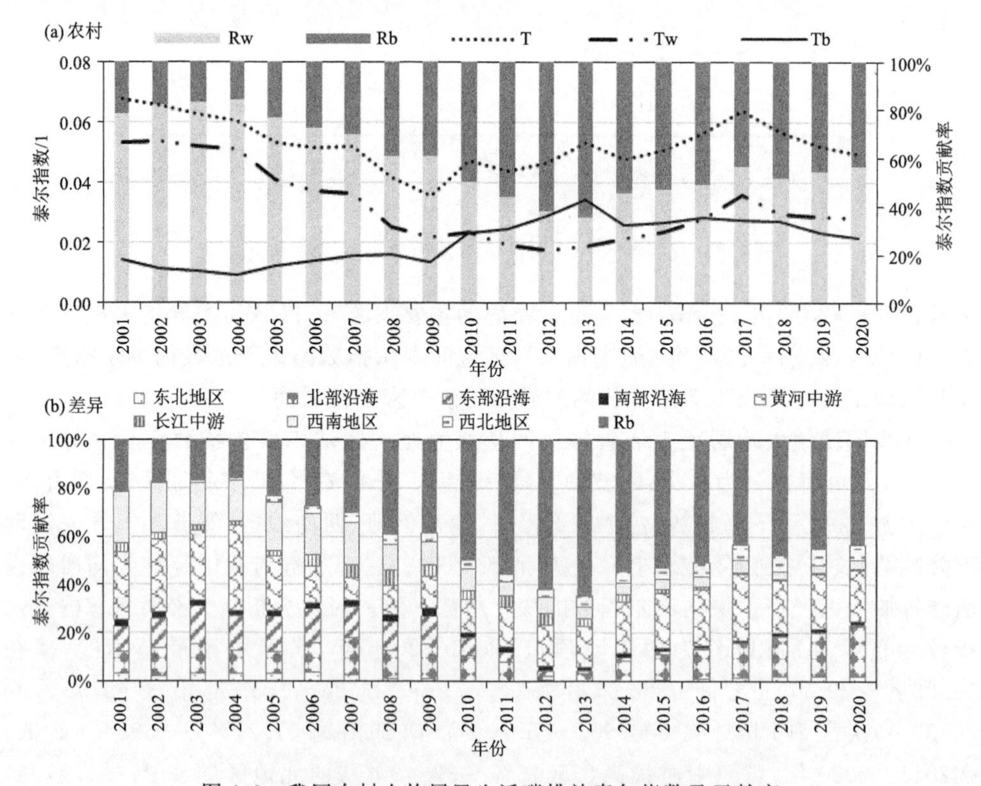

图 4.9 我国农村人均居民生活碳排放泰尔指数及贡献率

从八大经济区域内泰尔指数变化趋势来看(图 4.9b),可以分为 4 类:①波动上升→波动下降→波动上升趋势,包括东北地区、北部沿海、南部沿海、黄河中游;②波动下降趋势，西南地区；③波动下降→波动上升→波动下降趋势，东部沿海、长江中游；④波动上升趋势，西北地区。对比分析八大经济区域内泰尔指数的贡献率，可以分为两个阶段：①2001—2010年，黄河中游最高（贡献率在9.63%～35.13%之间），北部沿海（贡献率在8.97%～14.50%之间）、东部沿海（贡献率在7.57%～14.89%之间）次之，东北地区（贡献率在0.20%～3.71%之间）、西北地区（贡献率在0.36%～4.41%之间）最低。②2011—2020年，黄河中游最高（贡献率在16.50%～27.31%之间），北部沿海（贡献率在1.68%～20.58%之间）、西北地区（贡献率在3.21%～6.79%之间）次之，东部沿海（贡献率在0.24%～4.03%之间）、南部沿海（贡献率在0.88%～2.54%之间）最低。总体上，黄河中游对总体差异的贡献率最大，南部地区对其贡献率相对最小，西北地区贡献率增长速度最快。

4.5　小结

本章分析我国居民生活碳排放时空演化规律时，所需的统计数据主要包括碳排放数据和人口数据。数据来源与第三章的数据来源一致。采用时空变化趋势和时空演化差异方法，对我国人均居民生活碳排放的发展规律进行分析。根据上述分析结果，得出以下主要结论。

（1）时空变化趋势。①从时间变化趋势看，我国人均居民生活碳排放量呈现逐年上升趋势，但各省域的变化速率存在显著差异。过去20年，内蒙古、宁夏、新疆等省域整体人均居民生活碳排放量的变化速率最快，北京、重庆、吉林等省域的变化速率最慢。②从空间演进格局来看，2001—2020年我国整体、城镇与农村人均居民生活碳排放存在显著正向空间自相关，即在空间上呈现（高值或低值）空间集聚现象。2001—2020年，我国人均居民生活碳排放Moran's I散点图中属于HH与LL类型的占比均超过60%。省域人均居民生活碳排放空间关联以正相关集聚为主，这与全局自相关分析的结果保持一致。③从时空跃迁特征来看，2001—2020年我国整体人均居民生活碳排放空间演化呈现出较为明显的正向和负向协同增长趋势，空间整合性较强。同时发现我国人均居民生活碳排放空间关联格局均相对稳定，其整体、城镇和农村的稳定性（S_t）分别为94.6%、92.9%和90.8%，总体呈现一定的转移惰性。

（2）时空演化差异。①从绝对差异来看，2001—2020年，我国整体、城镇、农村的省域人均居民生活碳排放绝对差异均呈现波动上升趋势，但上升幅度各有不同。②从相对差异来看，重庆、北京、吉林、湖北、贵州的标准差系数最小，说明在研究期内，这些省域整体人均居民生活碳排放的绝对变化最小；而内蒙古、新疆、宁夏、河北、辽宁这些省域在研究期内整体人均居民生活碳排放的绝对变化最大。③从公平差异来看，2001—2020年，我国整体、城镇与农村人均居民生活碳排放的碳基尼系数均呈现“波动下降→波动上升→波动下降”趋势，总体上在 0.15～0.25 之间，但其变化程度略有不同。④从区域差异来看，我国整体人均居民生活碳排放总体泰尔指数呈现波动下降→波动上升→快速下降趋势，与对应的碳基尼系数趋势一致。2001—2020年，总体泰尔指数在 0.05～0.08 之间，平均值为 0.06，最大值出现在 2002 年，最小值出现在 2009 年，最小值比最大值低 42.20%。总体上，黄河中游对总体差异的贡献率最大，南部地区对其贡献率相对最小。

第 5 章　我国居民生活碳排放影响因素分析

居民生活碳排放受多方面因素影响。通过对国内外众多研究进行梳理，人口、经济和技术等因素对居民生活碳排放的影响最大。本章以 STIRPAT 理论模型为基础，构建适合我国人均居民生活碳排放的空间面板数据模型。通过标准化处理、模型检验及检验判断，确定本研究使用的最优模型，进而探寻我国人均居民生活碳排放的影响机制。

5.1　理论模型

5.1.1　STIRPAT 模型

IPAT(Impact，Population，Affluence，Technology)模型，即环境压力模型，主要用于分析人类发展与环境问题之间的因果关系(王少剑 等，2021)。该模型是 Ehrilich 和 Holden(1971，1972)于 20 世纪 70 年代初最先提出来的，旨在分析人口、财富、技术等因素的环境影响程度。该模型的一般形式为：

$$I = P \times A \times T \quad (5.1)$$

式中：I 代表环境影响(Impact)；P，A，T 分别代表人口(Population)，财富(Affluence)和技术水平(Technology)。

IPAT 模型存在一个难以避免的局限，即在分析问题时只能假定其他因素不变，这使得模型中相关影响因素的环境影响被简单地处理为同比例线性关系(York et al.，2003)。随着该模型在环境领域推广应用，衍生出 STIRPAT 模型，可用于非线性假说的检验并可支持相关变量进行分解(张志强 等，2019)。其基本形式为：

$$I = a \times P^b \times A^c \times T^d \times e \quad (5.2)$$

式中：I 为碳排放压力；P 为人口因素；A 为财富因素；T 为技术水平因素；a 为模型系数；b，c，d 分别为人口因素，财富因素，技术水平因素的驱动力指数；e 为模型误差。

为了降低 STIRPAT 模型处理过程中的异方差，通常对其进行线性化，即对 STIRPAT 模型等式两边取自然对数，得到方程：

$$\ln I = a_0 + b(\ln P) + c(\ln A) + d(\ln T) + e_0 \quad (5.3)$$

式中：$\ln I$ 为居民生活碳排放量，即因变量；$\ln P$、$\ln A$、$\ln T$ 为相关影响因素，即自变量；a_0 为常数项；e_0 为误差项。基于 STIRPAT 模型理论基础，可拓展得到公式(5.3)，阐释了不同因素变化对碳排放的影响程度为大小，即在其他影响因素保持不变的情况下，P、A、T 每发生 1%的变化，分别对碳排放产生 $b\%$、$c\%$、$d\%$的影响。

本研究选取家庭规模、少儿抚养比、人口老龄化、城镇化水平来表征人口因素，选取人均收入、恩格尔系数表征影响人均居民生活碳排放的经济因素，选取碳排放强度表征技术进步对碳排放的影响。本研究将上述 STIRPAT 公式进一步修正，其公式为：

$$\ln I = a_0 + b_1(\ln P_1) + b_2(\ln P_2) + b_3(\ln P_3) + b_4(\ln P_4) + c_1(\ln A_1) + c_2(\ln A_2) + d(\ln T) + e_0 \tag{5.4}$$

式中：P_1 代表家庭规模，用每户家庭人口表征；P_2 代表少儿抚养比，用 0～14 岁人口占总人口比例表征；P_3 代表人口老龄化，用老人抚养比，即 65 岁以上人口占总人口比例表征；P_4 代表城镇化水平，用城镇人口占总人口比例表征；A_1 代表收入水平，用家庭人均收入表征；A_2 代表恩格尔系数，用食物消费占消费总量比例表征；T 代表技术水平，用碳排放强度(即单位消费产生的碳排放量)来表示。其他字符含义与公式(5.3)一致。

5.1.2 时空面板数据模型

根据上述 STIRPAT 理论模型，本研究最终确定影响我国人均居民生活碳排放的相关影响因素包括：家庭规模、少儿抚养比、人口老龄化、城镇化水平、收入水平、恩格尔系数、技术水平 7 个解释变量。在此基础上，根据我国 31 个省域 2001—2020 年这 20 年的面板数据，构建适合我国人均居民生活碳排放的时空面板数据模型，探讨其影响机理。时空面板数据模型的一般形式为：

$$Y_{it} = \alpha_{it} + \beta_{it} X_{it} + \mu_{it} \tag{5.5}$$

式中：Y_{it} 为人均居民生活碳排放量作为因变量；i 为我国 31 个省域；t 为研究期；X_{it} 为解释变量；α_{it} 为模型常数项；β_{it} 为 X_{it} 的估计系数；μ_{it} 为随机误差项。

5.2 指标选取

5.2.1 人口因素

(1)家庭规模

家庭规模是居民生活碳排放的主要驱动因素之一。2020 年，我国平均家庭规模以 2～4 人/户为主，占户数总量的比例超过 60%；对比各省域的家庭规模，发现其也是以2～4人/户为主，占各省域户数总量的比例几乎都超过了60%，除了西藏(43%)、湖南(53%)、广西(59%)和海南(59%)以外(国家统计局，2021)。我国家庭规模由2001年的3.46人/户降至2020年的2.62人/户(2001—2020年均值为3.11人/户)，整体呈现波动下降趋势。其中，“十五”期间呈现快速下降趋势，“十一五”和“十二五”期间呈现缓慢波动下降趋势，至“十三五”期间，又呈现快速下降趋势(图5.1a)。根据家庭规模与人均居民生活碳排放的散点图(图5.1b)，可以发现，家庭规模大小与人均居民生活碳排放高低呈现较弱的负相关。

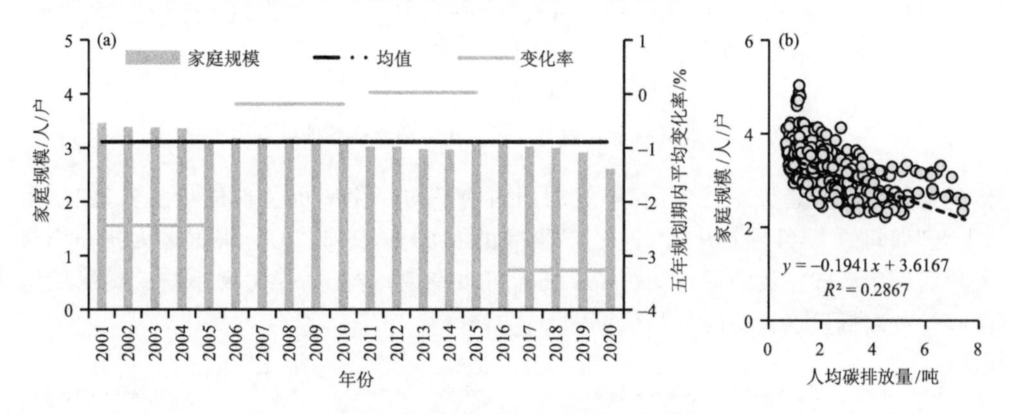

图5.1　家庭规模及与人均居民生活碳排放的散点图

(2)少儿抚养比

少儿抚养比作为主要的人口年龄结构，对居民生活碳排放产生了重要影响。2020年，我国31个省域的少儿抚养比在13.25%～37.17%之间。其中，上海和黑龙江2个省(区)的少儿抚养比较低，不足15%，而贵州、广西、河南、西藏、江西、新疆、河北7个省(区)的少儿抚养比较高，均超过30%(中国统计年鉴，2021)。我国少儿抚养比由2001年的31.96%降至2020年的26.20%(2001—2020年均值为25.65%)，整体呈现先波动下降后缓慢波动上升趋势。其中，“十五”和“十一五”期间呈现快速下降趋势，“十二五”和“十三五”期间呈现缓慢波动上升趋势(图5.2a)。根据少儿抚养比与人均居民生活碳排放的散点图(图5.2b)，可以发现，少儿抚养比大小与人均居民生活碳排放高低呈现较弱的负相关。

(3)人口老龄化

老人抚养比(代表人口老龄化)作为主要的人口年龄结构，对居民生活碳排放也产生了重要影响。2020年，我国31个省域的老人抚养比在8.13%～25.48%之间。其中，西藏的老人抚养比最低，仅为8.13%，新疆、海南、青海、宁夏、广东等6个省(区)的老人抚养比相对较低，不足15%，而重庆、四川、辽宁、江苏、安徽、湖南、上海7个省(区)的老人抚养比较高，均超过22%(中国统计年鉴，2021)。我国老人抚养比由2001年的10.09%上升至2020年的19.70%(2001—2020年均值为13.03%)，整

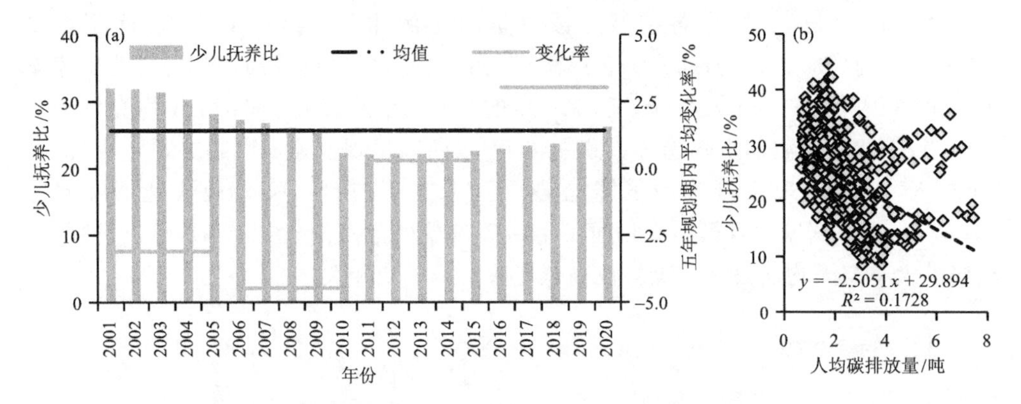

图 5.2　少儿抚养比及与人均居民生活碳排放的散点图

体呈现逐步上升趋势。其中,五年规划期内的平均变化率也呈现逐步上升趋势,由“十五”期间的 1.44%上升至“十三五”期间的 6.59%(图 5.3a)。根据老人抚养比与人均居民生活碳排放的散点图(图 5.3b),可以发现,老人抚养比大小与人均居民生活碳排放高低呈现较弱的正相关。

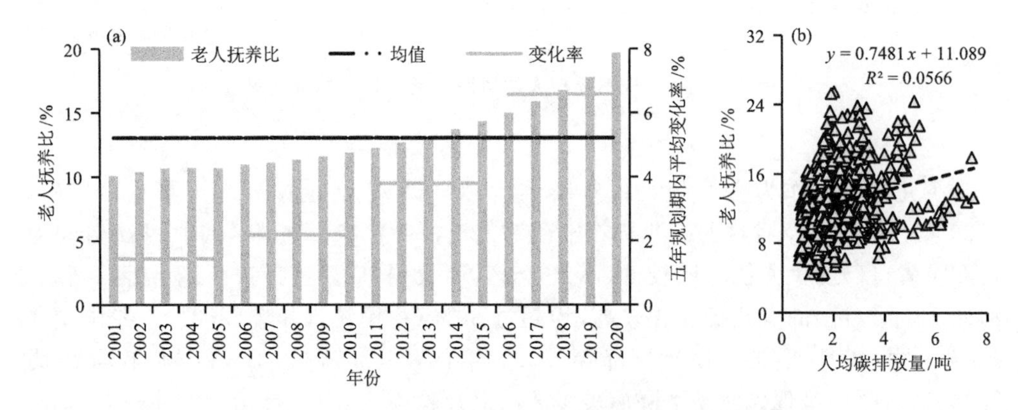

图 5.3　老人抚养比及与人均居民生活碳排放的散点图

(4)城镇化水平

城镇化率(代表城市化水平)不仅可作为人口迁移因素,更体现了地区经济和社会发展的综合水平,对居民生活碳排放也产生了重要影响。2020 年,我国 31 个省域的城镇化率在 36%～89%之间。其中,西藏的城镇化率最低,仅为 36%,云南、甘肃、贵州、广西 4 个省(区)的城镇化率相对较低,为 50%～55%之间,而上海、北京、天津、广东、江苏、浙江、辽宁 7 个省区的城镇化率较高,均超过 72%(国家统计局,2021)。我国城镇化水平由 2001 年的 37.66%上升至 2020 年的 63.89%(2001—2020 年均值为 50.86%),整体呈现逐步上升趋势。其中,五年规划期内的平均变化率呈现逐步下降趋势,由“十五”期间的 3.37%下降至“十三五”期间的 2.19%

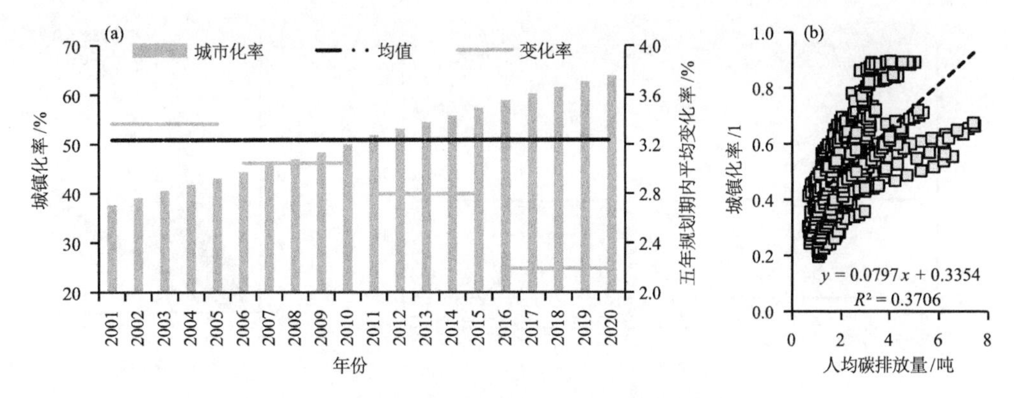

图 5.4　城镇化率及与人均居民生活碳排放的散点图

(图 5.4a)。根据城镇化率与人均居民生活碳排放的散点图(图 5.4b),可以发现,城镇化水平高低与人均居民生活碳排放高低呈现正相关。

5.2.2　经济因素

(1)收入水平

收入水平是地区经济和社会发展的直观体现,不仅关乎居民生活质量,对居民生活碳排放也产生了重要影响。2020 年,我国 31 个省域的人均收入在 2.26 万元/人～7.20 万元/人之间。其中,甘肃的人均收入最低,仅为 2.26 万元/人,西藏、贵州等 4 个省(区)的人均收入相对较低,不足 2.50 万元/人,而上海、北京、浙江、江苏、天津、广东 6 个省(区)的人均收入较高,均超过 4.20 万元/人(国家统计局,2021)。我国人均收入由 2001 年的 0.41 万元/人增至 2020 年的 3.22 万元/人(2001—2020 年均值为 1.54 万元/人),整体呈现逐步上升趋势。其中,“十五”至“十一五”期间呈现快速增长趋势,“十二五”至“十三五”期间呈现缓慢增长趋势。五年规划期内的平均变化率呈现先上升后下降趋势,“十五”期间的平均变化率为 11.92%,“十三五”期间的平均变化率为 7.95%(图 5.5a)。根据人均收入与人均居民生活碳排放的散点图(图 5.5b),可以发现,收入水平高低与人均居民生活碳排放高低呈现正相关。

(2)恩格尔系数

恩格尔系数既可以表征地区消费水平,也可以表征居民消费结构,对居民生活碳排放也产生了重要影响。2020 年,我国 31 个省域的恩格尔系数在 21.48%～39.38%之间。其中,北京(21.48%)、上海(26.43%)的恩格尔系数较低,不足 27%,而海南、西藏、四川 3 个省(区)的恩格尔系数较高,均超过 35%(国家统计局,2021)。我国恩格尔系数由 2001 年的 40.50%降至 2020 年的 30.20%(2001—2020 年均值为 33.73%),整体呈现波动下降趋势。其中,“十五”至“十一五”期间呈现快速下降趋势,“十二五”至“十三五”期间呈现缓慢下降趋势。五年规划期内的平均变化率呈

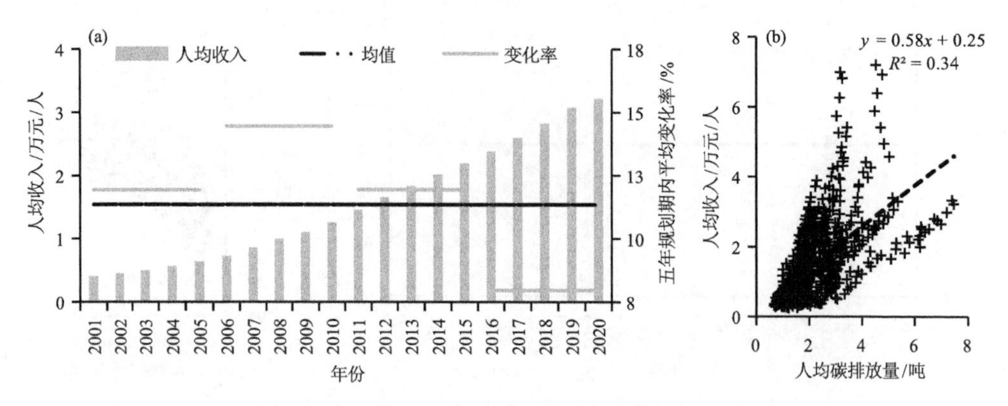

图 5.5　收入水平及与人均居民生活碳排放的散点图

现波动上升趋势，“十五”期间的平均变化率为－2.01%，“十三五”期间的平均变化率为－0.20%(图 5.6a)。根据恩格尔系数与人均居民生活碳排放的散点图(图 5.6b)，可以发现，恩格尔系数大小与人均居民生活碳排放高低呈现负相关。

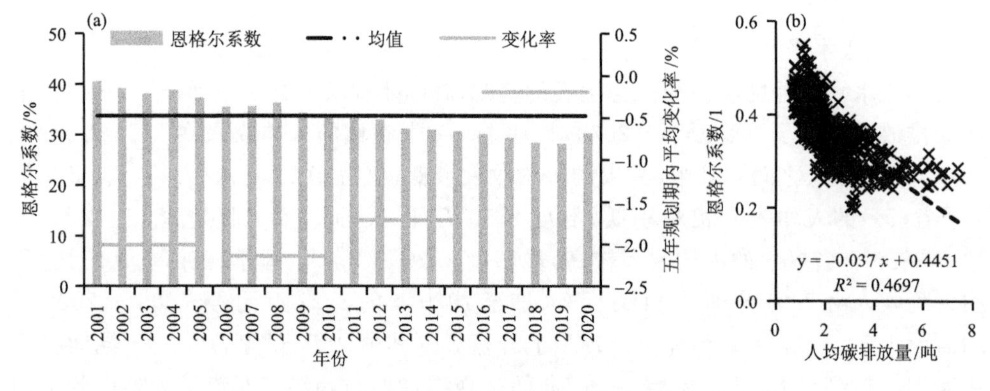

图 5.6　恩格尔系数及与人均居民生活碳排放的散点图

5.2.3　技术因素

碳排放强度可以表征地区技术水平，对居民生活碳排放也产生了重要影响。2020 年，我国 31 个省域的碳排放强度在 0.81～3.61 吨 CO_2/万元之间。其中，北京(0.81)、福建(0.87)、重庆(0.89)、四川(0.92)、海南(0.97)、广东(0.99)的碳排放强度较低，不足 1.00 吨 CO_2/万元，而宁夏(3.61)、新疆(3.53)、内蒙古(3.60)3 个自治区的碳排放强度较高，均超过 3.53 吨 CO_2/万元。我国碳排放强度由 2001 年的 3.67 吨 CO_2/万元降至 2020 年的 1.45 吨 CO_2/万元(2001—2020 年均值为 2.24 吨 CO_2/万元)，整体呈现先快速下降后缓慢波动下降趋势。其中，“十五”至“十一五”期间呈现快速下降趋势，“十二五”至“十三五”期间呈现缓慢波动下降趋势。五年规划期内的平均变化率呈现波动上升趋势,“十五”期间的平均变化率为-5.04%,“十三五”期间的平均变化率为-2.53%(图 5.7a)。根据碳排放强度与人均居民生活碳排放的散点图(图 5.7b),可以发现,单独分析碳排放强度与人均居民生活碳排放的时空面板数据时,它们之间的相关性不强。

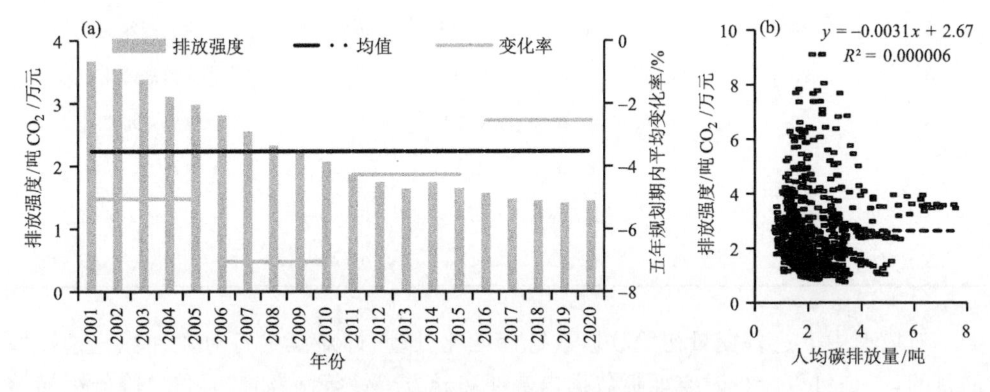

图 5.7 排放强度及与人均居民生活碳排放的散点图

5.3 模型构建

5.3.1 标准化处理

本章采用的时空面板数据主要包括碳排放、家庭规模、少儿抚养比、人口老龄化、城镇化水平、收入水平、恩格尔系数、技术水平等方面,覆盖我国 31 省区,时间范围为 2001—2020 年,每一方面数据包括的样本量为 620,数据较新,信息丰富。其中,人均居民生活碳排放为因变量,其他类别数据为自变量,各变量的描述统计如表 5.1 所示。通过对 2001—2020 年我国 31 省(区)的时空面板数据进行描述性统计,分析发现,人均居民生活碳排放的均值为 2.28,最小值为 0.66,最大值为 7.46,标准误(standard error)为 0.05。家庭规模的均值为 3.17,最小值为 2.22,最大值为 5.03,标准误为 0.02。少儿抚养比的均值为 24.18,最小值为 8.61,最大值为 44.65,标准误为 0.29。人口老龄化的均值为 12.80,最小值为 4.33,最大值为 25.48,标准误为 0.15。城市化水平的均值为 0.52,最小值为 0.20,最大值为 0.90,标准误为 0.01。人均收入的均值为 1.58,最小值为 0.24,最大值为 7.20,标准误为 0.05。恩格尔系数的均值为 0.36,最小值为 0.20,最大值为 0.55,标准误为 0.00。技术水平的均值为 2.66,最小值为 0.75,最大值为 9.11,标准误为 0.06。

表 5.1 各变量初始数据描述统计

描述统计	样本量	最小值	最大值	均值	标准误	变量含义
Y	620	0.66	7.46	2.28	0.05	人均居民生活碳排放
X_1	620	2.22	5.03	3.17	0.02	家庭规模
X_2	620	8.61	44.65	24.18	0.29	少儿抚养比
X_3	620	4.33	25.48	12.80	0.15	人口老龄化
X_4	620	0.20	0.90	0.52	0.01	城镇化水平
X_5	620	0.24	7.20	1.58	0.05	收入水平
X_6	620	0.20	0.55	0.36	0.00	恩格尔系数
X_7	620	0.75	9.11	2.66	0.06	技术水平

对模型中上述各变量初始数据进行标准化处理,即对其进行对数计算。这样做的目的,一是可以减少时空面板数据内生性和异方差性等问题,二是可以降低因初始数据(绝对值)带来的误差,确保数据模型进行可比分析。经过对数处理的各变量描述统计如表 5.2 所示。分析发现,人均居民生活碳排放的对数均值为 0.71,最小值为−0.41,最大值为 2.01,标准误为 0.02。家庭规模的均值为 1.15,最小值为 0.80,最大值为 1.62,标准误为 0.01。少儿抚养比的对数均值为 3.14,最小值为 2.15,最大值为 3.80,标准误为 0.01。人口老龄化的均值为 2.51,最小值为 1.47,最大值为 3.24,标准误为 0.01。城市化水平的均值为 3.90,最小值为 2.98,最大值为 4.50,标准误为 0.01。人均收入的均值为 0.18,最小值为−1.44,最大值为 1.97,标准误为 0.03。恩格尔系数的均值为 3.57,最小值为 2.98,最大值为 4.01,标准误为 0.01。技术水平的均值为 0.84,最小值为−0.29,最大值为 2.21,标准误为 0.02。

表 5.2 各变量标准化处理后描述统计

描述统计	样本量	最小值	最大值	均值	标准误	变量含义
$\ln Y$	620	−0.41	2.01	0.71	0.02	人均居民生活碳排放
$\ln X_1$	620	0.80	1.62	1.15	0.01	家庭规模
$\ln X_2$	620	2.15	3.80	3.14	0.01	少儿抚养比
$\ln X_3$	620	1.47	3.24	2.51	0.01	人口老龄化
$\ln X_4$	620	2.98	4.50	3.90	0.01	城镇化水平
$\ln X_5$	620	−1.44	1.97	0.18	0.03	收入水平
$\ln X_6$	620	2.98	4.01	3.57	0.01	恩格尔系数
$\ln X_7$	620	−0.29	2.21	0.84	0.02	技术水平

5.3.2　模型检验

(1)多重共线性检验

根据研究经验,STIRPAT 模型构建过程中往往会存在多重共线性问题,进而会影响模型估计值的准确性(王梦晗,2018)。为提高时空面板数据模型的拟合效果及可靠性,本研究在实证分析前对各因素进行共线性检验。采用 SPSS26.0 软件对上述对数处理的各变量数据进行共线性检验(表 5.3)。容差值和方差膨胀因子(variance inflation factor,VIF)作为共线性检验指标,根据其值大小判断是否存在共线性。如容差值越小,说明该变量与其他变量共线性越强,容差值越大,说明该变量与其他变量共线性越弱。VIF 处于 0～10 之间,说明该变量与其他变量之间不存在共线性;VIF＞10,说明存在共线性。根据表 5.4 给出的共线性检验结果,各变量的容差均＞0.1,VIF 均＜10,这说明选取的所有变量通过了多重共线性检验,可以进行下一步时空面板数据模型构建。

表 5.3　多重共线性检验

指标	B	Beta	显著性	容差	VIF	变量含义
a	−0.622		0.00			常量
$\ln X_1$	0.04	0.01	0.32	0.23	4.44	家庭规模
$\ln X_2$	0.013	0.01	0.35	0.33	3.04	少儿抚养比
$\ln X_3$	0.014	0.01	0.26	0.45	2.23	人口老龄化
$\ln X_4$	0.089	0.06	0.00	0.19	5.23	城镇化水平
$\ln X_5$	0.919	1.46	0.00	0.11	8.85	收入水平
$\ln X_6$	−0.044	−0.02	0.07	0.33	3.06	恩格尔系数
$\ln X_7$	1.007	1.09	0.00	0.28	3.58	技术水平

(2)平稳性检验

为了避免模型构建过程可能会出现伪回归问题,采用 Views13 软件对上述 7 个因素进行单位根检验(表 5.4)。

表 5.4　单位根检验

类别	LLC	IPS	Fisher-ADF	Fisher-PP	结论
$\ln Y$	-5.850^{***}	0.518	77.012^{*}	87.808^{**}	平稳
$\ln X_1$	5.871	6.492	15.812	14.813	非平稳
$\ln X_2$	-5.039^{***}	-4.290^{***}	107.098^{***}	102.260^{***}	平稳
$\ln X_3$	-8.279^{***}	-8.456^{***}	199.937^{***}	206.966^{***}	平稳
$\ln X_4$	-10.777^{***}	-1.469^{***}	127.998^{***}	321.331^{***}	平稳

续表

类别	LLC	IPS	Fisher-ADF	Fisher-PP	结论
$\ln X_5$	−12.052***	−3.023***	100.085***	73.629	平稳
$\ln X_6$	−0.865	4.466	23.720	14.241	非平稳
$\ln X_7$	−6.079***	0.675	56.684	36.767	平稳
$D(\ln Y)$	−13.208***	−13.436***	283.797***	528.027***	平稳
$D(\ln X_1)$	−9.491***	−12.371***	262.621***	263.888***	平稳
$D(\ln X_2)$	−28.753***	−26.461***	551.660***	816.135***	平稳
$D(\ln X_3)$	−29.464***	−27.792***	580.940***	1750.02***	平稳
$D(\ln X_4)$	−11.011***	−10.593***	233.052***	340.920***	平稳
$D(\ln X_5)$	−4.497***	−3.696***	104.960***	108.236***	平稳
$D(\ln X_6)$	−11.316***	−10.512***	229.860***	263.227***	平稳
$D(\ln X_7)$	−7.296***	−8.666***	191.188***	194.422***	平稳

注：*、**、*** 分别代表通过 10%、5%、1%显著性水平检验；$\ln X_1$、$\ln X_2$、$\ln X_3$、$\ln X_4$、$\ln X_5$、$\ln X_6$、$\ln X_7$ 分别代表家庭规模、少儿抚养比、人口老龄化、城镇化水平、收入水平、恩格尔系数、技术水平 7 个自变量。D 表示一阶差分。

基于 LLC、IPS、Fisher-ADF、Fisher-PP 这四种单位根检验方法，发现 $\ln Y$、$\ln X_2$、$\ln X_3$、$\ln X_4$、$\ln X_5$ 和 $\ln X_7$ 为平稳序列，$\ln X_1$ 和 $\ln X_6$ 为非平稳序列。之后对所有变量进行一阶差分，发现所有变量均通过一阶差分单位根检验，属于一阶单整序列。因此，还需对上述变量进行协整检验，检验结果见表 5.5。分析发现，根据 Kao Residual Cointegration Test 协整检验结果，所有变量存在长期协整关系，可进行下一步分析。

表 5.5 协整检验

检验方法	检验形式	统计量	显著性
Kao Residual Cointegration Test	ADF	−8.441	0.0000
	RESID(−1)	−9.274	0.0000

5.3.3 模型判断

根据上述标准化处理和模型检验标准，可进一步构建人均居民生活碳排放的时空面板数据模型。时空面板数据模型主要包括：混合模型(pooled model，PM)、固定效应(fixed effect，FE，包括个体固定、时间固定和双向固定)模型和随机效应(random effects，RE)模型 3 种(陈绍 等，2023)。进一步将时空面板数据模型分为以下几种情形(陈绍 等，2023)。

(1)混合模型

$$Y_{it} = \alpha_{it} + \beta_{it} X_{it} + \mu \tag{5.6}$$

式中:Y_{it}代表人均居民生活碳排放量作为因变量;X_{it}代表解释变量;α_{it}代表模型截距项;β_{it}代表X_{it}的估计系数;μ代表误差项。这里,将时空面板数据看做成一系列截面数据来代表回归量,因此有n个截面方程,与公式(5.5)相比,此情景在横截面上不受个体影响,没有结构变化,相当于将上述所有时空面板数据放在一起作为一个样本数据。

(2)固定效应模型

$$Y_{it} = \alpha_i + \beta_{it} X_{it} + \mu_{it} \tag{5.7}$$

式中:Y_{it}代表人均居民生活碳排放量作为因变量;X_{it}代表解释变量;α_i代表随机变量,表示对于i个个体有i个不同的截距项,其变化与X_{it}相关;β_{it}代表X_{it}的估计系数;μ_{it}代表误差项,满足通常假定$E(\mu_{it}|\alpha_i, X_{it})=0$。$\alpha_i$作为随机变量,描述不同个体构建模型的差异,即$\alpha_i$为随机变量时是不可观测的,且与解释变量$X_{it}$的变化有关,称为个体固定效应模型。公式为:

$$Y_{it} = \gamma_t + \beta_{it} X_{it} + \mu_{it} \tag{5.8}$$

式中:Y_{it}代表人均居民生活碳排放量作为因变量;X_{it}代表解释变量;γ_t代表截距项,随机变量,表示对于t个截面有t个不同截距项,其变化与X_{it}相关;β_{it}代表X_{it}的估计系数;μ_{it}代表误差项。γ_t作为随机变量,可解释为含有t个截面,且与解释变量X_{it}的变化有关,即γ_t为随机变量时每个截面对应一个不同截距的模型,对于每个截面,回归函数的斜率相同,γ_t却因截面(时间)不同而异,称为时间固定效应模型。公式为:

$$Y_{it} = \alpha_i + \gamma_t + \beta_{it} X_{it} + \mu_{it} \tag{5.9}$$

式中:Y_{it}代表人均居民生活碳排放量作为因变量;X_{it}代表解释变量;α_i代表随机变量,表示对于i个个体有i个不同的截距项,且其变化与X_{it}相关;γ_t代表截距项,随机变量,表示对于t个截面有t个不同截距项,且其变化与X_{it}相关;β_{it}代表X_{it}的估计系数;μ_{it}代表误差项,满足通常假定$E(\mu_{it}|X_{it}, \alpha_i, \gamma_t)=0$,称为双向固定效应模型。

(3)随机效应模型

$$Y_{it} = \alpha_{it} + \gamma_t + \beta_{it} X_{it} + \mu_{it} \tag{5.10}$$

式中:Y_{it}代表人均居民生活碳排放量作为因变量;X_{it}代表解释变量;α_{it}代表随机变量;β_{it}代表X_{it}的估计系数;μ_{it}代表随机误差项。如果α_i为随机变量,其分布与X_{it}无关。

(4)检验判断

豪斯曼检验(Hausman test)的原假设是个体效应与回归变量无关,应建立随机效应模型,因此当豪斯曼检验值较大,对应的p值远小于0.05时,拒绝原假设,应建立个体固定效应模型。似然比检验(likelihood ratio)方法与豪斯曼检验方法一致,只是要在个体固定效应模式的输出结果下进行检验。该检验的原假设是α_i相等,应建立混合效应模型,当F值较大,p值远小于0.05时,拒绝原假设,应建立个体效应模型(陈绍 等,2023)。利用时空面板数据模型中的两种检验方法对我国人均居民生活碳排放影响机理模型进行检验判断。结果发现,根据豪斯曼检验和似然比检验结果(表 5.6),对应的 p 值均小于 0.05,说明检验结果均拒绝了原假设的随机效应模型和混合效应模型,说明适用于本研究的模型应该选择固定效应模型。

表 5.6 模型判断

检验方法	检验形式	统计量	显著性
Hausman test	Cross-section and period random	36.585	0.0000
likelihood ratio	Cross-section F	28.957	0.0000
	Cross-section Chi-square	578.678	0.0000
	Period F	5.826	0.0000
	Period Chi-square	112.101	0.0000
	Cross-section/Period F	24.217	0.0000
	Cross-section/Period Chi-square	702.914	0.0000

5.4 讨论与结论

影响居民生活碳排放的因素很多,与地区能源环境、资源禀赋、收入水平、人口特征等相关。参考已有研究基础,根据上节的标准化处理、模型检验及模型判断,本研究以家庭规模($\ln X_1$)、少儿抚养比($\ln X_2$)、人口老龄化($\ln X_3$)、城镇化水平($\ln X_4$)、收入水平($\ln X_5$)、恩格尔系数($\ln X_6$)、技术水平($\ln X_7$)作为解释变量,以人均居民生活碳排放[ln(PHCE)]作为被解释变量,构建其时空面板数据模型是可行的。进一步利用 R^2(R-squared,决定系数)、$R_{adj}{}^2$(adjusted R-squared,校正决定系数)、LL(log likelihood,最大似然值),AIC(Akaike info criterion,赤池信息准则)等检验方法(陈绍 等,2023),选择适合本研究的最优模型。

根据表 5.7,基于混合效应模型结果,可以看出,各变量的系数除了家庭规模、少儿抚养比和人口老龄化因素未通过 10%显著性检验,其余各因素均通过 1%显著性检验,与传统时序数据或截面数据的分析结果不完全统一,这说明了人均居民生活碳排放的高低与各影响因素大小之间不是简单的普通线性回归或者最小二乘法关系。基于随机效应模型结果,可以看出,除了家庭规模因素没有通过 10%显著性检验,其余各因素均通过 5%或 1%显著性检验。通过时间固定效应模型结果,可以看出,除了少儿抚养比和人口老龄化因素没有通过 10%显著性检验,其余各因素均通过 5%或 1%显著性检验。通过双向固定效应模型结果,可以看出,除了家庭规模因素没有通过 10%显著性检验,其余各因素均通过 5%或 1%显著性检验。通过个体固定效应模型结果，可以看出，所有因素均通过 1％显著性检验。

表 5.7　时空面板数据模型结果

类别	混合效应	随机效应	个体固定	时间固定	双向固定
截距		−0.3856**	−0.1767	−1.1696***	−0.7220***
β_1	−0.0203	0.0543	0.1323***	−0.1300***	−0.0626
β_2	−0.0022	−0.0356**	−0.0691***	0.0096	−0.0359*
β_3	−0.0017	0.0521***	0.0533***	−0.0168	0.0702***
β_4	0.0364***	0.0905***	0.1091***	0.1793***	0.1827***
β_5	0.9089***	0.8951***	0.8818***	0.8202***	0.7831***
β_6	−0.1124***	−0.0965***	−0.1706***	0.0962***	−0.0724***
β_7	0.9905**	0.9954***	0.9938***	1.0025***	0.9970***
R^2	0.9827	0.9703	0.9935	0.9862	0.9946
${R_{adj}}^2$	0.9826	0.9699	0.9931	0.9856	0.9940
LL	830.34	—	1133.98	900.69	1190.03
AIC	−2.66	—	−3.54	−2.63	−3.65

注：*、**、*** 分别代表通过 10％、5％、1％显著性水平检验；β_1、β_2、β_3、β_4、β_5、β_6、β_7 分别代表家庭规模、少儿抚养比、人口老龄化、城镇化水平、收入水平、恩格尔系数、技术水平 7 个自变量；R^2 代表决定系数；${R_{adj}}^2$ 代表校正决定系数；LL 代表最大似然值；AIC 代表赤池信息准则（Akaike info criterion）。

同时，根据 R^2 值进行比较，所有模型的 R^2 在 0.9703～0.9946 之间，校正后 R^2 值在 0.9699～0.9940 之间，根据 R^2 和校正后 ${R_{adj}}^2$ 值可以看出，个体固定和双向固定效应模型均大于另外 3 个模型。根据 LL 值进行比较，固定模型的 LL 值均较大，分别为 1133.98、900.69、1190.03；根据 AIC 值进行比较，个体、时间、双向固定模型的 AIC 值分别为−3.54、−2.63、−3.65。综上分析，固定效应模型要优于混合效应模型和随机效应模型。在此基础上结合 1％、5％和 10％显著性检验，本研究确定个体固定效应模型是构建我国人均居民生活碳排放影响因素分析的最优模型。

由于各省域居民生活方式、消费行为和经济发展的不同，导致其能源消费、居民消费及相关的人均居民生活碳排放存在显著差异。因此，不同省域人均居民生活碳排放的影响机理也不一致。根据上述结果显示，时空面板数据模型的 R^2 范围在 0.97～0.99 之间，表明建模效果较好，最终选定个体固定效应模型作为最优模型进行分析。这说明省域人均居民生活碳排放可以构建为受家庭规模、少儿抚养比、人口老龄化、城镇化水平、收入水平、恩格尔系数和排放强度等因素影响的函数。

5.4.1　人口因素

影响居民生活碳排放变化的人口因素主要包括人口结构（如性别和年龄）、人口数量（如家庭规模、总人口和城市化程度）等。比如，Rosenberg 等（2019）对印度居民生活电力消费的影响因素进行分析，结果发现女性既不是电力消费的唯一受益者也不是主要受益者。Ota 等(2018)指出,社会老龄化和人口老龄化分别降低和增加了日本的电力消费需求,但没有增加或者减少天然气消费需求。Wei 等(2007)认为,青壮年人口占比对二氧化碳排放的影响很大,研究发现中低收入国家青壮年人口比例的高低与二氧化碳排放大小呈正相关性,而高收入和较高收入国家与其二氧化碳排放量大小呈负相关。Chancel(2014)的研究指出,法国婴儿潮一代产生的碳排放比其他几代人产生的更多,而美国则没有代际效应。Yu 等(2018)关注了消费模式对碳排放的影响,结果显示随着家庭结构趋小型化和老龄化,家庭能源使用和碳排放量呈上升趋势。不同类型人口因素对居民生活碳排放产生不同效应,或者会具有双向效应,这说明了在不同时空条件下,人口因素对碳排放的影响作用不一致。

(1)家庭规模

根据本研究人均居民生活碳排放量的时空面板数据模型结果显示,研究期间内,家庭规模是影响人均居民生活碳排放变化的最主要因素之一。根据模型判断标准,选择表 5.7 中的个体固定效应模型结果进行分析,家庭规模大小与人均居民生活碳排放高低呈现正相关,这说明在不考虑其他影响因素的情况下,家庭规模每增加 1%,人均居民生活碳排放量将增加 0.1323%。个体固定效应情况下,不同研究时期,随着家庭规模变大,家庭居住面积、出行里程、文娱消费等需求呈现增加趋势,家庭规模的增速小于上述消费需求的增速,从而导致能耗需求增速加快,人均居民生活碳排放呈现增加趋势。

同时,对比其他模型发现,家庭规模对人均居民生活碳排放的回归系数有正有负,随机效应和个体固定效应情况下的家庭规模回归系数为正值,而混合效应、时间固定效应和双向固定效应情况下的家庭回归系数为负值。随机效应或者个体固定效应的情况下,随着家庭规模的增加,呈现出人均居民生活碳排放增加的趋势。而随着个体变化,或者时间固定或者双向固定效应情况下,家庭规模与人均居民生活碳排放呈负相关性,即家庭规模越小,人均居民生活碳排放越高。这说明家庭规模通过与其他因素共同作用对人均居民生活碳排放产生影响。比如时间固定效应情况下,即在同一时期不同地区,随着家庭规模增大,其人均居民生活碳排放呈现缩小趋势。这一结果间接表明我国许多大家庭(特别是西部欠发达地区)共同生活的现象,以及由此产生的生活方式促进了能源节约以及人均居民生活碳排放的减少。出现这一现象的另一种理解可能是老年人与年轻人家庭共同居住的情况下,老年人一方面帮助年轻人照顾子女;另一方面是高效且有效地参与一些家庭活动,从而间接促进节能。这一结果与 Qu 等(2022)的大样本城市人均居民生活碳排放影响机制探讨的结果一致。

(2)年龄结构

少儿抚养比与人口老龄化作为人口年龄结构的重要组成部分,是人口转变过程中必经阶段,不同年龄阶段其居民生活消费需求不同,导致其居民生活碳排放存在差异。2000—2020 年,我国少儿抚养比在 22%～32%之间,历年变化率呈现先波动下降后波动上升趋势，年均变化率为－1.57%；我国老年抚养比基本保持在 10%以上，历年变化率呈现波动上升趋势，年均变化率为 3.21%（国家统计局，2022）。同期，人均居民生活碳排放由 1.50 吨上升至 3.08 吨，与人口老龄化保持了一致的上升趋势。不同的是，研究期间人口老龄化年变化率呈现波动上升趋势，人均居民生活碳排放年变化率呈现波动下降趋势。根据时空面板数据模型，研究期间内，除了混合效应模型外，其他效应模型下，少儿抚养比与人口老龄化对人均居民生活碳排放的影响作用恰好相反。个体固定模型结果证实了人口结构因素（少儿抚养比、人口老龄化）对人均居民生活碳排放变化具有重要作用。老龄化程度越高，对人均居民生活碳排放的促进作用就越明显，少儿抚养比越高，对其产生的抑制作用就越明显。

根据模型判断标准，选择表 5.7 中的个体固定效应模型结果进行分析。少儿抚养比大小与人均居民生活碳排放高低呈现负相关，这说明在不考虑其他影响因素的情况下，少儿抚养比每增加 1%，人均居民生活碳排放量将降低 0.0691%。出现这一现象的原因，与少儿自身消费能力较弱相关。比如与成年人相比，少儿在家用电器、电子商品、出行需求等方面都相对较弱，进而导致电力、燃油等能源消费量相对较少。对比其他模型发现，少儿抚养比对人均居民生活碳排放的回归系数也是有正有负，时间效应固定情况下的回归系数为正值，其他效应模型情况下的系数为负值。这一结果间接表明我国人均居民生活碳排放不是独立的，而是受到地区发展、医疗基础设施、技术水平等多因素共同影响。这说明少儿抚养比通过与其他因素共同作用对人均居民生活碳排放产生影响。在时间固定效应情况下，即在同一时期不同地区，随着少儿抚养比增大，其人均居民生活碳排放呈现增加趋势，但结果未通过显著性检验。

根据联合国划分标准，我国已经进入老龄化社会，且老龄化程度不断加深。人口老龄化对碳排放的影响研究也变得越来越重要。根据模型判断标准，选择表 5.7 中的个体固定效应模型结果进行分析。人口老龄化大小与人均居民生活碳排放高低呈现正相关，这说明在不考虑其他影响因素的情况下，人口老龄化每增加 1%，将引起人均居民生活碳排放增长 0.0533%。研究结果与已有人口老龄化对碳排放量的影响结果相一致。根据已有研究，人口老龄化通过生产端和消费端共同对碳排放产生影响（闻媛媛，2021）。一方面，从生产角度，人口老龄化促进了“夕阳产业”的发展，产业发展过程不可避免会消耗能源，从而产生一定的碳排放；另一方面，从消费角度，老年人口的消费理念和消费结构不同会对碳排放产生间接影响，比如，农村老年人群在炊事和取暖等用能方面更喜欢用传统能源，导致产生的温室气体排放更高。

(3)城镇化水平

上述所有模型中，城镇化水平高低与人均居民生活碳排放量的大小呈现显著正相关。根据个体固定效应模型，在不考虑其他影响因素约束情况下，城镇化水平每增加 1%，将导致人均居民生活碳排放增加 0.1091%。随着我国城镇化进程不断加速，由居民生活部门产生的碳排放总量也呈现不断增加的趋势。以城镇化率代表我国城镇化发展水平，2001—2020年，我国城镇化率由37.66%增长至2020年63.89%，增长了近70%，年均增长速率为2.82%。然而与发达国家相比，我国城镇化率还相对较低。随着我国城镇化水平提升，农村人口向城市迁移，一方面城镇自身基础设施、交通运行方式在不断改变；另一方面居民生活方式和消费模式也发生巨大变化。基础设施构建、交通需求以及居民消费方式改变，会带来更多的居民生活能源消耗。已有研究表明，城镇人均居民生活能源消耗是农村的3～4倍（林伯强 等，2010）。现阶段，随着城镇化率的提升，居民生活碳排放呈现增加趋势。与此同时，城镇化率提升过程中也会提高燃气、太阳能等更多清洁能源使用的普及，提高国家的整体能源利用效率，从高碳化的能源利用转向低碳化的能源利用，为实现城镇低碳生活提供可能，进而抑制来自居民生活部门碳排放的增加。到底城镇化率增加会给居民生活碳排放带来怎样的影响需要综合考虑。未来随着城镇基础设施、公共设施不断完善，居民生活方式朝向低碳发展方式转变，相信随着城镇化率的提升，居民生活碳排放会随着城镇化水平的提升首先达到平稳进而减少的趋势。

5.4.2　经济因素

影响居民生活碳排放变化的收入因素主要包括收入水平（如家庭收入、人均收入、总收入）和消费水平（如消费能力和消费倾向）等（Liu et al.，2020）。一些结果表明，随着收入和消费的增加引起居民生活碳排放的增加。比如很多研究发现，很多国家包括中国（Qu et al.，2013；Wen et al.，2018）、爱尔兰（Lyons et al.，2012）、法国和美国（Chancel et al.，2014）的人均收入增加导致碳排放量增加。另外，还有一些研究表明，居民生活碳排放与家庭能源使用存在不平等。C40的研究表明，全球温室气体排放主要来自城市消费（C40，2019）。本研究主要以收入水平和恩格尔系数代表经济影响因素来进行分析。

（1）收入水平

收入水平高低与人均居民生活碳排放大小之间呈现显著的正相关关系。根据个体固定效应模型结果，在不考虑其他影响因素时，人均收入水平每增加1%，将导致人均居民生活碳排放增加0.8818%，这说明在当前经济发展阶段，随着人均收入的增加居民生活碳排放量呈现增加的趋势。但是，这并不意味着减低工资就可以减少居民生活碳排放，可以理解为我国整体居民收入不高，仍属于低中收入阶段，随着居民收入水平升高，居民生活水平和消费水平会随之提升，用于居民生活的耐用品数量迅速增加，随之引起的碳排放也相应上升，这与环境库兹涅茨曲线理论相吻合（刘莉娜，2017）。同时，居民消费结构也由满足于居民生活基本需求的“衣”“食”消费行为为主转向满足于居民生活发展需求的“住”“行”和“服务”消费行为为主。未来中国经济水平和生活水平会进一步提高，居民生活耐用品等数量会进一步增加，尤其是居民家电数量、汽车保有量、居民住宅面积等会进一步增长（第二次气候变化国家评估报告编写委员会，2011）。

如何在保障经济发展、提高生活水平的基础上，减少居民生活部门产生的碳排放，这对我国整体减排起到至关重要的作用。因此，有必要通过政策引导促进居民生活碳排放量与人均收入水平尽早脱钩。Qu等(2022)指出，收入水平与人均居民生活碳排放的回归系数为正，表明随着变量增加其人均居民生活碳排放量也增加。此外，研究结果显示沿海城市收入水平对人均居民生活碳排放的影响程度大于内陆城市。

(2)恩格尔系数

恩格尔系数表示食品支出占总支出的比重，比例越高，说明经济发展水平越低。同时，食品消费占总消费比重越高，这也意味着其他高排放消费品使用越少。根据个体固定效应模型结果，发现恩格尔系数大小与人均居民生活碳排放高低之间呈现负相关。结果显示，在不考虑其他影响因素的调控情况下，恩格尔系数每增加1%，将促使人均居民生活碳排放降低0.1706%。恩格尔系数反映了居民消费结构变化，在一定程度上代表了地区经济发展水平。从上述人均收入水平对碳排放影响的分析中，可以发现收入水平高低对人均居民生活碳排放大小之间的关系呈显著正相关，这说明了收入水平越高人均居民生活碳排放越高。从恩格尔系数来看，具有较低恩格尔系数的居民往往居住在经济发达地区且具有较高收入，这些地区的人群购买奢侈品及炫耀性商品等高碳商品的概率很大，从而对碳排放的影响也就大。同理，恩格尔系数越高会促进人均居民生活碳排放降低，且影响作用不断增强。这与近20年我国用于居住、交通、文教等发展需求的消费支出增多有关，比如人均居住面积以及房屋装修支出增加，私家车保有量上升，娱乐消费需求增长，从而间接地增加水泥、供暖、油品等建筑耗材及能源增加，导致居民生活碳排放量增加。

5.4.3　技术因素

影响居民生活碳排放变化的技术因素主要包括碳排放强度(比如居民生活碳排放强度，一般以单位GDP产生的碳排放量来表征；居民消费碳排放强度，一般以单位消费产生的碳排放量来表征)和技术应用(如科技研发)。一些研究发现，由于能源效率和技术的潜在反弹效应，更高的生活水平和技术水平反而导致产生更多的碳排放(Chitnis et al.,2013)。同时，还有一些研究表明，低碳技术和可再生能源转型有助于缓解环境污染(Asumadu-Sarkodie et al.,2019)。根据本研究构建的模型，以居民消费碳排放强度作为技术因素，分析其对人均居民生活碳排放的影响。

居民消费碳排放强度越高，说明单位消费产生的碳排放量越大，意味着技术水平越低；居民消费碳排放强度越低，说明单位消费产生的碳排放量越小，意味着技术水平越高。因此，居民消费碳排放强度反映了技术发展对碳排放的影响，是人均居民生活碳排放的重要驱动因素之一。如表5.7所示，分析居民生活碳排放强度与人均居民生活碳排放量之间的关系发现，居民消费碳排放强度大小与人均居民生活碳排放量高低之间存在明显的正相关关系。根据个体固定效应模型结果显示，在不考虑其他因素的影响条件下，居民消费碳排放强度每减少1%，将导致人均居民生活碳排放降低0.9938%。这说明，近年来，随着国家低碳政策实施，经济技术水平有所提高，居民生活碳排放强度呈现下降趋势。随着经济发展以及“双碳”目标落实，国家将通过生产技术和减排技术等积极手段促进碳排放强度降低，从而减少碳排放。

5.5 小结

本章分析我国居民生活碳排放影响机制时，所需的统计数据主要包括碳排放、人口、经济和技术水平等数据。数据来源与第三章的数据来源一致。

结合STIRPAT模型和面板数据模型，对我国人均居民生活碳排放的影响机理进行探讨。根据上述分析结果，得出以下主要结论。

（1）由于我国各省区居民生活方式、消费行为和经济发展的不同，导致其能源消费、居民消费及相关的人均居民生活碳排放存在显著差异。因此，不同省（区）人均居民生活碳排放的影响机理也不一致。通过构建中国人均居民生活碳排放与相关影响机制的时空面板数据模型，结果显示，拟合R^2范围在0.97～0.99之间，表明建模效果较好。同时说明，我国省域人均居民生活碳排放可以构建为受家庭规模、少儿抚养比、人口老龄化、城镇化水平、收入水平、恩格尔系数和排放强度等因素影响的函数。结合1%、5%和10%显著性检验，最终确定个体固定效应模型是影响我国人均居民生活碳排放影响因素分析的最优模型。

（2）根据个体固定效应模型的人口因素影响结果，在不考虑其他影响因素的情况下，家庭规模大小与人均居民生活碳排放高低呈现正相关，家庭规模每增加1%，将引起人均居民生活碳排放增加0.1323%；少儿抚养比大小与人均居民生活碳排放高低呈现负相关，少儿抚养比每增加1%，将引起人均居民生活碳排放降低0.0691%；城镇化水平高低与人均居民生活碳排放量的大小呈现显著正相关，城镇化水平每增加1%，将导致人均居民生活碳排放增加0.1091%。

（3）根据个体固定效应模型的经济因素影响结果，不考虑其他影响因素的情况下，收入水平高低与人均居民生活碳排放大小之间呈现显著的正相关关系，人均收入水平每增加1%，将导致人均居民生活碳排放增加0.8818%；发现恩格尔系数大小与人均居民生活碳排放高低之间呈现负相关性，恩格尔系数每增加1%，将促使人均居民生活碳排放降低0.1706%。

（4）根据个体固定效应模型的技术因素影响结果，在不考虑其他影响因素的情况下，居民消费碳排放强度大小与人均居民生活碳排放量高低之间存在明显的正相关关系。根据个体固定效应模型结果显示，在不考虑其他因素的影响条件下，居民消费碳排放强度每减少1%，将导致人均居民生活碳排放降低0.9938%。

第 6 章　生活碳排放与可持续消费展望

居民消费已成为温室气体排放的重要来源之一，受到国际社会广泛关注。居民可持续消费在推动碳减排和实现碳中和方面发挥着重要作用。尽管学者们针对居民生活碳排放开展了大量研究，但基于可持续发展视角下居民低碳消费研究仍存在许多不足。本章首先基于 Web of Science(WOS)平台数据，从文献计量角度对近 30 年(1993—2022 年)居民低碳消费领域的研究现状和态势进行全面系统性分析。其次，从文本挖掘角度对可持续发展视域下居民低碳消费信息进行梳理和挖掘，并提出“双碳”目标下我国居民绿色低碳消费的政策启示。

6.1　数据来源与分析方法

基于文献计量的居民生活碳排放数据来源于 Web of Science 核心合集：科学引文索引数据库扩展版(Science Citation Index Expended，SCI-E)和社会科学引文索引数据库(Social Sciences Citation Index，SSCI)。检索方式为 TS＝((Household OR Resident*) AND (“carbon peak*” OR “carbon neutrality” OR “double carbon” OR “carbon emission*” OR “CO_2 emission*” OR “carbon footprint*” OR “CO_2 footprint*” OR “carbon emit*” OR “CO_2 emit*” OR “Energy emission*” OR “Energy footprint*” OR “low carbon” OR “carbon reduce*”))；AND 语种＝English；文献类型为 Article，索引为 SCI-E 和 SSCI，时间跨度为 1993—2022 年。数据检索时间为 2023 年 1 月 31 日。按照以上检索方式共获取 4249 篇研究论文，通过剔除不相关论文之后，选取 4147 篇研究论文作为本章文献计量分析的文本数据。

本章主要采用 Derwent Data Analyzer(DDA)，CiteSpace 以及 VOSviewer 软件对居民低碳消费研究领域进行文本挖掘和数据分析，在此基础上，探寻该领域发展动态和未来研究方向，以期探寻从消费侧推动实现“双碳”战略和可持续发展主要途径和措施，进而为该领域未来的研究工作和相关政策制定提供参考。DDA 软件是一种智能信息分析工具，通过使用先进的数据科学算法提供多角度数据挖掘和可视化的全景分析(Clarivate，2023)。CiteSpace 软件是由陈超美博士研发的用于分析和可视化文本数据的文献计量工具(Chen，2006)。VOSviewer 软件是一个用于构建和可视化文献计量网络的工具，提供文本挖掘功能，构建和可视化从科学文献中提取的重要术语的共现网络。

6.2 基于文献计量的居民低碳消费研究态势

6.2.1 研究进展

6.2.1.1 发文量时序特征

从1993—2022年居民低碳消费研究的年发文量变化看(图6.1)，近30年该领域发文量呈现指数上升趋势，年均发文量为138篇。其中，1993—2005年，居民低碳消费研究累计发文量为96篇，占累计发文总量的2.31%，年均为7篇，这一阶段累计发文量相对较少，整体呈现缓慢上升趋势。2006—2015年，居民低碳消费研究累计发文量为978篇，占累计发文总量的23.58%，年均为98篇，整体呈现波动上升趋势。2016—2022年，居民低碳消费研究累计发文量为3073篇，占累计发文总量的74.10%，年均为439篇，整体呈现快速增加趋势，特别是自2020年以来，发文量增长速度明显提高。通过观察居民低碳消费研究领域文献数量的变化趋势，可知在推动实现可持续发展目标和在"双碳"战略大背景下，可持续消费和居民生活碳排放受到越来越广泛的关注。

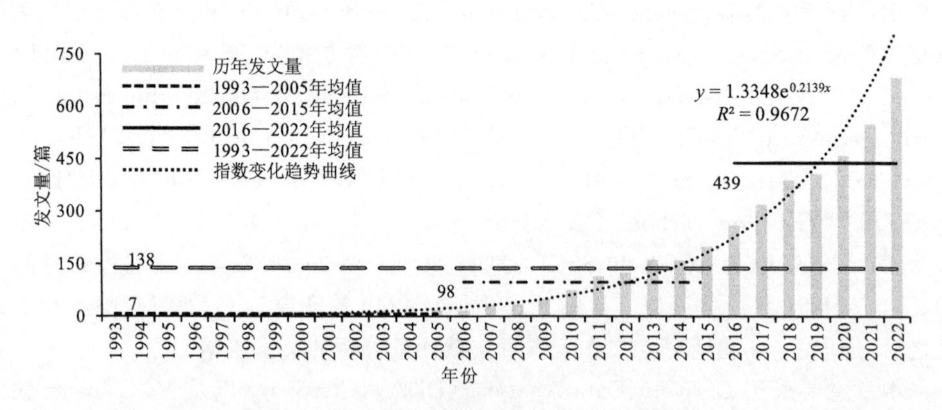

图6.1 居民低碳消费研究的发文量变化特征

6.2.1.2 国家分布特征

在现有数据基础上对不同国家居民低碳消费研究的发文情况进行分析，如图6.2所示。结果显示，居民低碳消费研究活跃的地区主要为中国、美国和英国。1993—2022年，发文量最多的10个国家(Top10国家)累计发文量达到3878篇，约为累计发文总量(按照国家统计发文量时,由于各国间存在合作,避免不了出现一篇文章多国作者署名的现象,因此累计发文总量为5958篇)的65.09%。其中,中国累积发文量居全球首位,达到1353篇,占累计发文总量的22.71%,在该研究领域占据领先地位。美国累积发文量次之,达到627篇,占累计发文总量的10.52%。

进一步对Top10国家不同时段居民低碳消费研究的发文情况进行比较,以期分析不同国家对该领域的关注程度。结果显示,1993—2006年,Top10国家累计发文量为61篇,约占累计发文总量的1.02%,反映出这一阶段整体发文量偏少。2007—2016年,Top10国家累计发文量为839篇,约占累计发文总量的14.08%,其中,中国(21.44篇)、美国(18.00篇)、英国(19.33篇)超过年均值9.18篇,其他国家均未超过平均值。这说明美国、中国、英国对居民低碳消费研究的关注度较高。2017—2022年,Top10国家累计发文量为2978篇,约占累计发文总量的49.98%,其中,中国(165.14篇)、美国(61.00篇)、英国(54.86篇)超过年均值42.54篇,其他国家均未超过平均值。三个阶段均表明美国、中国、英国的发文总量及年均发文量远高于其他国家,说明这三个国家在居民低碳消费研究领域具有较高的研究地位。

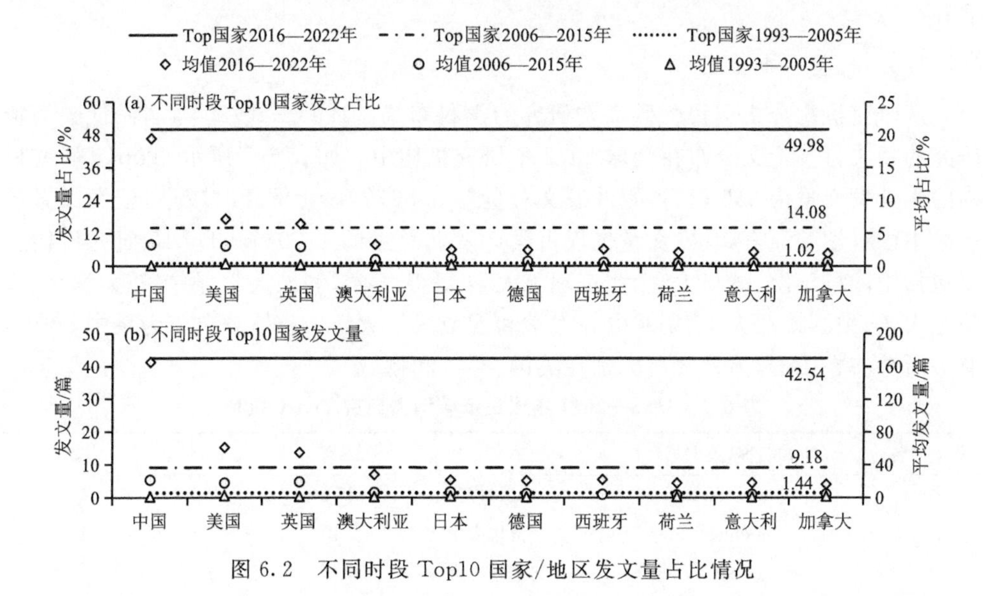

图6.2　不同时段Top10国家/地区发文量占比情况

居民低碳消费研究的发文趋势与国际社会应对气候变化的标志性会议和重大进展密切相关。比如,在各个时间节点上,各个国家在居民低碳消费研究领域的发文量出现不同幅度的增加,这说明各国关于居民低碳消费研究均受到气候政策的影响。不同国家发文量也反映了该国在温室气体减排及国际气候谈判中的作用和地位,同时也间接反映了该国在应对气候变化方面的积极或消极态度。

1992年6月通过的《联合国气候变化框架公约》,是第一个控制温室气体和应对气候变化的国际公约。1993年,发文量Top10国家中美两国发表居民生活碳排放研究相关文献1篇,其他国家均未见相关文献发表。1997年12月通过的《京都议定书》作为《联合国气候变化框架公约》的补充条款,使温室气体减排成为国家法定义务。2002年全球气候大会通过的《德里宣言》、2007年制定的《巴厘路线图》以及2009年通过的《哥本哈根协议》均具有划时代意义,发达国家和发展中国家均作出了减排承诺。发文量Top10国家已经开始重视气候变化等问题,分别开展了居民低碳消费研究,相比过去发文量有小幅上升。此时,全球尚未形成统一、坚实的减排行动和气候谈判协议,各国国家利益关切较少,因此国际上对居民生活碳排放研究的关注度普遍不高。2011年之后,发文量Top10国家中,无论是发达国家还是发展中国家,其发文量均呈现明显上升的趋势,全球温室气体减排以及应对气候变化问题得到广泛的关注,制定新的气候协议,确保全球减排行动的实现。2015年12月通过了《巴黎气候协议》,将增幅不超过1.5 ℃作为应对气候变化的目标。中国作为世界最大的发展中国家和气候谈判主要缔约方,承担着重大的减排责任和减排压力。2015年之后,中国的年均发文量远高于其他国家,说明中国在居民低碳消费研究的地位逐渐上升。

6.2.1.3 机构分布特征

从研究机构分析居民低碳消费研究的学科布局。1993—2022年,居民低碳消费研究的相关科技论文分布在全球2972个研究机构中。如表6.1所示,Top10研究机构的累计发文量为350篇,占累计发文总量的3.86%,该比例相对较小,就发文量最多的中国科学院而言,其发文量也仅占累计发文总量的1.70%。Top10研究机构主要包括中国科学院、清华大学、北京理工大学、重庆大学、利兹大学、阿尔托大学、北京师范大学、中国矿业大学、华北电力大学和挪威科技大学。整体分布较为集中,其中,有7所分布在中国,另外3所分别在英国、芬兰和挪威。

表6.1 1993—2022年居民低碳消费研究Top10机构

发文排名	机构名称(英文缩写)	中文名称	国家	发文量/篇	占比/%
1	Chinese Acad Sci	中国科学院	中国	152	1.70
2	Tsinghua Univ	清华大学	中国	114	1.27
3	Beijing Inst Technol	北京理工大学	中国	83	0.93
4	Chongqing Univ	重庆大学	中国	64	0.71
5	Univ Leeds	利兹大学	英国	54	0.60
6	Aalto Univ	阿尔托大学	芬兰	52	0.58
7	Beijing Normal Univ	北京师范大学	中国	52	0.58
8	China Univ Min & Technol	中国矿业大学	中国	50	0.56
9	North China Elect Power Univ	华北电力大学	中国	47	0.52
10	Norwegian Univ Sci & Technol	挪威科技大学	挪威	46	0.51

6.2.1.4 学科结构特征

基于 Web of Science 的学科分类，对居民低碳消费研究的学科特征进行分析。结果显示(图 6.3a)，1993—2022 年该领域研究的科技论文涉及 120 个学科，其中，Top10 学科主要包括：能源与燃料、环境科学、绿色可持续科技、环境研究、经济学、工程环境、施工建筑技术、土木工程、热力学及工程化学。

基于 WoS 研究方向分类，对居民低碳消费研究的研究方向进行分析。结果显示，1993—2022 年该领域的科技论文涉及 66 个研究方向，其中，Top10 研究方向主要包括：环境科学与生态、能源与燃料、工程、科学与技术、商业与经济、施工建筑技术、热力、气象与大气科学、公共行政学及交通运输(图 6.3b)。

居民低碳消费领域研究已发展为跨学科、跨领域的研究，与环境、能源、科技、工程等多学科相关联。因此，对居民低碳消费研究需要从"经济—社会—环境—技术"等方面进行综合分析和整体认知。

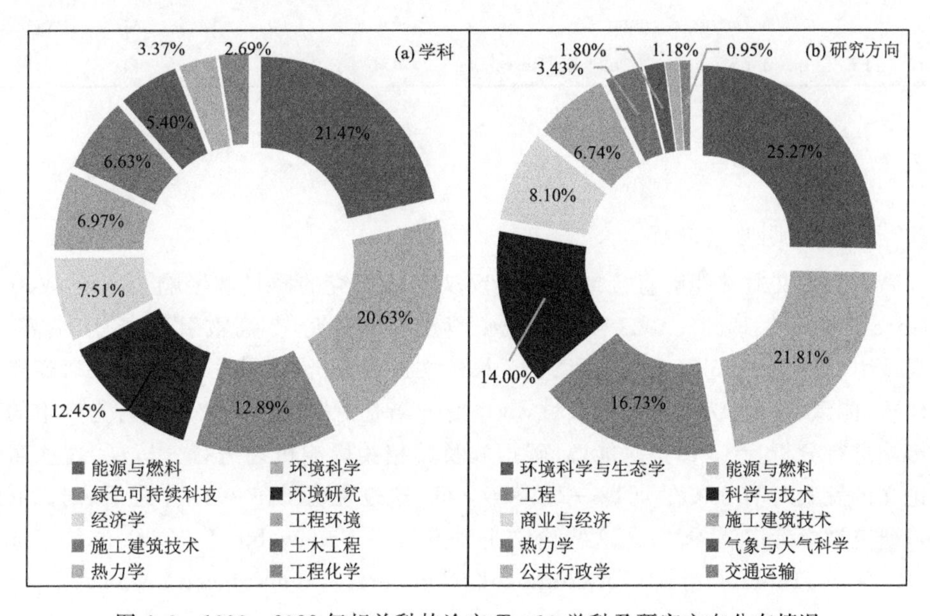

图 6.3 1993—2022 年相关科技论文 Top10 学科及研究方向分布情况

居民低碳消费研究发文量涉及 557 个期刊出版物。通过分析 1993—2022 年该领域 Top10 期刊及相关科技论文占比情况(表 6.2)，结果显示，Top10 期刊包括：Journal of Cleaner Production、Energy Policy、Sustainability、Energy and Buildings、Energies、Applied Energy、Energy、Renewable & Sustainable Energy Reviews、Energy Economics、Environmental Science and Pollution Research。该领域 Top10 期刊在 2022 年的影响因子均超过 3.2，其中，Journal of Cleaner Production、Applied Energy、Renewable & Sustainable Energy Reviews 和 Energy Economics 这 4 本期

刊的影响因子均超过10。除了Sustainability和Energies在JCR分区为Q2和Q3，其余8种均为Q1。期刊分布较集中，分布在英国、瑞士、美国、荷兰和德国。

表6.2 1993—2022年居民低碳消费研究发文量Top10期刊

排名	期刊名	发文量/篇	占比/%	IF	JCR	国家
1	Journal of Cleaner Production	296	7.14	11.1	Q1	美国
2	Energy Policy	290	6.99	9.6	Q1	英国
3	Sustainability	247	5.96	3.9	Q2	瑞士
4	Energy and Buildings	228	5.50	6.7	Q1	瑞士
5	Energies	193	4.65	3.2	Q3	瑞士
6	Applied Energy	178	4.29	11.2	Q1	英国
7	Energy	149	3.59	9.0	Q1	英国
8	Renewable & Sustainable Energy Reviews	145	3.50	15.9	Q1	美国
9	Energy Economics	85	2.05	12.8	Q1	荷兰
10	Environmental Science and Pollution Research	77	1.86	5.8	Q1	德国

6.2.2 研究热点

6.2.2.1 高被引论文分析

高被引论文通常能够直接或者间接反映出该研究的质量和影响。基于Web of Science数据库中1993—2022年居民低碳消费领域研究，其高被引论文有94篇，包括高被引综述论文15篇。通过对这15篇论文进行分析，结果发现：①相关研究聚焦在建筑、能源、食物、塑料污染等领域，其中有6篇是对居民建筑或居住行为产生的环境影响进行分析，有5篇是对能源、碳排放及其相关影响机理进行分析；②这些高被引论文的发表时间分布在2012—2020年之间，这也说明了在2011年之后，居民低碳消费研究被学者广泛关注；③这些论文主要发表在Renewable & Sustainable Energy Reviews、Building and Environment、Computer Communications、Energy and Buildings、Resources Conservation and Recycling、Energy Research & Social Science等权威期刊上。

6.2.2.2 关键词聚类分析

基于VOSviewer软件绘制并得到居民低碳消费研究共现频次≥40次的关键词网络图谱(图6.4)。根据聚类结果，研究热点主要围绕气候变化、能源效率、可持续发展三个核心区域展开，主要聚焦在以下三个方面：一是居民生活碳排放的研究内容、研究方法、研究领域及对气候变化的影响；二是碳排放、碳足迹与温室气体减排、全球气候变化减缓与适应的作用机制与技术发展研究；三是能源效率、能源政策、情景分析、投入产出分析、环境影响评价等理论与方法在不同国家（如中国）不同领域（如建筑、交通、工业、电力、农业、生物质、垃圾处理等）的应用。这三个主题之间有着较强的关联，说明居民低碳消费研究的不同领域、不同方向之间相互承接、相互联系。

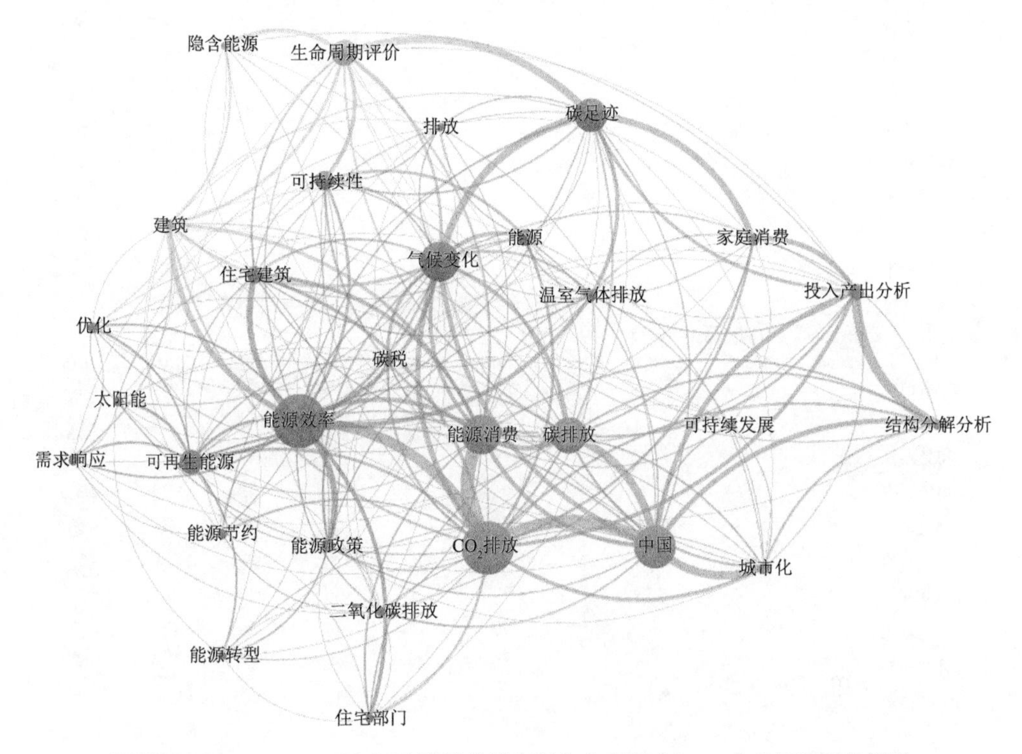

［彩］图 6.4　1993—2022 年居民低碳消费研究共现频次≥40 次关键词网络图谱

6.2.2.3　主题演进过程分析

基于 DDA 软件绘制居民低碳消费研究相关科技论文的关键词气泡图，可以揭示相关热点主题的演进轨迹，如图 6.5 所示。根据时区图将居民低碳消费研究大致分为三个阶段。

第一阶段，1993—2005 年（图 6.5a），居民低碳消费研究起步阶段。热点话题主要聚焦在能源方面，相关研究关注了居民生活领域能源效率、能源利用、能源转换、能源需求及其与二氧化碳排放/碳排放之间关系。同时，相关研究还关注了建筑领域（包括建筑和居民住宅）、气候变化、碳税等方面的碳排放影响。

第二阶段，2006—2015 年（图 6.5b），居民低碳消费研究缓慢增长期。热点话题聚焦在四个方面。一是能源方面，关键词主要包括能源效率、能源消费、能源及可再生能源。在能源效率方面，通过工业生态学、建筑学、地理信息系统等交叉学科理论和方法，分析居民生活相关的能源消费、回弹效应及能量平衡等问题；在能源消费方

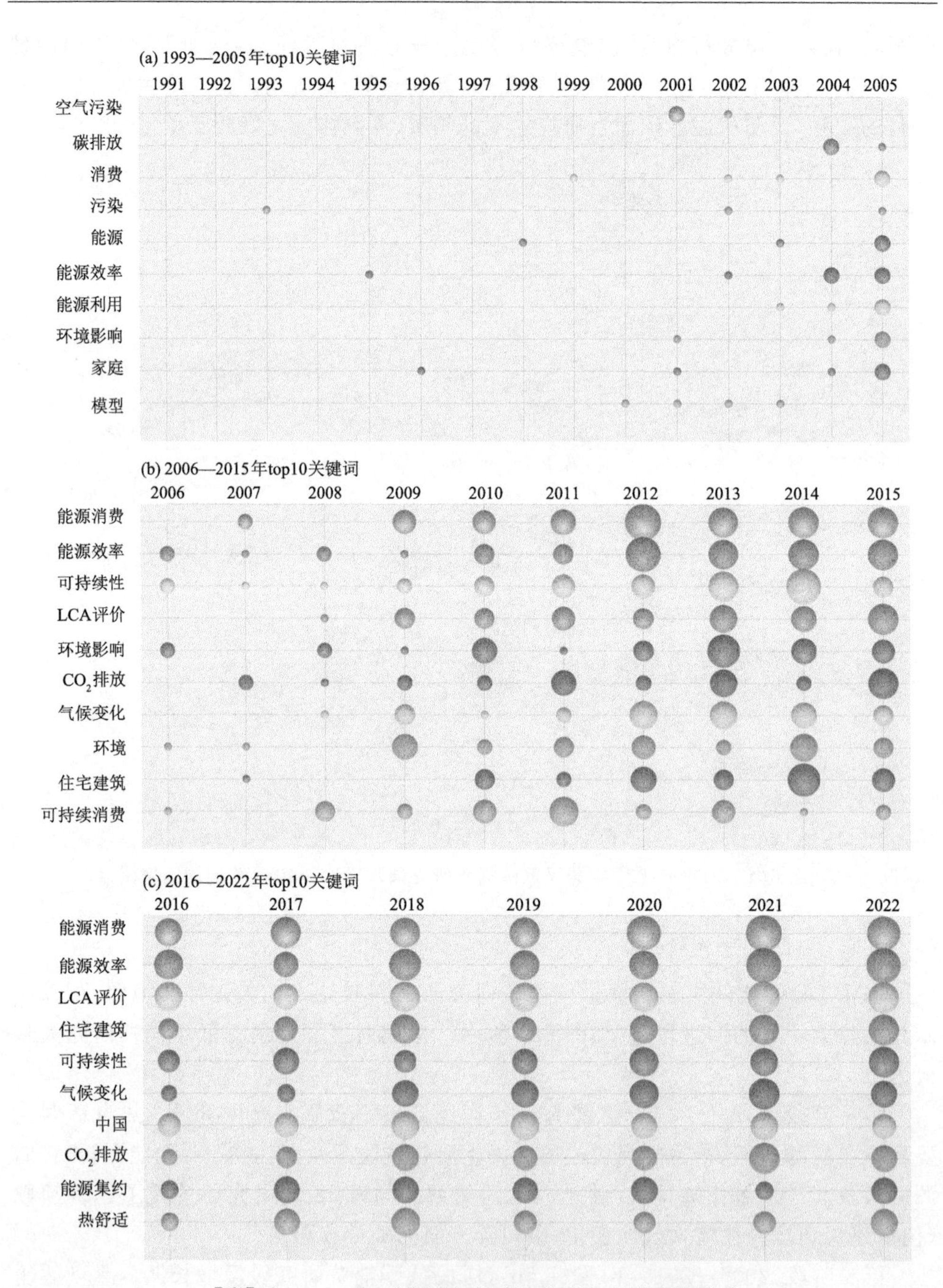

[彩]图 6.5　不同时期居民低碳消费研究主题演化图谱

面，通过改变消费行为、利用人工智能技术、促进可再生能源利用等方式可以降低能源消费及其产生的二氧化碳。二是碳足迹（碳排放），关键词主要包括二氧化碳排放、碳足迹等。在碳足迹研究方面,采用生命周期评价方法、投入产出分析等多模型、多方法对国家、地区或城市的居民消费碳足迹进行评价。三是气候变化,利用 Agengt 建模等人工智能方法对温室气体排放、消费者行为及可持续发展进行评价。四是居民住宅,重点关注住宅建筑的室内温度、湿度、能耗及公众感知等方面的研究。

第三阶段,2016—2022 年(图 6.5c),居民低碳消费研究快速增长期。热点主题与第二阶段的相似,仍聚焦在上述四个方面,但该阶段热点话题出现的关键词频次更多。一是碳排放(碳足迹)。关键词主要包括二氧化碳排放、碳排放、碳足迹。在二氧化碳排放研究方面,主要通过小波分析、环境库兹涅茨曲线、多级混合效应等模型,分析了居民用水、建筑、储能系统等领域的温室气体减排效应;在碳排放研究方面,将其作为居民消费环境效应评价的一个指标,主要采用生命周期评价、物质流分析、能量流分析等方法,关注建筑和农村生物质能源碳排放并对其气候变化效应进行评价。二是能源方面。关键词主要包括能源效率、能源消费及可再生能源。在能源效率研究方面,关注绿色建筑领域,通过蒙特卡洛模拟的多方法对其制冷系统、能耗及全球增强潜能进行了分析;在能源节约研究方面,通过对热舒适性、用电量及节能行为进行分析,探讨居民消费相关的节能降碳模式;在可再生能源研究方面,重点分析了经济增长、经济危机、生态环境影响、气候变化、城市植被与可再生能源之间的关系。三是气候变化。主要包括鼓励消费者节约热水,减少过度浪费,减少食物浪费等措施对可持续发展和生态环境方面的影响。

6.2.2.4 研究前沿分析

运用 CiteSpace 软件绘制的关键词突现图谱,可为识别研究领域的热点和新兴前沿提供良好选择。通过对居民低碳消费研究的前沿热点进行识别与跟踪,有助于了解该领域的最新演化动态,从而发现需要进一步研究的问题。基于此,绘制 1993—2022 年居民低碳消费研究相关科技论文的关键词突现图谱(图 6.6),进而分析研究热点。结果发现,1993—2022 年,突现开始时间为 1996 年,结束时间为 2022 年,Top20 突现词为美国、二氧化碳排放、能源利用、工业生态、气候变化、建筑存量、可持续消费、印度、温室气体排放、能源、模型、生态足迹、英国、农村家庭、情景分析、不确定性、生命周期评价、韧性、能源转换、光伏。

6.3 信息挖掘视角下居民绿色消费

6.3.1 国际可持续消费视域下居民绿色消费

可持续发展目标(Sustainable Development Goals,SDGs)旨在促进城市更加具备包容性、安全性、弹性和可持续性。通过对可持续发展目标进行系统梳理,发现居民绿色消费与零饥饿、饮水安全、清洁能源等 11 个 SDGs 相关(图 6.7)。

Top 20关键词突现图谱

关键词	年份	强度	开始年	结束年	1993—2022年
美国	1996	5.09	1996	2010	
二氧化碳排放	1997	8.64	1997	2015	
能源利用	2000	13.3	2000	2014	
工业生态	2005	7.05	2005	2016	
气候变化	1996	13.3	2006	2012	
建筑存量	2006	5.46	2006	2016	
可持续消费	2008	8	2008	2013	
印度	2010	6.81	2010	2013	
温室气体	2010	6.5	2010	2016	
能源	1996	6.12	2010	2012	
模型	2011	5.3	2011	2014	
生态足迹	2006	5.17	2012	2018	
英国	2014	10.58	2014	2018	
农村家庭	2015	5.62	2015	2016	
情景分析	2015	5.99	2017	2019	
不确定性	2018	5.38	2018	2020	
生命周期评价	2019	5.8	2019	2020	
韧性	2019	5.38	2019	2022	
能源转换	2020	7.77	2020	2022	
光伏	2017	6.17	2020	2022	

图 6.6　居民低碳消费研究的关键词突现图谱

[彩]图 6.7　可持续消费视域下居民低碳消费(参考 Fu et al. ,2019)

居民绿色消费过程中，一方面要保障和满足居民基本需求，这与零饥饿、饮水安全、清洁能源对应。零饥饿对应的是可持续发展目标 2(SDG2)，旨在实现粮食安全和改善营养，促进可持续农业。自 2015 年以来，遭受严重粮食不安全困扰的人数总量不断增加，建议必须立即采取措施加强粮食生产和分配，以减轻和尽量减少受新冠肺炎(COVID-19)疫情的影响。饮水安全对应的是可持续发展目标 6(SDG6)，确保所有人用水和卫生设施的可用性和可持续管理。清洁能源对应的是可持续发展目标 7(SDG7)，确保所有人获得负担得起、可靠、可持续和现代化的能源，世界在增加电力供应和提高能源效率方面取得了良好进展。

另一方面，亟需关注居民生活中与基础设施、可持续城市、消费与生产、气候行动领域相关的绿色转型。基础设施对应的是可持续发展目标 9(SDG9)，COVID-19 疫情对制造业造成沉重打击，并导致全球价值链和产品供应中断，因此需要建设有弹性的基础设施，促进包容性、可持续工业化及创新。可持续城市对应的是可持续发展目标 11(SDG11)，快速城市化正在导致贫民窟居民数量增加、基础设施和服务不足和负担过重，以及空气污染恶化，需要解决这些问题，使城市和人类住区具有包容性、安全性、弹性和可持续性。消费与生产对应可持续发展目标 12(SDG12)，全球消费和生产取决于自然环境和资源的利用，其模式持续对地球造成破坏性影响，而 COVID-19 疫情为各国提供了制定恢复计划的机会，该计划将扭转当前趋势并改变我们的生产和消费方式，使其走向可持续的未来。气候行动对应可持续发展目标 13(SDG13)，由于全球平均气温比工业化前估计的水平高出 1.1 ℃，全球社会可能无法实现《巴黎协定》所要求的 1.5 ℃或 2 ℃目标。对此，各国政府和企业应吸取经验教训，以加快实现《巴黎协定》所需的转型，重新定义发展与环境的关系，并对低温室气体排放和具有气候适应力的经济体和社会进行系统性转型，采取紧急行动应对气候变化及其影响。

居民绿色消费的终极目标是实现无贫困、健康与福祉、经济增长并减少不平等。无贫困对应的是可持续发展目标 1(SDG1)，在 COVID-19 疫情之前，全球减排的步伐就已减缓，预计到 2030 年消除贫困的全球目标将无法实现。COVID-19 疫情导致数千万人重新陷入极端贫困，亟需消除世界各地各种形式的贫困。健康与福祉对应的是可持续发展目标 3(SDG3)，COVID-19 疫情破坏了全球卫生系统，并威胁到已经取得的健康成果。各国需要综合卫生战略并增加卫生系统支出，以满足紧急需要和保护卫生工作者，同时需要全球协调努力来支持有需要的国家，确保所有年龄段所有人的健康生活并促进福祉。经济增长对应的是可持续发展目标 8(SDG8)，促进持续、包容和可持续的经济增长、充分就业和生产性就业以及人人享有体面工作；居民低碳发展不意味着抑制经济增长，而是通过绿色转型促进高质量发展。减少不平等对应的是可持续发展目标 10(SDG10)，一些国家减少了相对收入不平等，优惠贸易地位使低收入国家受益，但不平等现象仍然以各种形式存在。同时，不同收入人群的碳排放水平也存在显著差异，亟需减少国家内部和国家间的各种不平等。

6.3.2 我国全民行动视角下居民绿色消费

城乡居民绿色生活方式的形成对于建设美丽城市和美丽乡村具有十分重大的意义，同时，居民生活消费是未来减碳的重点领域，消费变革在推动实现“双碳”目标方面大有可为。具体减排措施包括：

(1)消费端的减排。居民消费产生的碳排放包括两个方面：一是生活中的直接能源消费造成的直接碳排放，如驾驶燃油汽车、冬季燃煤取暖等；二是生活中消费产品和服务造成的间接碳排放(庄贵阳,2021)。2022年5月,《公民绿色低碳行为温室气体减排量化导则》的正式实施为消费端碳减排量化提供了标准。这是对消费端行为碳减排量化团体标准的首次探索，填补了公民绿色行为碳减排量化评估标准的空白，涉及衣、食、住、行、用、办公、数字金融等七大类共40项绿色低碳行为，为进一步测算、评估公民绿色行为的碳减排量提供范式。

(2)个人培养。“双碳”高等教育人才培养体系的建设主要在加强绿色低碳教育、打造高水平科技攻关平台、加快紧缺人才培养、促进传统专业转型升级、深化产教融合协同育人、深入开展改革试点、加强高水平教师队伍建设、加大教学资源建设力度、加强国际交流与合作等方面进行了部署(教高函〔2022〕3号)。

(3)领导干部作用。首先要增强各级领导干部对“双碳”工作重要性、紧迫性、科学性和系统性认识，将“双碳”理念深入人心。将学习贯彻习近平生态文明思想作为干部教育培训的重要内容，尽快把“双碳”列入各级党校(行政学院)的教学计划，切实增强各级领导干部抓绿色低碳发展、推进“双碳”工作的业务素养和执政能力。鼓励结合地方实际需求，开展综合管理、专业技术、行政执法等专题教育，弥补领导干部知识空白、经验盲区和能力短板，确保分梯次、多层级、全覆盖(么新,2021)。

(4)社会组织的贡献。为唤醒公民绿色低碳意识，发动社会积极参与碳中和进程，助力中国如期实现“双碳”目标，同时保护地球家园，实现人类在气候变化下的自救，作为经国务院批准、民政部登记注册、国家林业和草原局主管的国家一级社团——中国林业生态发展促进会责任担当，联合香港中华生态发展促进会发起“零碳行动 助力中国”系列活动。就企业而言，需要联合政府、环保组织发起“2060零碳企业行动倡议”，并组织媒体群对典型“零碳企业”做系列报道，树立年度“零碳企业先锋”；就学校而言，需要开设零碳知识云讲堂，同时创建零碳示范校园，培养青少年的绿色低碳理念，掀起绿色低碳“校园热”，加速零碳学校建设；就个人而言，需要通过一系列趣味活动，提升公民低碳意识及参与积极性，形成人人争当“零碳公民”的全民效应。从实操层面看，主办方在“零碳行动”上已具备成熟的操作经验和流程体系，目前澳门培正中学已经率先成为“零碳学校”，学生们争当“零碳公民”的热潮也在校园内蔓延(生态中国网,2022)。

"双碳"行动惠及全体人民,同时人民也是"双碳"目标的执行者,是绿色低碳可持续社会的建设者,从衣、食、住、行、用、办公、数字金融等七大类对居民消费端减排进行量化,从个人、团体等多主体对居民行动进行规范,能够在一定程度上配合其他重点领域的减排行动。我国关于全民行动绿色消费方面研发布局包括:

(1)促进居民生活方式的转型。公众行为改变是温室气体减排不可或缺的一部分,社会全面动员、企业积极行动、全民广泛参与是实现生活方式和消费模式绿色转变的重要推动力。同时,公众消费偏好对企业生产行为具有重要的导向作用,绿色生活方式将反向推动生产方式转变。引导公众广泛认知、践行绿色低碳理念,将有力推动能源开发、工业生产、交通运输、城乡建筑各领域发展方式转换,也是助推可再生能源开发、新能源车船替代、低碳建筑发展等减碳政策落地的关键。

(2)控制居民消费碳排放。联合国环境署《2020 排放差距报告》指出,当前家庭消费温室气体排放量约占全球排放总量的 2/3,加快转变公众生活方式已成为减缓气候变化的必然选择。从我国碳排放结构来看,26%的能源消费直接用于居民生活,由此产生的碳排放占比超过 30%。作为推动需求侧降碳的重要方面,加快实现生产和生活方式绿色变革,有利于做好碳达峰碳中和工作。这既是传承中华民族勤俭节约传统美德、弘扬社会主义核心价值观的重要体现,也是顺应消费升级趋势、推动供给侧改革、培育新的经济增长点的重要手段,更是大力建设生态文明、助力"双碳"目标实现的现实需要。

(3)加强高校碳中和关注度。2021 年 7 月 15 日教育部关于印发《高等学校碳中和科技创新行动计划》的通知,指出要发挥高校基础研究主力军和重大科技创新策源地作用,为实现"双碳"目标提供科技支撑和人才保障(教科信函〔2021〕30 号)。2022 年 4 月 24 日教育部又印发了《加强碳达峰碳中和高等教育人才培养体系建设工作方案》,促进"双碳"领域人才培训方面的顶层设计(教高函〔2022〕3 号)。

6.3.3　"双碳"愿景下居民绿色消费启示

居民生活碳排放已成为影响气候变化的重要因素之一,居民生活领域是仅次于工业部门的碳排放贡献部门。针对城市发展过程中人口、资源与环境突出问题,欧美等国家首先提出了"城市低碳消费"口号。其本质是居民在生产和生活过程中,自觉选择那些二氧化碳排放较低的物质资料和生活方式以减少温室气体排放,从而降低大气"温室效应"和城市"热岛效应"。随着社会经济不断发展,资源环境压力不断加大,这成为促进可持续发展的瓶颈因素。无论是发达国家还是发展中国家,提倡绿色消费已成共识。绿色消费与每个人息息相关,绿色发展已成为引领人们生产和生活方式的新潮流。上述内容对"双碳"愿景下居民绿色消费的启示如下(图 6.8)。

一是关注节能行为。研究人员早期关注可持续绿色产品的购买和使用行为,如绿色蔬菜、生态标签水果和节能产品等,通过绿色、生态标签等形式经由大众媒体宣

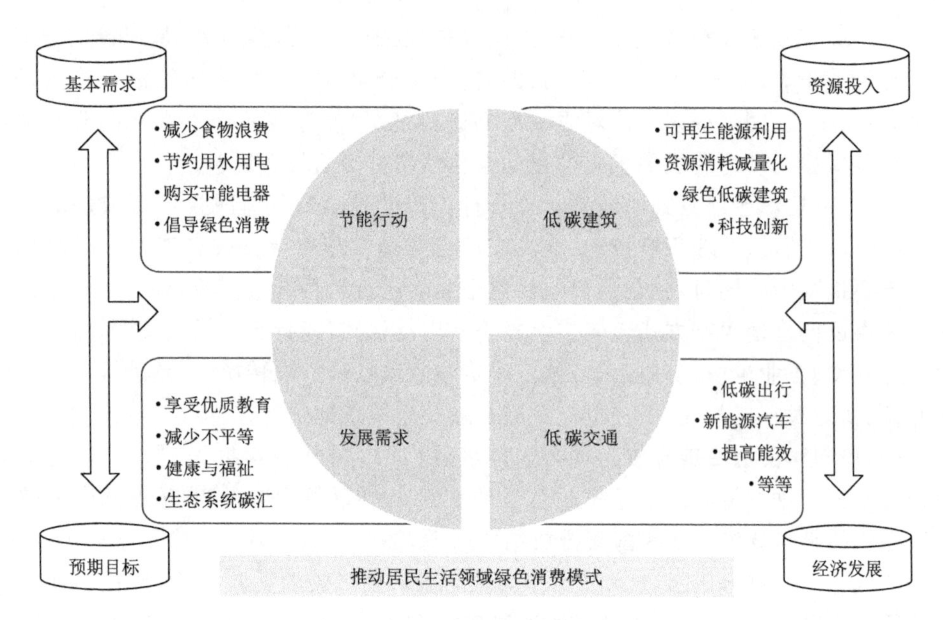

图 6.8 居民生活领域低碳发展模式

传，推动居民绿色消费。21 世纪以来，居民节能行为由单一产品转向购买、使用、服务、处置等全生命周期，关注的产品和服务也从食物、能源拓展到衣、食、住、行、用等多方面生活需求。总体来看，居民生活节能行为重点关注居民生活基本需求，避免不必要的浪费，从需求端控制温室气体排放，相关举措包括减少食物浪费、节约用水用电、购买节能电器、倡导绿色消费以及垃圾分类与再利用等。

二是关注低碳建筑。通过对已有研究进行分析，结果发现建筑对居民生活碳减排领域起到重要作用。建筑领域绿色转型亟需关注能源效率，包括建筑材料、可再生能源、太阳能、能效等方面。比如，在西北风、光资源禀赋优势地区，加强风能、太阳能等可再生能源产能，在农村地区，提升太阳能等可再生能源利用(比如光伏房顶)。使用绿色建筑材料，提升可持续建筑实践，减少现场施工与现场处理，提高资源节约意识，实现资源消耗减量化。降低建筑物运营过程中的碳排放，比如增加能效设计，加强现有建筑节能改造。

三是关注低碳交通。科技部、国家发展改革委员会、交通运输部等部门陆续发布科技创新规划和支撑方案，具体包括提升基础设施现代化水平、促进交通装备动力清洁化及运输效率、推动深度融合智慧交通建设、构建绿色交通技术体系。

四是关注居民生活发展需求。国家、地区、城市、企业以及个人的绿色消费行动，其共同目的是满足居民生活发展需求，促进其可持续发展。比如，促进享受优质教育、减少不平等、促进健康与福祉，保持每个人生活的环境优美等。

6.4　小结

采用文献情报分析和文献综述方法对居民低碳消费研究的发展趋势和热点话题进行分析，并探讨居民低碳消费与其热点领域的相互关系，在此基础上提出“双碳”目标下居民低碳消费领域未来发展方向的建议启示。文献分析结果显示，居民绿色消费研究总体呈现指数上升趋势，相关研究引起了学者和政府的广泛关注，逐渐发展成为与环境、能源、科技、工程、健康等多学科相关联的跨学科、跨领域研究。领域研究活跃地区主要为中国、美国和英国，以上国家在发文总量以及合作交流方面占据主导地位。发文量较高的期刊主要与资源、生态和环境有关，Top10 期刊主要分布在英国、瑞士、美国、荷兰和德国。从主题演进过程看，相关研究大致分为研究初期、缓慢增长期和快速增长期三个阶段，分别关注了能源、碳足迹、气候变化与建筑领域四个方面。未来研究中，有必要对多尺度（国家/地区、城市、农村）、多指标（生态足迹、水足迹、碳足迹）、多视角（可持续生产和消费、气候减缓与适应、智慧城市）下的居民绿色消费指标评价等方面进行深入分析，助力提出居民生活绿色消费优化模式，推动全民绿色低碳行动。

对居民绿色消费相关政策信息进行深入挖掘，并从可持续消费视域下居民绿色消费、全面行动视角下居民绿色消费以及“双碳”愿景下居民绿色消费启示进行分析。通过对可持续发展目标的梳理发现，居民绿色消费与零饥饿、饮水安全、清洁能源等11个可持续发展目标相关。城乡居民绿色生活方式对美丽中国建设具有十分重大的意义，居民生活消费领域减排措施包括：消费端减排、个人培养、领导干部作用、团体组织贡献。公众行为是影响温室气体排放的关键因素，社会全面动员、企业积极行动、全民广泛参与均可作为实现生活方式和消费模式绿色转变的重要推动力。

参考文献

白静,2019. 中国基础设施隐含碳时空变化特征及驱动因素研究[D]. 兰州:兰州大学.

鲍健强,苗阳,陈锋,2008. 低碳经济:人类经济发展方式的新变革[J]. 中国工业经济(4):153-160.

陈海燕,2013. 长三角地区居民消费对碳排放的影响研究[D]. 合肥:合肥工业大学.

陈美球,蔡海生,2015. 低碳经济学[M]. 北京:清华大学出版社.

陈绍,徐芳燕,付铭苏,2023. 计量经济学软件 EViews10.0 应用教程——从基础到前沿[M]. 北京:中国人民大学出版社.

陈诗一,2022. 低碳经济[J]. 经济研究(6):12-18.

陈晓春,谭娟,陈文婕,2009. 论低碳消费方式[N]. 光明日报,2009-04-21(10).

程辞,2013. 兰州市居民食品消费碳足迹研究[D]. 兰州:兰州大学.

第二次气候变化国家评估报告编写委员会,2011. 第二次气候变化国家评估报告[M]. 北京:科学出版社.

丁永霞,2011. 我国居民生活能源消费时空变化分析[D]. 兰州:兰州大学.

丁仲礼,段晓男,葛全胜,等,2009. 2050 年大气 CO_2 浓度控制:各国排放权计算[J]. 中国科学:D 辑,39(8):1009-1027.

丁仲礼,张涛,等,2022. 碳中和:逻辑体系与技术需求[M]. 北京:科学出版社.

董锋,徐喜辉,龙如银,等,2014. 我国碳排放区域差异性分析[J]. 长江流域资源与环境,23(11):1526-1533.

杜婷婷,毛锋,罗锐,2007. 中国经济增长与 CO_2 排放演化探析[J]. 中国人口·资源与环境,17(2):94-99.

杜祥琬,2021. 如何实现碳达峰和碳中和[J]. 中国石油石化(1):26.

范育洁,2020. 中国省域交通运输业碳排放时空演变及影响因素研究[D]. 兰州:兰州大学.

凤振华,邹乐乐,魏一鸣,2010. 中国居民生活与 CO_2 排放关系研究[J]. 中国能源,32(3):37-40.

郭朝先,2010. 中国二氧化碳排放增长因素分析——基于 SDA 分解技术[J]. 中国工业经济(12):47-56.

郭宇杰,龚亚萍,邹玉飞,等,2022. 天津市生活垃圾处理碳排放时间变化特征及影响因素[J]. 环境工程技术学报,12(3):834-842.

国家统计局,2001—2022. 中国能源统计年鉴[M]. 北京:中国统计出版社.

国家统计局,2001—2022. 中国统计年鉴[M]. 北京:中国统计出版社.

国家应对气候变化战略研究和国际合作中心, 2019. 中国 2030 和 2050 年传播干预公众低碳消费领域识别报告[R/OL]. (2019-08-04)[2024-04-28]. https://www.efchina.org/Reports-zh/report-comms-20190804-zh.

侯鹏,张丹,成升魁,2021.城市家庭食物消费差异的实证研究——以郑州市为例[J].自然资源学报,36(8):1976-1987.

黄和平,李亚丽,杨斯玲,2021.中国城镇居民食物消费碳排放的时空演变特征分析[J].中国环境管理,13(1):112-120.

黄敏,廖为明,王立国,2010.基于KAYA公式的低碳经济模型构建与运用——以江西省为例[J].生态经济(12),51-55.

黄蕊,王铮,2013.基于STIRPAT模型的重庆市能源消费碳排放影响因素研究[J].环境科学学报,33(2):602-608.

雷飞,2019.厦门市居民食物消费多足迹研究[D].厦门:集美大学.

李国璋,王双,2008.中国能源强度变动的区域因素分解分析——基于LMDI分解方法[J].财经研究,34(8):52-62.

李建豹,张志强,曲建升,等,2014.中国省域 CO_2 排放时空格局分析[J].经济地理,34(9):158-165.

李志学,2016.中国碳排放强度与减排潜力研究[M].北京:中国社会科学出版社.

林伯强,2021.实现“碳中和”,消费者行为不容忽视[J].21世纪经济报道(4):1-2.

林伯强,刘希颖,2010.中国城市化阶段的碳排放:影响因素和减排策略[J].经济研究(8):66-78.

刘莉娜,2017.中国居民生活碳排放影响因素与峰值预测[D].兰州:兰州大学.

刘莉娜,曲建升,邱巨龙,等,2012.1995—2010年居民家庭生活消费碳排放轨迹[J].开发研究(4):117-121.

刘莉娜,曲建升,曾静静,等,2013.灰色关联分析在中国农村家庭碳排放影响因素分析中的应用[J].生态环境学报,22(3):498-505.

刘莉娜,曲建升,黄雨生,等,2016.中国居民生活碳排放的区域差异及影响因素分析[J].自然资源学报,31(8):1364-1377.

刘竹,关大博,魏伟,2018.中国二氧化碳排放数据测算[J].中国科学:地球科学,48(7):878-887.

刘自敏,张娅,2022.中国碳排放的时空跃迁特征、影响因素与达峰路径设计[J].西南大学学报(社会科学版),48(6):99-112.

莫惠斌,王少剑,2021.黄河流域县域碳排放的时空格局演变及空间效应机制[J].地理科学,41(8):1324-1335.

能源基金会,2015.中国新型城镇化建设中居民生活能源消费模式变化及供应方式选择研究:基于分布式能源和智能微网系统的清洁能源互补解决方案[R/OL].(2015-05-01)[2024-04-28].https://www.efchina.org/Reports-zh/report-cre-20150501-zh?set_language=zh.

聂锐,张涛,王迪,2010.基于IPAT模型的江苏省能源消费与碳排放情景研究[J].自然资源学报,25(9):1557-1564.

秦大河,STOCKER T,259名作者和TSU(驻伯尔尼和北京),2014.IPCC第五次评估报告第一工作组报告的两点结论[J].气候变化研究进展,10(1):1-6.

秦翊,2013.中国居民生活能源消费研究[D].太原:山西财经大学.

渠慎宁,郭朝先,2010.基于STIRPAT模型的中国碳排放峰值预测研究[J].中国人口·资源与环境,20(12):10-15.

曲建升,刘谨,陈发虎,2009.欠发达地区温室气体排放特征与对策研究:基于甘肃省温室气体排放评估与情景分析的安全研究[M].北京:气象出版社.
曲建升,张志强,曾静静,等,2013.西北地区居民生活碳排放结构及其影响因素[J].科学通报,58(3):260-266.
曲建升,刘莉娜,曾静静,等,2014.中国城乡居民生活碳排放驱动因素分析[J].中国人口·资源与环境,24(8):33-41.
曲建升,刘莉娜,曾静静,等,2018.基于入户调查数据的中国居民生活碳排放评估[J].科学通报,63:547-557.
曲建升,陈伟,曾静静,等,2022.国际碳中和战略行动与科技布局分析及对我国的启示建议[J].中国科学院院刊,37(4):444-458.
生态环境部宣传教育中心,2021.中国消费方式转型和低碳社会建设的对策与途径研究[R/OL].(2021-03-16)[2024-04-28].https://www.efchina.org/Reports-zh/report-comms-20210316-zh.
生态中国网,2022.唤醒低碳意识助力"双碳"目标"零碳行动 助力中国"系列活动正式启动[EB/OL].(2022-04-18)[2023-12-30].https://weibo.com/ttarticle/p/show?id=2309404759566666563937.
孙涛,赵天燕,2014.我国能源消耗碳排放量测度及其趋势研究[J].审计与经济研究(2):104-111.
孙延红,2010.低碳经济时代对低碳消费模式的新探索[J].山西财经大学学报(S2):73-80.
唐建荣,张自羽,王育红,2011.基于LMDI的中国碳排放驱动因素研究[J].统计与信息论坛,26(11):19-25.
田泽,马海良,2015.低碳经济理论与中国实现路径研究[M].北京:科学出版社.
汪东,2014.我国居民碳消费核算及减排路径[M].杭州:浙江工商大学出版社.
王劲峰,廖一兰,刘鑫,2019.空间数据分析教程[M].北京:科学出版社.
王灵恩,2013.高原旅游城市餐饮消费特征及其食物消费的资源环境效应:以拉萨市为例[D].北京:中国科学院大学.
王梦晗,2018.基于时空地理加权回归模型的北京市房价影响因素研究[D].泰安:山东农业大学.
王少剑,谢紫寒,王泽宏,2021.中国县域碳排放的时空演变及影响因素[J].地理学报,76(12):3103-3118.
王月,2019.中国膳食碳排放及其与国外的比较研究[D].沈阳:中国医科大学.
闻媛媛,2021.中国人口年龄结构因素对碳排放的影响研究[D].广州:华南理工大学.
邬彩霞,2021.中国低碳经济发展的协同效应研究[J].管理世界(8):105-116,9.
邬德政,2005.中国农村居民消费与经济增长的实证研究[D].成都:西南交通大学.
吴巧生,成金华,2006.中国工业化中的能源消耗强度变动及因素分析——基于分解模型的实证分析[J].财经研究,32:75-85.
徐建华,2014.计量地理学[M].2版.北京:高等教育出版社.
徐丽,2019.中国地级以上市居民人均生活碳排放时空格局与影响因素研究[D].兰州:兰州大学.
么新,2021.全民践行绿色低碳行动助力实现碳达峰碳中和目标[J].资源再生(11):22-23.
杨清可,王磊,朱高立,等,2024.中国城市碳排放强度的时空演变、动态跃迁及收敛趋势[J].环境科学,45(4):1869-1878.
余东华,张明志,2016."异质性难题"化解与碳排放EKC再检验——基于门限回归的国别分组研究[J]. 中国工业经济(7):57-73.

曾静静,曲建升,裴慧娟,等,2015. 国际气候变化会议回顾与近期热点问题分析[J]. 地理科学进展,30(11):1210-1217.

张丹,成升魁,高利伟,等,2016. 城市餐饮业食物浪费碳足迹——以北京市为例[J]. 生态学报,36(18):5937-5948.

张慧琳,2019. 基于DMSP/OLS夜间灯光数据的中国能源消费碳排放时空变化特征及驱动力研究[D]. 兰州:兰州大学.

张乐勤,陈素平,王文琴,等,2013. 安徽省近15年建设用地变化对碳排放效应测度及趋势预测——基于STIRPAT模型[J]. 环境科学学报,33(3):950-958.

张向阳,张玉梅,冯晓龙,等,2022. 中国农业食物系统能源碳排放趋势分析[J]. 中国生态农业学报(中英文),30(10):1-8.

张兴平,汪辰晨,张帆,2012. 北京市能源消费的因素分解分析[J]. 工业技术经济,219(1):13-18.

张炎治,聂锐,2008. 能源强度的指数分解分析研究综述[J]. 管理学报(5):647-650.

张志强,曲建升,曾静静,2008. 温室气体排放评价指标及其定量分析[J]. 地理学报,63(7):693-702.

张志强,曲建升,曾静静,等,2019. 中国居民生活碳排放报告[M]. 北京:科学出版社.

周宏春,2012. 低碳经济学:低碳经济理论与发展路径[M]. 北京:机械工业出版社.

朱勤,彭希哲,陆志明,等,2009. 中国能源消费碳排放变化的因素分解及实证分析[J]. 资源科学,31(12):2072-2079.

朱显成,刘则渊,2006. 基于IPAT方程的大连水资源效率研究[J]. 大连理工大学学报(社会科学版),27(3):39-42.

朱宇恩,李丽芬,贺思思,等,2016. 基于IPAT模型和情景分析法的山西省碳排放峰值年预[J]. 资源科学,38(12):2316-2325.

庄贵阳,2008. 气候谈判背后的博弈[J]. 时事报告(3):68-71.

庄贵阳,2019. 低碳消费的概念辨析及政策框架[J]. 人民论坛·学术前沿(2):47-53.

庄贵阳,2021. 碳中和目标引领下的消费责任与政策建议[J]. 人民论坛·学术前沿(14):62-68.

ANG B W, ZHANG F Q, 2000. A survey of index decomposition analysis in energy and environmental studies [J]. Energy, 25(12): 1149-1176.

ASUMADU-SARKODIE S, YADAV P, 2019. Achieving a cleaner environment via the environmental Kuzents curve hypothesis: Determinants of electricity access and pollution in India [J]. Clean Technol Environ Policy, 21: 1883-1889.

BALEŽENTIS A, BALEŽENTIS T, STREIMIKIENE D, 2011. The energy intensity in Lithuania during 1995—2009: A LMDI approach [J]. Energy Policy, 39(11): 7322-7334.

BHATTACHARYYA S C, USSANARASSAMEE A, 2004. Decomposition of energy and CO_2 intensities of Thai industry between 1981 and 2000 [J]. Energy Economics, 26(5): 765-781.

BOEHM R, WILDE P E, VER PLOEG M, et al, 2018. A comprehensive life cycle assessment of greenhouse gas emissions from U. S. household food choices[J]. Food Policy, 79: 67-76.

C40 Cities. The Future of Urban Consumption in a 1.5 ℃ World [R/OL]. (2019-07-25)[2024-04-

28]. https://c40. my. salesforce. com/sfc/p/#36000001Enhz/a/1Q000000MdxA/V3QLW6RLSz3O1N7QGaBkJC_ezIfKteg_zgIe5o57GFI.

CAI B F, LIANG S, ZHOU J, et al, 2018. China high resolution emission database (CHRED) with point emission sources, gridded emission data, and supplementary socioeconomic data [J]. Resources, Conservation and Recycling, 129: 232-239.

CAI B F, LU J, WANG J N, et al, 2019. A benchmark city-level carbon dioxide emission inventory for China in 2005 [J]. Applied Energy, 233-234: 659-673.

CANAS A, FERRÃO P, CONCEIÇÃO P, 2003. A new environmental Kuzents curve? Relationship between direct material input and income per capita: Evidence from industrialized countries [J]. Ecological Economics, 46(2): 217-229.

CARLA A, ROBERTO S, 2009. Decomposition analysis of the variations in residential electricity consumption in Brazil for the 1980—2007 period: Measuring the activity, intensity and structure effects [J]. Energy Policy, 37: 5208-5220.

CAT (Climate Action Tracker), 2023. CAT net zero target evaluations [R/OL]. (2023-12-14) [2024-04-28]. https://climateactiontracker. org/global/cat-net-zero-target-evaluations/.

CHANCEL L, 2014. Are younger generations higher carbon emitters than their elders? Inequalities, generations and CO_2 emissions in France and in the USA [J]. Ecol Econ, 110:195-207.

CHEN C M, 2006. CiteSpace II: detecting and visualizing emerging trends and transient patterns in scientific literature [J]. Journal of the American Society for Information Science and Technology, 57(3): 359-377.

CHENG Y Q, WANG Z Y, YE X Y, et al, 2014. Spatiotemporal dynamics of carbon intensity from energy consumption in China [J]. Journal of Geographical Sciences, 24(4): 631-650.

CHITNIS M, SORRELL S, DRUCKMAN A, et al, 2013. Turning lights into flights: Estimating direct and indirect rebound effects for UK households [J]. Energy Policy, 55: 234-250.

CHUAI X W, HUANG X J, WANG W J, et al, 2012. Spatial econometric analysis of carbon emissions from energy consumption in China[J]. Journal of Geographical Sciences, 22(4): 630-642.

Clarivate Analytics Limited (Clarivate), 2023. Derwent Data Analyzer[Z]. Friars House, 160 Blackfriars Road, London, England, SE1 8EZ.

COWELL S J, CLIFT R, 2000. A methodology for assessing soil quantity and quality in life cycle assessment[J]. Journal of Cleaner Production, 8: 321-331.

DIETZ T, ROSA E A, 1994. Rethinking the environmental impacts of population, affluence, and technology [J]. Human Ecology Review, 1: 277-300.

DIETZ T, ROSA E A, 1997. Effects of population and affluence on CO_2 emissions [J]. PNAS, 94: 175-179.

DINDA S, COONDOO D, 2006. Income and emission: A panel data-based cointegration analysis [J]. Ecological Economics, 57: 167-181.

DU L M, WEI C, CAI S H, 2012. Economic development and carbon dioxide emissions in China:

Provincial panel data analysis [J]. China Economic Review, 23: 371-384.

EHRLICH P R, HOLDREN J P, 1971. The impact of population growth [J]. Science, 171 (3977): 1212-1217.

EHRLICH P R, HOLDREN J P, 1972. One dimensional ecomomy [J]. Bulletin of the Atomic Scientists, 28(5): 16-27.

FENG K, HUBACEK K, GUAN D, 2009. Lifestyles, technology and CO_2 emissions in China: A regional comparative analysis [J]. Ecological Economics, 69(1): 145-154.

FU B J, ZHANG J Z, WANG S, et al, 2019. Classification-coordination-collaboration: a systems approach for advancing Sustainable Development Goals [J]. National Science Review, 7(5):838-840.

GCP (Global Carbon Project), 2022. Global Carbon Budget 2022 [R/OL]. (2022-11-11)[2024-04-28]. https://www.globalcarbonproject.org/carbonbudget/22/files/GCP_CarbonBudget_2022.pdf.

GUAN D B, Hubacek K, Weber C L, et al, 2008. The drivers of Chinese CO_2 emissions from 1980 to 2030 [J]. Global Environmental Change, 18(4): 626-634.

GUAN D B, PETERS G P, WEBER C L, et al, 2009. Journal to world top emitter: An analysis of the driving forces of China's recent CO_2 emissions surge [J]. Geophysical Research Letters, 36: L04709.

HATZIGEORGIOU E, POLATIDIS H, HARALAMBOPOULOS D, 2011. CO_2 emissions in Greece for 1990—2002: A decomposition analysis and comparison of results using the arithmetic mean divisia index and logarithmic mean divisia index techniques [J]. Energy, 33(3): 492-499.

IEA (International Energy Agency), 2023. CO_2 Emissions in 2022[R/OL]. (2023-03-02)[2024-04-28]. https://www.iea.org/reports/co2-emissions-in-2022.

IISD (International Institute for Sustainable Development), 2020. UN Secretary-General Releases 2020 SDG Progress Report [R/OL]. (2020-05-19)[2024-04-28] . https://sdg.iisd.org/news/un-secretary-general-releases-2020-sdg-progress-report/.

IPCC (Intergovernmental Panel on Climate Change), 2001. TAR Climate Change 2001: The Scientific Basis [R/OL]. (2001-05-02)[2024-04-28]. https://www.ipcc.ch/report/ar3/wg1/.

IPCC, 2007. Climate Change 2007: The Physical Science Basis [R]. Contribution of Working Group I to the Fourth Assessment Report of the Intergovernmental Panel on Climate Change. Cambridge and New York: Cambridge University Press.

IPCC, 2013. Climate Change 2013: The Physical Science Basis [R]. Contribution of Working Group I to the Fifth Assessment Report of the Intergovernmental Panel on Climate Change. Cambridge and New York: Cambridge University Press.

IPCC (The Intergovernmental Panel on Climate Change), 2014. Climate Change 2014: Synthesis report [R/OL]. (2014-11-02)[2024-04-28]. https://www.ipcc.ch/sr15/.

IPCC (Intergovernmental Panel on Climate Change), 2021. Climate Change 2021: The Physical Science Basis [R/OL]. (2021-08-09)[2024-04-28]. https://www.ipcc.ch/report/sixth-assessment-report-working-group-i/.

IPCC (Intergovernmental Panel on Climate Change), 2022. Climate Change 2022: Mitigation of Climate Change [R/OL]. (2022-04-04)[2024-04-28]. https://www.ipcc.ch/report/sixth-assessment-report-working-group-3/.

IVANOVA D, STADLER K, STEEN-OLSEN K, et al, 2016. Environmental impact assessment of household consumption [J]. J Ind Ecol, 20(3): 526-536.

KASMAN A, DUMAN Y S, 2015. CO_2 emissions, economic growth, energy consumption, trade and urbanization in new EU member and candidate countries: A panel data analysis [J]. Economic Modelling, 44: 97-103.

KAYA Y, 1990. Impact of carbon dioxide emission control on GNP growth: Interpretation of proposed scenarios [R]. Presentation to the Energy and Industry Subgroup, Response Strategies Working Group, IPCC, Paris.

KUZNETS S, 1955. Economic growth and income equality [J]. American Economic Review, 45 (1): 1-28.

KWON T, 2005. Decomposition of factors determining the trend of CO_2 emissions from car travel in Great Britain (1970—2000) [J]. Ecological Economics, 53(2): 261-275.

LI J, ZHANG D Y, SU B, 2019. The impact of social awareness and lifestyles on household carbon emissions in China [J]. Ecol Econ, 160:145-155.

LIDDLE A R, MUKHERJEE P, PARKINSON D, 2010. Model selection and multi-model inference[J]. Bayesian Methods in Cosmology, 1:79.

LIST J A, GALLET C A, 1999. The environmental Kuznets curve: Does one size fit all [J]. Ecological Economics, 31(3): 409-423.

LIU L C, WU G, WANG J N, et al, 2011. China's carbon emissions from urban and rural households during 1992—2007 [J]. Journal of Cleaner Production, 19: 1754-1762.

LIU L N, QU J S, AFTON C S, et al, 2017. Spatial variations and determinants of per capita household CO_2 emissions (PHCEs) in China [J]. Sustainability, 9(7): 1277.

LIU L N, QU J S, ZHANG Z Q, et al, 2018. Assessment and determinants of per capita household CO_2 emissions (PHCEs) based on capital city level in China [J]. Journal of Geographical Sciences, 28(10): 1467-1484.

LIU L N, QU J S, MARASENI T N, et al, 2020. Household CO_2 emissions: Current status and future perspectives [J]. International Journal of Environmental Research and Public Health, 17: 7077.

LONG Y L, HU R Z, YIN T, et al, 2021. Spatial-temporal footprints assessment and driving mechanism of China household diet based on CHNS [J]. Foods, 10(8): 1858.

LUCIANO C F, SHINJI K D, 2011. Decomposition of CO_2 emissions change from energy consumption in Brazil: Challenges and policy implications [J]. Energy Policy, 39(3): 1495-1504.

LYONS S, PENTECOST A, TOL R S J, 2012. Socioeconomic distribution of emissions and resource use in Ireland [J]. J Environ Manag,112:186-198.

MAHONY T O, 2013. Decomposition of Ireland's carbon emissions from 1990 to 2010: An extended Kaya identity [J]. Energy Policy, 59(4/5): 573-581.

MEANGBUA O, DHAKAL S, KUWORNU J K M, 2019. Factors influencing energy requirements and CO_2 emissions of households in Thailand: A panel data analysis [J]. Energy Policy, 129:521-531.

MI Z F, MENG J, ZHENG H R, et al, 2018. A multi-regional input-output table mapping China's economic outputs and interdependencies in 2012 [J]. Scientific data, 5: 180155.

MI Z F, ZHENG J L, MENG J, et al, 2020. Economic development and converging household carbon footprints in China [J]. Nature Sustainability, 3: 529-537.

NIE H G, KEMP R, XU J H, 2018. Drivers of urban and rural residential energy consumption in China from the perspectives of climate and economic effects [J]. J Clean Prod, 172:2954-2963.

NOAA (National Oceanic and Atmospheric Administration), 2023. Global Climate Report 2022 [R/OL]. (2023-03-18)[2024-04-28]. https://www.ncei.noaa.gov/access/monitoring/monthly-report/global/202213.

NOOIJ M D, KRUK R V D, SOEST D P V, 2003. Internatioanl comparisons of domestic energy consumption [J]. Energy Economic, 25(4): 359-373.

OH I, WEHRMEYER W, MULUGETTA Y, 2010. Decomposition analysis and mitigation strategies of CO_2 emissions from energy consumption in Sourth Korea [J]. Energy Policy, 38(1): 364-377.

OTA T, KAKINAKA M, KOTANI K, 2018. Demographic effects on residential electricity and city gas consumption in the aging society of Japan [J]. Energy Policy, 115: 503-513.

PANAYOTOU T, 1993. Empirical tests and policy analysis of environmental degradation at different stages of economic development [R]. International Labour Organization.

PARK H C, HEO E., 2007. The direct and indirect household energy requirements in the Republic of Korea from 1980 to 2000: An input-output analysis [J]. Energy Policy, 35: 2839-2851.

PAUL S, BHATTACHARYA R N, 2004. CO_2 emission from energy use in India: A decomposition analysis [J]. Energy Policy, 32(5): 585-593.

QU J S, ZENG J J, LI Y, et al, 2013. Household carbon dioxide emissions from peasants and herdsmen in northwestern arid-alpine regions, China [J]. Energy Policy, 57, 133-140.

QU J S, LIU L N, ZENG J J, et al, 2019. The impact of income on household CO_2 emissions in China based on a large sample survey [J]. Science Bulletin, 64: 351-353.

QU J S, LIU L N, ZENG J J, et al., 2022. City-level determinants of household CO_2 emissions per person: An empirical study based on a large survey in China[J]. Land, 11: 925.

ROBERTS T D, 2011. Applying the STIRPAT model in a post-Fordist landscape: Can a traditional econometric model work at the local level? [J]. Applied Geography, 31(2): 731-739.

ROSENBERG M, ARMANIOS D, AKLIN M, et al, 2019. Evidence of gender inequality in energy use from a mixed-methods study in India [J]. Nat Sustain, 3:110-118.

SALTA M, POLATIDIS H, HARALAMBOPOULOS D, 2009. Energy use in the Greek manufacturing sector: A methodological framework based on physical indicators with aggregation and decomposition analysis [J]. Energy, 34(1): 90-111.

SCHOLZ S, 2006. The POETICs of industrical carbon dioxide emissions in Japan: An urban and institutional extension of the IPAT identity [J]. Carbon Balance and Management, 1(1): 1-10.

SHAN Y L, GUAN D B, LIU J H, et al, 2017. Methodology and applications of city level CO_2 emission accounts in China [J]. Journal of Cleaner Production, 161: 1215-1225.

SHAN Y L, GUAN D B, KLAUS H, et al, 2018. City-level climate change mitigation in China [J]. Science Advances, 4: 1-15.

SHI A, 2003. The impact of population pressure on global carbon dioxide emissions, 1975—1996: Evidence from pooled cross-country data [J]. Ecological Economics, 44(1): 29-42.

SHUI B, DOWLATABADI H, 2005. Consumer lifestyle approach to US energy use and the related CO_2 Emissions [J]. Energy Policy, 33(2): 197-208.

SKÖLD B, BALTRUSZEWICZ M, AALL C, et al, 2018. Household preferences to reduce their greenhouse gas footprint: A comparative study from four European cities [J]. Sustainability, 10: 4044.

SU B, ANG B W, 2012. Structural decomposition analysis applied to energy and emissions: Some methodological developments [J]. Energy Economics, 34(1): 177-188.

TIAN J, ANDRADED C, LUMBRERAS J, et al, 2018. Integrating sustainability into city-level CO_2 accounting: Social consumption pattern and income distribution [J]. Ecological Economics, 153: 1-16.

TIAN X, CHANG M, LIN C, et al, 2014. China's carbon footprint: A regional perspective on the effect of transitions in consumption and production patterns [J]. Appl Energy, 123:19-28.

TUNC G I, TÜRÜT-ASIK S, AKBOSTANCI E, 2009. A decomposition analysis of CO_2 emissions from energy use: Turkish case [J]. Energy Policy, 37(11): 4689-4699.

UN (United Nations), 2020. The Sustainable Development Goals Report 2020 [R/OL]. (2020-07-07)[2024-04-28]. https://unstats. un. org/sdgs/report/2020/The-Sustainable-Development-Goals-Report-2020. pdf.

WACHSMANN U, WOOD R, LENZEN M, et al, 2009. Structural decomposition of energy use in Brizil from 1970 to 1996 [J]. Applied Energy, 86(4): 578-587.

WANG S J, FANG C L, LI G D, 2015. Spatiotemporal characteristics, determinats and scenario analysis of CO_2 emissions in China using provincial panel data [J]. Plos One, 10(9): e0138666.

WANG S J, LI G D, FANG C L, 2018. Urbanization, economic growth, energy consumption, and CO_2 emissions: Empirical evidence from countries with different income levels [J]. Renew Sustain Energy Rev, 81: 2144-2159.

WANG S J, SHI C Y, FANG C L, et al, 2019. Examining the spatial variations of determinants of energy-related CO_2 emissions in China at the city level using Geographically Weighted Regression Model [J]. Applied Energy, 235: 95-105.

WANG Y, SHI M J, 2009. CO_2 emission induced by urban household consumption in China [J]. Chinese Journal of Population Resource and Environment, 7(3): 11-19.

WEBER C, PERRELS A, 2000. Modelling lifestyle effects on energy demand and related emissions [J]. Energy Policy, 28(8): 549-566.

WEF (World Economic Forum), 2024. Global Risks Report 2024 [R/OL]. (2024-01-11)[2024-04-28]. https://www3.weforum.org/docs/WEF_The_Global_Risks_Report_2024.pdf.

WEI Y M, LIU L C, FAN Y, et al, 2007. The impact of lifestyle on energy use and CO_2 emission: An empirical analysis of China's residents [J]. Energy Policy, 35(1): 247-257.

WEN F H, YE Z K, YANG H D, et al, 2018. Exploring the rebound effect from the perspective of household: An analysis of China's provincial level [J]. Energy Econ, 75: 345-356.

WIEDENHOFER D, GUAN D, LIU Z, et al, 2017. Unequal household carbon footprints in China [J]. Nat Clim Change, 7:75-80.

WMO (World Meteorological Organization),2023. WMO Greenhouse Gas Bulletin 2023 [R/OL]. (2023-11-15)[2024-04-28]. https://public.wmo.int/en/greenhouse-gas-bulletin.

WU S M, ZHENG X Y, WEI C, 2017. Measurement of inequality using household energy consumption data in rural China [J]. Nature Energy, 2: 795-803.

YORK R, ROSA E A, DIETA T, 2003. STIRAPT, IPAT and ImPACT: Analytic tools for unpacking the driving forces of environmental impacts [J]. Ecological Economic, 46(3): 351-365.

YU B Y, WEI Y M, KEI G M, et al, 2018. Future scenarios for energy consumption and carbon emissions due to demographic transitions in Chinese households[J]. Nat Energy, 3: 109-118.

YUAN R, RODRIGUES J F D, WANG J, 2022. A global overview of developments of urban and rural household GHG footprints from 2005 to 2015 [J]. Science of the Total Environmental, 806 (2): 150695.

ZHANG X L, LUO L Z, SKITMORE M, 2015. Household carbon emission research: An analytical review of measurement, influencing factors and mitigation prospects[J]. J Clean Prod, 103: 873-883.

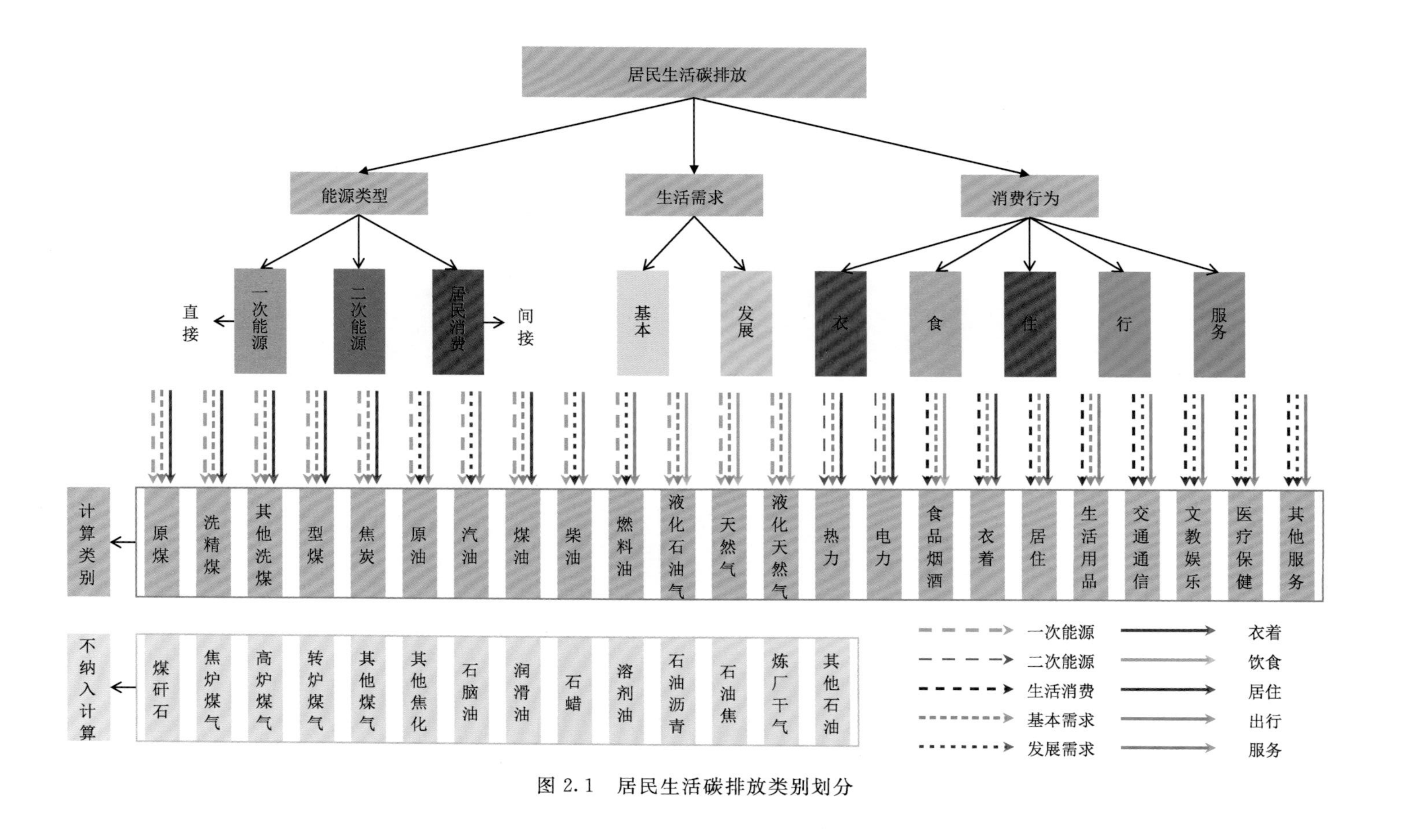

图 2.1 居民生活碳排放类别划分

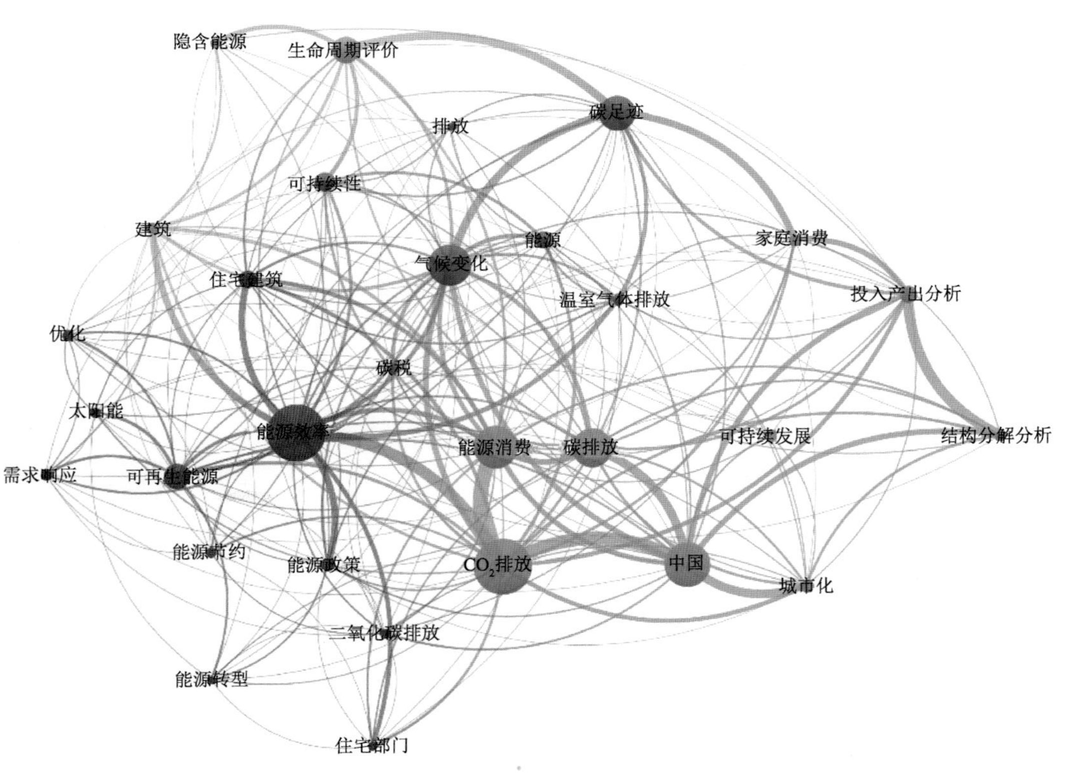

图 6.4 1993—2022 年居民低碳消费研究共现频次≥40 次关键词网络图谱

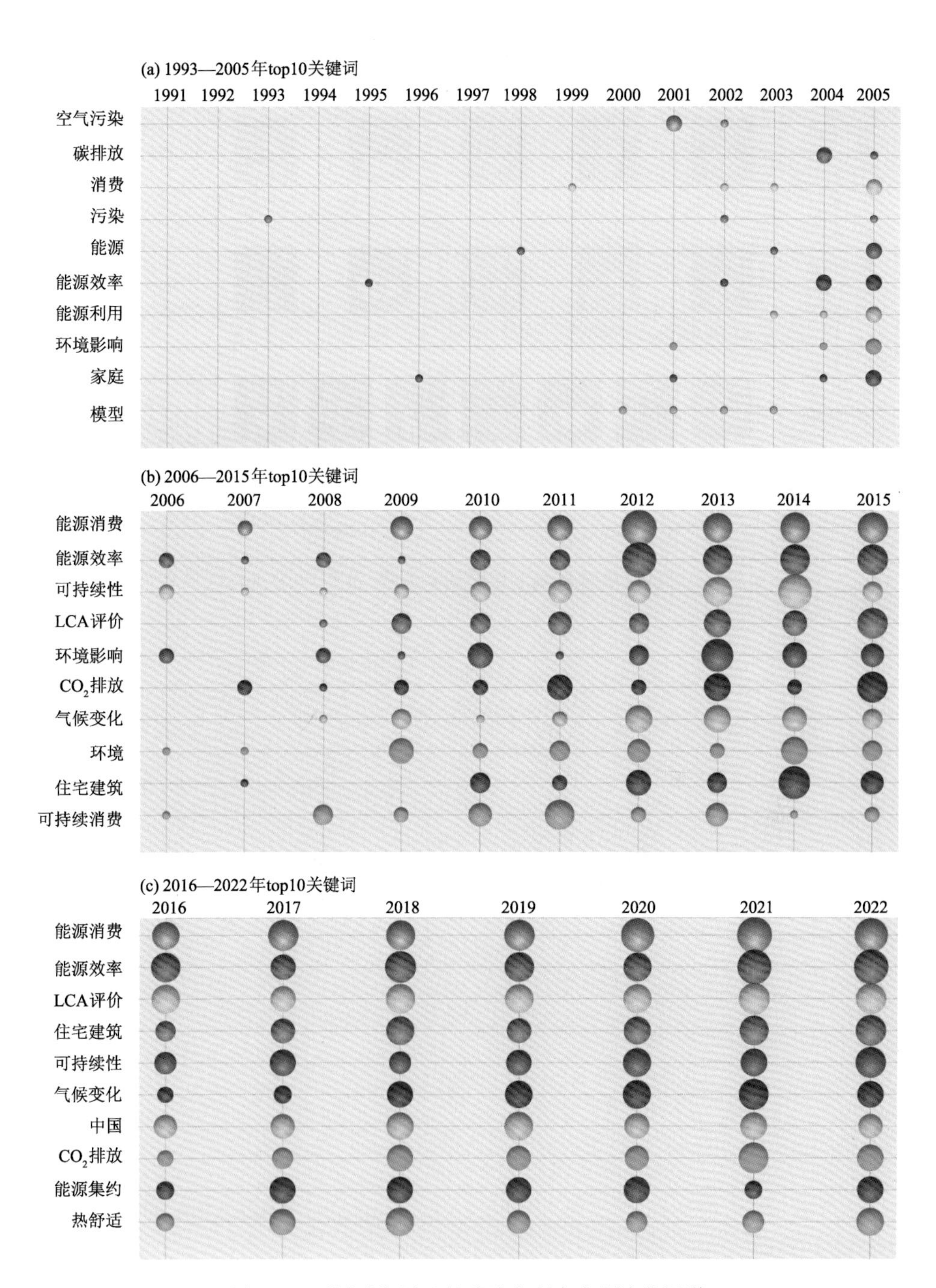

图 6.5　不同时期居民低碳消费研究主题演化图谱

图 6.7　可持续消费视域下居民低碳消费(参考 Fu et al.,2019)